"十二五"普通高等教育本科国家级规划教材

电工电子技术

Diangong Dianzi Jishu

第三版　第五分册

学习指导

■　太原理工大学电工基础教学部　编

系列教材主编　渠云田　田慕琴

第五分册主编　任鸿秋　王跃龙　陶晋宜

高等教育出版社·北京
HIGHER EDUCATION PRESS　BEIJING

内容提要

    本书为"十二五"普通高等教育本科国家级规划教材,是按照教育部高等学校电子电气基础课程教学指导分委员会最新制定的"电工学课程教学基本要求",为非电类专业、计算机专业电工电子技术课程编写的指导教材。 本书和主教材内容紧密配合,提出每章的基本要求和阅读指导,对每章的重点内容进行高度提炼,对重点题目进行详细解析,并列举一些概念性、综合性强且有一定难度的例题,以扩展学生的视野、提高学生的综合分析能力和实际应用能力,此外,本书还给出了习题详解,力求为广大学习者理解教材带来方便。

    本书结构编排科学合理,内容阐述条理清晰,注重启发性、逻辑性,有助于学习者深入理解教材、拓宽知识、提升学习效果。

    本书可作为理工科非电类专业、计算机专业本科学生及广大自学者的学习指导书,也可作为电工电子技术教师教学和研究生入学考试的参考书。

图书在版编目(CIP)数据

电工电子技术. 第 5 分册,学习指导/渠云田,田慕琴主编;任鸿秋,王跃龙,陶晋宜分册主编. —3 版. —北京:高等教育出版社,2013.3
ISBN 978 – 7 – 04 – 036914 – 4

Ⅰ.①电… Ⅱ.①渠… ②田… ③任… ④王… ⑤陶… Ⅲ.①电工技术 – 高等学校 – 教材 ②电子技术 – 高等学校 – 教材 Ⅳ.①TM ②TN

中国版本图书馆 CIP 数据核字(2013)第 022360 号

策划编辑	金春英	责任编辑	许海平	特约编辑	许海平	封面设计	于文燕
版式设计	马敬茹	插图绘制	尹 莉	责任校对	陈旭颖	责任印制	韩 刚

出版发行	高等教育出版社	网 址	http://www.hep.edu.cn
社 址	北京市西城区德外大街 4 号		http://www.hep.com.cn
邮政编码	100120	网上订购	http://www.landraco.com
印 刷	涿州市京南印刷厂		http://www.landraco.com.cn
开 本	787mm × 1092mm 1/16		
印 张	13.25	版 次	2008 年 4 月第 1 版
			2013 年 3 月第 3 版
字 数	320 千字		
购书热线	010 – 58581118	印 次	2013 年 12 月第 2 次印刷
咨询电话	400 – 810 – 0598	定 价	21.20 元

本书如有缺页、倒页、脱页等质量问题,请到所购图书销售部门联系调换。
版权所有 侵权必究
物 料 号 36914 – 00

第三版前言

　　本书是按照教育部高等学校电子电气基础课程教学指导分委员会最新制定的"电工学课程教学基本要求"和教育部关于"卓越工程师教育培养计划"的要求,结合我校电工电子技术精品课程建设,在第一、二版的基础上修订编写的。本指导教材更注重基础性、应用性、先进性,适应于非电类专业、计算机专业电工电子技术的教学要求,是《电工电子技术》第三版第一、二分册的同步指导书。

　　本系列教材《电工电子技术》在内容和编排结构方面较第二版教材有了较大的调整和增删,加强了现代新技术理论和新技术应用方面的内容。为了帮助学生迅速适应新教材特点,并能开阔视野,拓宽思路,解易释难,更好地理解电工电子技术的基本概念、理论分析及实际应用,尽快掌握现代分析手段,我们编写了《电工电子技术学习指导》。本书紧密配合主教材内容,提出每章的基本要求、阅读指导、重点题目解析和习题详解,还适当增加了一些概念性、综合性强的例题,力求给学生充分理解主教材并提高实际应用能力带来方便。

　　本书由太原理工大学电工基础教学部组织编写,渠云田教授、田慕琴教授担任系列教材主编,任鸿秋副教授、王跃龙讲师、陶晋宜副教授担任本书主编。其中李晓云(晋中学院)编写第 1 章,太原理工大学陶晋宜编写第 2 章,李媛媛编写第 3 章,郭军编写第 4 章,任鸿秋编写第 5 章,陈泽华编写第 6 章,赵有生(山西焦煤)编写第 7 章,李凤霞编写第 8 章,朱林彦编写第 9 章,徐晓菊编写第 10 章,赵金昌编写第 11 章,崔建明编写第 12 章,曹金燕编写第 13 章,苏斌编写第 14 章,王跃龙编写第 15 章,王建平编写第 16 章,程永强编写第 17 章,赵晋明编写第 18 章。太原理工大学夏路易教授对书稿认真审阅,并提出了宝贵意见和修改建议。任鸿秋副教授对全书进行了详细的校对并统稿。在编写本书过程中,也曾参考了部分优秀教材,在此,深表谢意。

　　由于编者水平有限,时间仓促,书中不妥和错误之处在所难免,敬请专家和读者批评指正。

编者

2013 年 1 月

第二版前言

  21 世纪是科学技术飞速发展的时代,知识日新月异。为体现培养素质型、能力型的优秀人才的教育理念,根据教育部面向 21 世纪电工电子技术课程教学改革要求,结合我校电工基础教学部近年来对电工电子技术基础课程的改革与实践,在 2003 年第一版的基础上,借鉴国内外优秀教材,重新修订编写,使教材更适应非电类专业、计算机专业电工电子技术的学习要求。

  本教材由太原理工大学电工基础教学部组织编写,全套教材共有六个分册:第一分册,电路与模拟电子技术基础(分册主编李晓明、李凤霞),本分册主要介绍电路分析基础、电路的瞬态分析、正弦交流电路、常用半导体器件与基本放大电路、集成运算放大器、直流稳压电源、现代电力电子器件及其应用和常用传感器及其应用;第二分册,数字与电气控制技术基础(分册主编王建平、靳宝全),本分册主要介绍数字电路基础、组合逻辑电路、触发器与时序逻辑电路、脉冲波形的产生与整形、数模和模数转换技术、存储器与可编程逻辑器件、变压器和电动机、可编程控制器、总线、接口与互连技术等;第三分册,利用 Multisim 2001 的 EDA 仿真技术(分册主编高妍、申红燕),本分册主要介绍 Multisim 2001 软件的特点、分析方法及其使用方法,然后列举大量例题说明该软件在直流、交流、模拟、数字等电路分析与设计中的应用;第四分册,电工电子技术实践教程(分册主编陈惠英),本分册主要介绍电工电子实验基础知识、常用电工电子仪器仪表,详细介绍了 38 个电路基础、模拟电子技术、数字电子技术和电机与控制实验以及 Protel 2004 原理图与 PCB 设计内容;第五分册,电工电子技术学习指导(分册主编田慕琴),本分册紧密配合主教材内容,提出每章的基本要求和阅读指导,有重点内容、重点题目的讲解与分析,列举了一些概念性强、综合分析能力强并有一定难度的例题;第六分册,基于 EWB 的 EDA 仿真技术(分册主编崔建明、陶晋宜、任鸿秋),本分册主要介绍 EWB 5.0 软件的特点、各种元器件和虚拟仪器、分析方法,并对典型的直流、瞬态、交流、模拟和数字电路进行了仿真。系列教材由太原理工大学渠云田教授主编和统稿。本教材第一分册、第二分册由北京理工大学刘蕴陶教授审阅;第三分册、第六分册由太原理工大学夏路易教授审阅;第四分册、第五分册由山西大学薛太林副教授审阅。

  本教材第五分册电工电子技术学习指导,由田慕琴编写第 1、4、15、16 章,郭军编写第 5、6、7、8、14、17 章,王跃龙编写第 9、10、11、12、13 章,李凤霞编写第 2、3 章,田慕琴教授担任主编并统稿。

  由于本教材第一分册、第二分册在内容和教学思路方面比传统教材有了较大的变动和删减,加强了现代新技术理论和新技术应用方面的内容,为了帮助学生迅速适应新教材特点,并能开阔视野,解易释难,更好地理解电工电子技术的基本概念与理论分析方法,尽快掌握现代分析手段,我们重新组织编写了第五分册电工电子技术学习指导,本分册在内容的组织和编写上具有以下特色:

  一、紧密配合主教材内容,提出每章的基本要求和阅读指导,有重点内容、重点题目的讲解与分析,大部分习题给出了详解,力求给学生学习和理解主教材带来方便。

二、指导内容阐述由浅入深,详略得当;文字叙述简明、扼要;增强了教材内容的科学性。

三、适当增加了一些概念性强、综合性分析并有一定难度的例题,以扩展学生的视野,引导启发学生掌握一些设计方法,有利于提高学生素质、培养学生分析问题和解决问题的能力。

本教材由各位审者提出了宝贵意见和修改建议;并且还得到太原理工大学电工基础教学部老师和广大读者的关怀,他们提出大量建设性意见,在此深表感谢。

在编写本教材过程中,也曾参考了部分优秀教材,太原理工大学夏路易、朱林彦以及赵晋明老师对本书的编写给予了极大的指导和帮助,在此一并表示衷心的感谢。

限于编者水平,时间仓促,书中不妥和错误之处在所难免,敬请专家和读者批评指正。

编者

2007 年 10 月

第一版前言

本书是根据教育部面向 21 世纪电工电子技术课程教改方案、山西省教育厅 21 世纪初高等教育重点教改项目——"非电类理工科电工电子课程模块教学改革的研究与实践"的成果之———《电工电子技术》编写的配套立体化教材。

为配合我校电工电子系列课程建设,配套立体化教材,结合我们近年来教学改革实践的经验和体会,编写了理工科非电类专业及计算机专业本、专科适用的《电工电子技术学习指导》。

新编教材《电工电子技术》(上、下册)精练、删减了传统内容,大幅度增加了集成电路和数字电路,结构顺序作了较大的调整,并且引入现代新技术理论和新技术应用方面的内容,但与之配套的教学参考书却很少。为了帮助学生在理解电工电子技术的基本概念、基本理论和基本分析方法的基础上,尽快掌握现代分析手段,培养学生具有一定的计算机辅助分析和设计创新的能力以及尽快掌握新技术的应用能力,如:了解电气控制方面和数字电路的最新技术等,特编了《电工电子技术学习指导》,此书旨在帮助学生解疑释难、开阔视野、迅速适应新教材的特点。通过本书的帮助和指导,进一步激发学生对本课程的学习兴趣及学习热情,学懂、学好《电工电子技术》这门课程。

电工电子技术对理工科非电类专业的学科影响和渗透越来越明显,它已是其他专业的重要技术支柱。许多非电专业的学生考研究生就有《电工电子技术》科目。为此,本书适当增加了一些概念性强、结合分析能力强且有一定难度的例题,提高学生分析问题的能力和解决实际应用问题的能力,因此本书也可作为非电类学生考研究生的参考书。

本书配合教材结构,同步复习提高,提出每章的基本要求和阅读指导,归纳总结出各知识点及重难点;同时还讲解和分析了重点内容、重点题目,给出了习题答案和难题解答及提示,力求给学生们学习和理解教材带来方便。

在基本内容力求系统、简洁,概念清晰、准确的基础上,加强了电工电子技术的实用性及其在工业中的应用范例,较大容量地引入了现代电工电子新技术,如:PLC、CPLD 实际应用举例等,以增强学生的工程意识与创新能力。

全书由太原理工大学电工基础教学部组织编写,张英梅、田慕琴任主编,其中张英梅编写上篇第 1~8 章,田慕琴编写下篇第 9~16 章。

太原理工大学王建平副教授详细审阅了全部书稿,并提出了许多宝贵意见和修改建议,在此深表感谢。我们根据提出的意见和建议对全书做了认真仔细的修改,并最后定稿。

在本书编写过程中,太原理工大学电工基础部的领导和所有教师都给予了关心和支持,在此一并表示衷心的感谢。

由于编者的水平有限,写作时间仓促,书中难免存在不少缺陷和不足之处,恳请读者予以批评和指正。

编者

2003 年 8 月

目　　录

第1章 电路分析基础

一、基本要求

1. 熟练掌握电路的基本定律；
2. 深刻理解电压、电流参考方向的意义；
3. 了解电路的各种工作状态、额定值及功率平衡的意义；
4. 能熟练分析与计算电路中各点电位；
5. 理解电压源和电流源模型及其等效变换；
6. 掌握电路的几种基本分析方法并能熟练应用；
7. 理解受控源的定义、性质，能够分析含受控源的简单电路。

二、阅读指导

1. 电流、电压的参考方向

对电路进行分析，最基本的问题就是求解电路中各元件上的电流和电压，而其参考方向的选择与确定是很关键的。

关于电压和电流的参考方向，需注意：

① 在求解电路时，必须首先给出求解过程中所涉及的一切电压、电流的参考方向，并在电路图中标出。

② 参考方向的指定具有任意性，但指定后在求解过程中不应改变。

③ 当电流、电压参考方向一致时，称为关联的参考方向。否则为非关联参考方向。

2. 功率

在分析电路时，对功率计算公式有如下规定：

① 当电流、电压取关联的参考方向时

$$P = UI$$

② 当电流、电压取非关联参考方向时

$$P = -UI$$

把电流 I 和电压 U 数值的正负号如实代入公式，当计算结果 $P > 0$ 时，表示元件吸收功率，该元件为负载性；反之，当 $P < 0$ 时，表示元件发出功率，该元件为电源性。

3. 电阻、电感和电容

① 电阻、电感和电容三种常用电路元件的基本关系及性质比较见表 1-1。

② 电阻、电感和电容的串并联　在实际使用中，若单个电阻器、电感器和电容器不能满足要求，则可将几个元件串联或并联起来使用。表 1-2 给出了两个同性质元件的串联和并联时参数的计算公式。

表 1 – 1　　R、L、C 电路特性及性质比较

元件	电路基本关系	性　质
电阻 R	$u = Ri$	耗能元件　　$W_R = \int i^2 R\,\mathrm{d}t$
电感 L	$u = L\dfrac{\mathrm{d}i}{\mathrm{d}t}$	储磁能元件　$W_L = \dfrac{1}{2}Li^2$
电容 C	$i = C\dfrac{\mathrm{d}u}{\mathrm{d}t}$	储电能元件　$W_C = \dfrac{1}{2}Cu^2$

表 1 – 2　　两个同性质元件的串联和并联时参数的计算公式

连接方式	等效电阻	等效电感	等效电容
串联	$R = R_1 + R_2$	$L = L_1 + L_2$ （无互感效应时）	$C = \dfrac{C_1 C_2}{C_1 + C_2}$
并联	$R = \dfrac{R_1 R_2}{R_1 + R_2}$	$L = \dfrac{L_1 L_2}{L_1 + L_2}$ （无互感效应时）	$C = C_1 + C_2$

4．电源

（1）理想电压源和理想电流源

理想电压源和理想电流源都是理想的电源元件。理想电压源可以向外电路提供一个恒定值的电压 U_S。当外接负载电阻 R_L 变化时,流过理想电压源的电流将发生变化,但电压 U_S 不变。因此理想电压源有两个特点,其一是任何时刻输出电压都和流过的电流大小无关;其二是输出电流取决于外电路,由外部负载电阻决定(由欧姆定律可得)。

理想电流源可以向外电路提供一个恒定值的电流 I_S。当外接负载电阻 R_L 变化时,理想电流源两端的电压将发生变化,但电流 I_S 不变。因此理想电流源有两个特点,其一是任何时刻输出电流都和它的端电压大小无关;其二是输出电压取决于外电路,由外部负载电阻决定(由欧姆定律可得)。

（2）受控电源

受控电源的输出电压或电流不能独立存在。而是受电路中另一个电压或电流的控制,当控制它们的电压或电流消失或等于零时,受控电源的电压或电流也将为零。

根据控制量是电压或电流,受控源是电压源或电流源,理想受控源可分四种类型:电压控制电压源,电压控制电流源,电流控制电压源,电流控制电流源。

5．电路分析的基本方法

基尔霍夫定律是电路的基本定律,是电路分析的基本依据。基尔霍夫电流定律应用于结点,

它是用来确定连接在同一结点上各支路电流之间的关系的,缩写为 KCL。基尔霍夫电压定律应用于回路,它描述了回路中各段电压间的相互关系,缩写为 KVL。

支路电流法是最基本的电路分析方法,它是以支路电流为未知量,应用 KCL 和 KVL 列出方程,而后求解各支路电流的方法。

电压源模型与电流源模型的等效变换也是电路分析的一种方法。

叠加定理是反映线性电路基本性质的一个重要定理。通过叠加定理,可将复杂电路分解为一个个简单电路,分别求解后再求代数和。

等效电源定理是电路分析中非常重要的、应用极其广泛的方法。任何一个线性有源二端网络对外电路都可以等效为一个电源,这个等效电源可以是电压源,也可以是电流源,由此得出戴维宁定理和诺顿定理。

三、例题解析

例 1 – 1　在图 1 – 1(a)中,已知 $I_1 = 2$ mA,$I_2 = -1$ mA。试确定电路元件 3 中的电流 I_3 和其两端电压 U_3,并说明它是电源还是负载。

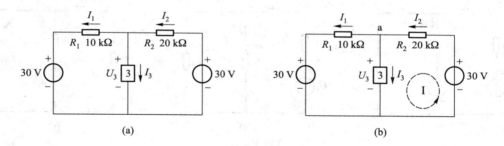

图 1 – 1

解: 在图 1 – 1(b)中,设结点为 a 点,根据 KCL 得

$$I_3 = I_2 - I_1 = -3 \text{ mA}$$

在回路 I 中,由 KVL 列回路电压方程

$$-30 + 20 \times (-1) + U_3 = 0$$

$$U_3 = 50 \text{ V}$$

元件 3 上电流与电压参考方向关联,它的功率为

$$P = I_3 U_3 = -3 \times 50 \text{ mW} = -150 \text{ mW}$$

元件 3 上的功率小于零,说明元件 3 产生功率,起电源作用。

说明:$P > 0$ 时,表示元件吸收功率,该元件为负载性;当 $P < 0$ 时,表示元件发出功率,该元件为电源性。

例 1 – 2　试用结点电压法求图 1 – 2 所示电路中的各支路电流。

解: 取结点 O 为参考节点,设结点 1、2 的电压为 U_1、U_2,则各支路电流的表达式为

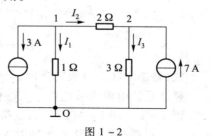

图 1 – 2

$$I_1 = \frac{U_1}{1} = U_1, \quad I_2 = \frac{U_1 - U_2}{2}, \quad I_3 = \frac{U_2}{3}$$

结点 1 的电流方程为

$$I_1 + I_2 + 3 = 0$$

结点 2 的电流方程为

$$I_2 + 7 = I_3$$

联列解得

$$U_1 = 1 \text{ V}, \quad U_2 = 9 \text{ V}$$

$$I_1 = \frac{U_1}{1} = 1 \text{ A}, \quad I_2 = \frac{U_1 - U_2}{2} = -4 \text{ A}, \quad I_3 = \frac{U_2}{3} = 3 \text{ A}$$

说明:结点电压法实质是 KCL 定律的应用,是求解支路电流的一种手段,适用于结点少而网孔多的电路。另外,各独立结点电压之间相互独立,可作为电路分析的变量使用。

例 1-3   在图 1-3(a)所示电路中,已知 $U_1 = 14$ V,$U_2 = 2$ V,$R_1 = 5\ \Omega$,$R_2 = 2\ \Omega$,$R_3 = 4\ \Omega$,试用叠加定理计算三个电阻上的电流。

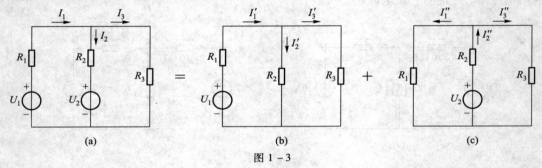

图 1-3

解:为分析方便,将图 1-3(a)中两电源 U_1、U_2 单独作用时的电路图画出,如图 1-3(b) 、(c)所示。

$$I'_1 = \frac{U_1}{R_1 + (R_2 /\!/ R_3)} = \frac{14}{5 + \dfrac{2 \times 4}{2 + 4}} \text{ A} = \frac{42}{19} \text{ A}, \quad I''_1 = \frac{R_3}{R_1 + R_3} I''_2 = \frac{4}{5 + 4} \times \frac{9}{19} \text{ A} = \frac{4}{19} \text{ A}$$

$$I'_2 = \frac{R_3}{R_2 + R_3} I'_1 = \frac{4}{2 + 4} \times \frac{42}{19} \text{ A} = \frac{28}{19} \text{ A}, \quad I''_2 = \frac{U_2}{R_2 + (R_1 /\!/ R_3)} = \frac{2}{2 + \dfrac{5 \times 4}{5 + 4}} \text{ A} = \frac{9}{19} \text{ A}$$

$$I'_3 = \frac{R_2}{R_2 + R_3} I'_1 = \frac{2}{2 + 4} \times \frac{42}{19} \text{ A} = \frac{14}{19} \text{ A}, \quad I''_3 = \frac{R_1}{R_1 + R_3} I''_2 = \frac{5}{5 + 4} \times \frac{9}{19} \text{ A} = \frac{5}{19} \text{ A}$$

$$I_1 = I'_1 - I''_1 = \left(\frac{42}{19} - \frac{4}{19}\right) \text{ A} = 2 \text{ A}, \quad I_2 = I'_2 - I''_2 = \left(\frac{28}{19} - \frac{9}{19}\right) \text{ A} = 1 \text{ A},$$

$$I_3 = I'_3 + I''_3 = \left(\frac{14}{19} + \frac{5}{19}\right) \text{ A} = 1 \text{ A}$$

注:叠加时注意电流的方向,分电路的电流与总电路对应的电流方向一致时为正,相反时为负。叠加后的电流为分电路电流的代数和。

例 1-4   图 1-4(a)所示电路中,已知 $U_S = 10$ V,$I_S = 1$ A,$R_1 = 4\ \Omega$,$R_2 = 2\ \Omega$,$R_3 = 22\ \Omega$,试用戴维宁定理计算电阻 R_3 上的电流。

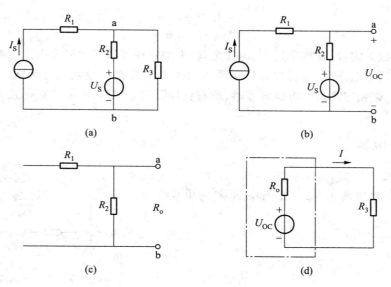

图 1 - 4

解:根据戴维宁定理:

(1) 将图 1 - 4(a)中 R_3 左侧部分作为有源二端网络,R_3 作为外电路电阻,画出二端网络如图 1 - 4(b)所示,求开路电压 U_{OC}。在图 1 - 4(b)中,流过闭合回路中的电流是 I_s,则 U_{OC} 为

$$U_{OC} = I_s R_2 + U_s = (1 \times 2 + 10)\text{V} = 12\text{ V}$$

(2) 计算有源二端网络的内阻 R_o。 此时二端网络内部的独立电源置零,即电压源以短路来代替,电流源以开路表示,如图 1 - 4(c)所示,则电阻为

$$R_o = R_2 = 2\ \Omega$$

(3) 此时二端有源网络等效为一个电压源 U_{OC} 和一个电阻 R_o 的串联形式,加上外电路的电阻 R_3,构成等效电路如图 1 - 4(d)所示,则

$$I = \frac{U_{OC}}{R_o + R_3} = \left(\frac{12}{2 + 22}\right)\text{A} = 0.5\text{ A}$$

例 1 - 5　求图 1 - 5(a)电路中的电流 I_1 及电压 U。

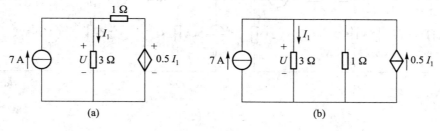

图 1 - 5

解:将原电路中的受控电压源等效变换成如图 1 - 5(b)所示的受控电流源形式,由 KCL 得

$$I_1 + \frac{3 \times I_1}{1} = 7 + 0.5 I_1$$

$$I_1 = 2 \text{ A}$$
$$U = 3I_1 = 6 \text{ V}$$

说明：基尔霍夫定律、戴维宁定理、诺顿定理、叠加定理等都可用来分析受控源电路。但必须注意两点：一是简化电路时，只要存在受控源，就不要把受控源的控制量消除掉；二是运用叠加定理、戴维宁定理、诺顿定理进行电源置零时，所有受控源均应保留，不能像对待独立电源那样进行置零处理。

四、部分习题解答

1. 练习与思考解析

1 - 3 - 2　试问题 1 - 3 - 2 图中 A 点的电位等于多少？

解：由图知电流为

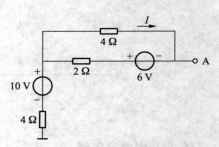

$$I = \frac{6}{2+4} \text{A} = 1 \text{ A}$$

A 点的电位　$V_A = (-4 \times 1 + 10) \text{V} = 6 \text{ V}$

2. 习题解析

1.1.1　试用电源两种模型的等效变换方法计算题 1.1.1 图(a)中 2 Ω 电阻上的电流 I。

题 1 - 3 - 2 图

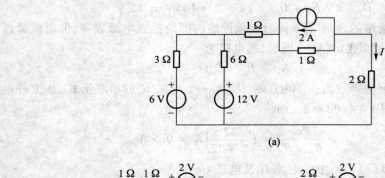

(a)

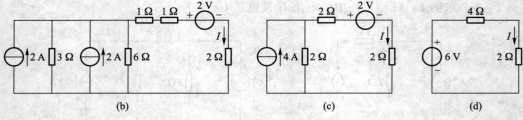

(b)　　　　　　　(c)　　　　　　　(d)

题 1.1.1 图

解：根据电源等效变换原理，题 1.1.1 图转变过程如题 1.1.1 图(b)~(d)所示。所以

$$I = \frac{6}{2+4} \text{ A} = 1 \text{ A}$$

1.1.2　试用支路电流法和结点电压法计算题 1.1.2 图中各支路电流。

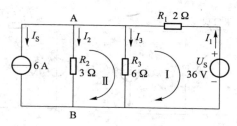

题 1.1.2 图

解:(1) 支路电流法

结点 A　$I_1 - I_S - I_2 - I_3 = 0$

回路 I　　$-2I_1 - 6I_3 - 36 = 0$

回路 II　　$-3I_2 + 6I_3 = 0$

解得　$I_1 = 12$ A,$I_2 = 4$ A,$I_3 = 2$ A

(2) 结点电压法

$$U_{AB} = \frac{\dfrac{U_S}{R_1} - I_S}{\dfrac{1}{R_1} + \dfrac{1}{R_2} + \dfrac{1}{R_3}} = 12 \text{ V}$$

以 B 为参考点,结点电压为

$$I_2 = \frac{U_{AB}}{R_2} = 4 \text{ A}$$

$$I_3 = \frac{U_{AB}}{R_3} = 2 \text{ A}$$

$$I_1 = \frac{U_S - U_{AB}}{R_1} = 12 \text{ A}$$

1.3.2　题 1.3.2 图所示电路中,如果 15Ω 电阻上的电压为 30 V,其极性如图所示,试求电阻 R 及电位 V_B。

解:由题可知　$I = \dfrac{30}{15} A = 2$ A

由 KCL 得　$I_1 = 5$ A $+ I = 7$ A

由 KVL 得　$V_B = (-7 \times 5 - 2 \times 15 + 100)$ V $= 35$ V

$I_R = I_1 - 2$ A $- 3$ A $= 2$ A

所以　$R = \dfrac{V_B}{I_R} = 17.5$ Ω

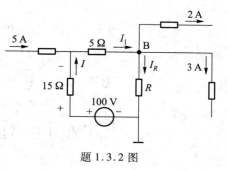

题 1.3.2 图

1.4.1　试用叠加定理求题 1.4.1 图(a)所示电路中的电流 I。

解:(1) U_S 单独作用时如题 1.4.1 图(b)所示。

$$I' = \frac{U_S}{R_1 + R_2 // (R + R_3)} \times \frac{R_2}{R_2 + R + R_3} = 1 \text{ A}$$

(2) I_S 单独作用时如题 1.4.1 图(c)所示。

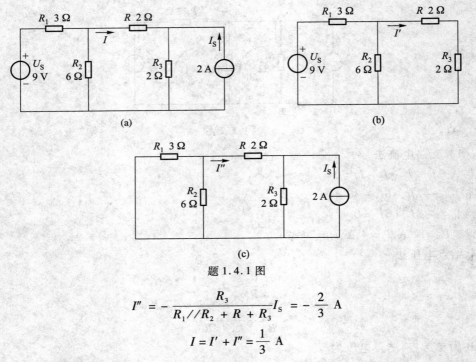

(a)　　　　　　　　　　　　　　　　(b)

(c)

题 1.4.1 图

$$I'' = - \frac{R_3}{R_1 // R_2 + R + R_3} I_S = - \frac{2}{3} \text{ A}$$

所以　　　　　　　　　　　　　$$I = I' + I'' = \frac{1}{3} \text{ A}$$

1.4.2　试用戴维宁定理计算题 1.4.2 图(a)所示电路中 4 Ω 电阻上的电流和电压。

解:画出除 4 Ω 以外有源二端网络电路如题 1.4.2 图(b)
所示。

开路电压　$U_{oc} = (10 \times 1 + 10) \text{V} = 20 \text{ V}$

等效电阻　$R_o = 1 \text{ Ω}$

戴维宁等效电路如题 1.4.2 图(c)所示。

$$I = \frac{20}{1 + 4} \text{ A} = 4 \text{ A}$$

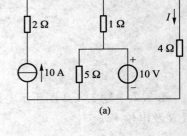

$$U = \frac{20}{1 + 4} \times 4 \text{ V} = 16 \text{ V}$$

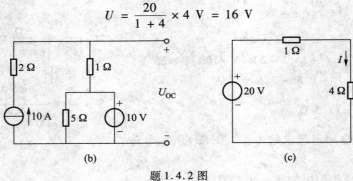

(b)　　　　　　　　　　　　(c)

题 1.4.2 图

1.5.5　试用诺顿定理计算题 1.5.5 图(a)所示电路中的电流 I。

解:(1) 求短路电流 I_{ab}

利用题 1.5.5 图(b),由叠加定理知:

U_S 单独作用时　　$I'_{ab} = \dfrac{R_3 + R_4}{R_2 + R_3 + R_4} \cdot \dfrac{U_S}{R_2 // (R_3 + R_4)} = \dfrac{4}{3}$ A

I_S 单独作用时

$$I''_{ab} = I_S - I''_2$$

而　　　　　　　$I''_2 = \dfrac{R_5}{R_2 + R_5} \cdot \dfrac{R_3}{R_4 + R_2 // R_5 + R_3} I_S$

$$= \dfrac{1}{9} \text{ A}$$

则　　　　　　　$I''_{ab} = I_S - I''_2 = \dfrac{8}{9}$ A

所以　　　　　　$I_{ab} = I'_{ab} - I''_{ab} = \dfrac{4}{9}$ A

（2）等效内阻

$$R_o = R_2 + R_5 // (R_3 + R_4) = 9 \ \Omega$$

（3）等效电路如题 1.5.5 图（c）所示。

所以　　　　　　$I = \dfrac{R_o}{R_1 + R_o} I_{ab} = \dfrac{1}{3}$ A

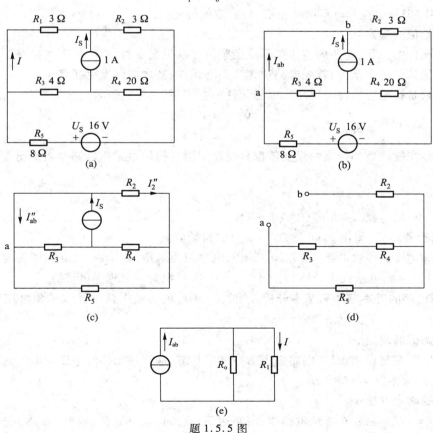

题 1.5.5 图

第 2 章　动态电路的瞬态分析

一、基本要求

　　1. 理解动态元件的物理性质及其在电路中的作用;
　　2. 掌握换路定则及电流、电压初始值、稳态值的求法;
　　3. 理解一阶电路的瞬态、稳态、零输入响应、零状态响应、全响应的概念;
　　4. 理解时间常数的物理意义;
　　5. 掌握一阶线性电路分析的三要素法;
　　6. 理解微分电路、积分电路的组成及条件。

二、阅读指导

　　1. 换路定则及电流和电压的初始值、稳态值的确定
　　(1) 初始值的确定
　　当电路元件的参数、电路的连接关系或激励信号发生突变时,称电路发生换路。动态电路瞬态的发生必须具备两个条件:首先电路中含有动态元件;其次电路发生换路。
　　换路定则是指电容元件的电压和电感元件的电流不能突变,其表达式为

$$u_C(0_+) = u_C(0_-)$$
$$i_L(0_+) = i_L(0_-)$$

　　求解电路在换路后初始值的重要依据是换路定则。初始值是指电路的各个分量在 $t = 0_+$ 时的值。
　　求解方法:
　　① 由 $t = 0_-$ 的电路,求出 $u_C(0_-)$ 或 $i_L(0_-)$。
　　② 根据换路定则,得出 $u_C(0_+)$ 或 $i_L(0_+)$ 的初始值。
　　③ 做出 $t = 0_+$ 的等效电路,若 $u_C(0_+) = 0$,电容视为短路,若 $u_C(0_+) \neq 0$,则视为一个理想电压源;若 $i_L(0_+) = 0$,电感视为开路,若 $i_L(0_+) \neq 0$,则可视为一个理想电流源。
　　④ 应用电路的基本定律和基本分析方法,在 $t = 0_+$ 的等效电路中计算其他电压和电流的初始值。
　　(2) 稳态值的确定
　　当电路的瞬态过程结束后,电路进入新的稳定状态,这时各元件的电压和电流的值称为稳态值(或终值),一般称 $t = \infty$ 时的值。
　　稳态值的确定方法:
　　做出 $t = \infty$ 时的电路,在直流电路中,电路达到稳态时,电感元件应视为短路,电容元件应视为开路,应用电路的基本定律和基本分析方法,求解稳态值。

2. 一阶瞬态电路的分析与响应

若电路中只含有一个动态元件或可等效成只含一个动态元件的线性电路,不论其电路复杂与否,都可用一阶常系数线性微分方程表示,这种电路称为一阶线性电路。对于一阶电路瞬态过程的响应,可以分成三种类型,分别为全响应、零状态响应、零输入响应。

(1) 一阶电路的全响应

一阶电路换路后既有外加激励,且初始储能又不为零的响应称为全响应。可表示为

$$f(t) = f(\infty) + [f(0_+) - f(\infty)]e^{-\frac{t}{\tau}}$$

只要求出初始值 $f(0_+)$、稳态值 $f(\infty)$ 和时间常数 τ 这三个要素,代入式中,即可求出电路的全响应,这种方法称为一阶线性电路的三要素法。

以 RC 电路为例。

① 初始值 $u_C(0_+) = u_C(0_-)$。其他电压或电流的初始值可由 $t = 0_+$ 的等效电路求得。

② 稳态值 $u_C(\infty)$。其他电压或电流的稳态值也在换路后的稳态电路中求得。

③ 时间常数 $\tau = RC$,其中 R 应是换路后电容两端的戴维宁等效电阻。

(2) 时间常数 τ 的物理意义

在 RC 电路中,τ 愈大,充电或放电就愈慢;τ 愈小,充电或放电就愈快。

在工程上通常认为瞬态过程所需时间 $t = (3 \sim 5)\tau$。

图 2 - 1 所示就是 RC 电路随时间从 $\tau \sim 5\tau$ 的变化规律。从图中可见经过 $(3 \sim 5)\tau$ 后,电路进入新的稳态。适当调节参数 R 和 C,就可控制 RC 电路瞬态过程的快慢。

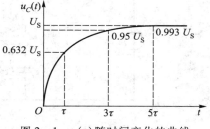

图 2 - 1　$u(t)$ 随时间变化的曲线

(3) 一阶电路的零输入响应

一阶电路换路后外加激励为零,仅由动态元件初始储能产生的响应,其实质是动态元件释放储存能量的过程。

零输入响应可以表示为

$$f(t) = f(0_+)e^{-\frac{t}{\tau}}$$

以 RC 电路为例,$u_C(t)$ 的零输入响应为

$$u_C(t) = u_C(0_+)e^{-\frac{t}{\tau}} = U_s e^{-\frac{1}{RC}}$$

(4) 一阶电路的零状态响应

一阶电路换路后动态元件初始储能为零,由外加激励在电路中产生的响应,其实质是外加激励对动态元件储存能量的过程。

零状态响应可以表示为

$$f(t) = f(\infty) - f(\infty)e^{-\frac{t}{\tau}}$$

以 RC 电路为例,$u_C(t)$ 的零状态响应为

$$u_C(t) = U_s(1 - e^{-\frac{t}{RC}})$$

全响应 = 零输入响应 + 零状态响应

三要素法也同样适用于一阶 RL 线性电路,且时间常数为 $\tau = \dfrac{L}{R}$。

3. 微分电路和积分电路

微分电路和积分电路实质上是 RC 电路在周期性矩形脉冲信号(脉冲序列信号)作用下充放电的一种常见电路。

设 t_w 是输入周期矩形信号的脉冲宽度。

RC 微分电路必须满足两个条件:

① $\tau \ll t_\mathrm{w}$;② 从电阻两端取输出电压 u_o,这样能把矩形波的上升沿和下降沿变换成尖脉冲。

RC 积分电路必须满足两个条件:

① $\tau \gg t_\mathrm{w}$;② 从电容两端取输出电压 u_o,这样能把矩形波变换成三角波。

三、例题解析

例 2 – 1　　如图 2 – 2(a)所示电路中,$t = 0$ 时,开关 S 打开。求开关 S 打开瞬间各元件在 $t = 0_-$、$t = 0_+$ 时刻的电压、电流值,并比较之。

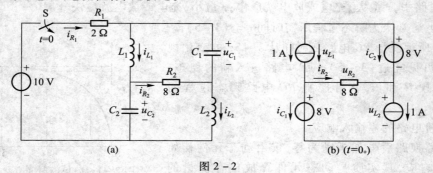

图 2 – 2

解:$t = 0_-$ 是指换路前稳态的最后时刻,电路如图 2 – 2(a)所示。

(1) 在 $t = 0_-$ 电路中,求各电压、电流量。

$t = 0_-$ 时,L_1,L_2 短路,C_1、C_2 开路,则

$$i_{R_1}(0_-) = i_{L_1}(0_-) = i_{R_2}(0_-) = i_{L_2}(0_-) = 10/(2+8)\,\mathrm{A} = 1\,\mathrm{A}$$

$$i_{C_1}(0_-) = i_{C_2}(0_-) = 0$$

$$u_{L_1}(0_-) = u_{L_2}(0_-) = 0$$

$$u_{C_1}(0_-) = u_{C_2}(0_-) = u_{R_2}(0_-) = i_{R_2}(0_-)R_2 = 8\,\mathrm{V}$$

(2) $t = 0_+$ 是指瞬态过程的最初时刻,等效电路如图 2 – 2(b)所示。在 $t = 0_+$ 电路中,按照求初始值的方法求各电压、电流量。

根据换路定则

$$i_{L_1}(0_+) = i_{L_1}(0_-) = 1\,\mathrm{A}, \quad i_{L_2}(0_+) = i_{L_2}(0_-) = 1\,\mathrm{A}$$

$$u_{C_1}(0_+) = u_{C_1}(0_-) = 8\,\mathrm{V}, \quad u_{C_2}(0_+) = u_{C_2}(0_-) = 8\,\mathrm{V}$$

在 $t = 0_+$ 电路中,求各初始值。

$$i_{C_1}(0_+) = -i_{L_2}(0_+) = -1\,\mathrm{A}$$

$$i_{C_2}(0_+) = -i_{L_1}(0_+) = -1\,\mathrm{A}$$

$$i_{R_2}(0_+) = i_{L_1}(0_+) + i_{L_2}(0_+) = 2 \text{ A}$$

$$u_{R_2}(0_+) = i_{R_2}(0_+)R_2 = 16 \text{ V}$$

$$u_{L_1}(0_+) = u_{C_2}(0_+) - u_{R_2}(0_+) = (8 - 16)\text{V} = -8 \text{ V}$$

$$u_{L_2}(0_+) = u_{C_1}(0_+) - u_{R_2}(0_+) = (8 - 16)\text{V} = -8 \text{ V}$$

比较上述结果,只有电感上的电流和电容上的电压不能突变,其他电流、电压均发生了突变。如电容的电流由 0 跃变到 -1 A,电感两端的电压由 0 跃变到 -8 V。

一定要注意:求初始值由 $t = 0_-$ 电路只能求出 $u_C(0_+)$、$i_L(0_+)$,而电路中的其他电压和电流的初值无法由 $t = 0_-$ 电路求出。$t = 0_-$ 是指换路前稳态的最后时刻,所以求解方法同直流稳态电路的方法完全相同(电容开路、电感短路),但 $t = 0_+$ 时刻的电路是换路后开始瞬间的等效电路,求初始值时,一定要画出 $t = 0_+$ 的电路后,方可求解。

例 2 – 2　图 2 – 3(a)所示电路中,开关 S 在 $t = 0$ 时闭合,S 闭合前电路已处于稳态。试求开关 S 闭合后各元件电压、电流的初始值。

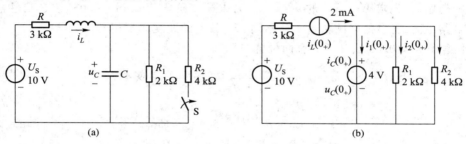

图 2 – 3

解: 在 $t = 0_-$ 电路中(即换路前稳态电路中)求 $u_C(0_-)$、$i_L(0_-)$,此时 L 短路,C 开路。

$$u_C(0_-) = \frac{R_1}{R + R_1}U_S = \frac{2}{3 + 2} \times 10 \text{ V} = 4 \text{ V}$$

$$i_L(0_-) = \frac{U_S}{R + R_1} = \frac{10}{2 + 3} \text{ mA} = 2 \text{ mA}$$

根据换路定则即可求得

$$u_C(0_+) = u_C(0_-) = 4 \text{ V}$$

$$i_L(0_+) = i_L(0_-) = 2 \text{ mA}$$

在图 2 – 3(b)($t = 0_+$)等效电路中,求其他初始值。

$$i_1(0_+) = \frac{u_C(0_+)}{R_1} = \frac{4}{2} \text{ mA} = 2 \text{ mA}$$

$$i_2(0_+) = \frac{u_C(0_+)}{R_2} = \frac{4}{4} \text{ mA} = 1 \text{ mA}$$

$$i_C(0_+) = i_L(0_+) - i_1(0_+) - i_2(0_+) = (2 - 2 - 1) \text{ mA} = -1 \text{ mA}$$

$$u_L(0_+) = U_S - u_C(0_+) - Ri_L(0_+) = (10 - 4 - 3 \times 2) \text{ V} = 0 \text{ V}$$

由计算结果可知,换路瞬间除 u_C、i_L 不能突变外,其他量均可突变,且其他初始值的求解完全满足 KCL、KVL 定律。

例 2 – 3　如图 2 – 4(a)所示电路,$U_{S1} = 10$ V,$U_{S2} = 4$ V,$R_1 = R_2 = 5$ kΩ,$R_3 = 15$ kΩ,$C =$

5 μF,S 在位置"2"时电路处于稳态。$t=0$ 时,开关 S 合向位置"1",$t=0.03$ s 时,开关 S 合向位置"3"。试求换路后的 $u_C(t)$ 及变化曲线。

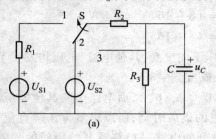

(a)

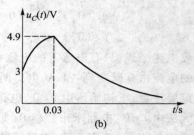

(b)

图 2 - 4

解：第一阶段,$t=0$ 时开关 S 合向位置"1",电容被充电;第二阶段充到 0.03 s 时,第一阶段瞬态过程还没有结束,开关 S 又合向位置"3",电容又开始放电。第一阶段的 $u_C(t)|_{t=0.03\,s}$ 的值是第二阶段的初始值,先求第一阶段的 $u_C(t)$,然后求第二阶段的 $u_C(t-0.03)$。还要注意到两次换路后的电路不同,各自的时间常数 τ 就不同,充、放电的速度亦不相同。

第一阶段 $0 \leqslant t \leqslant 0.03$ s,开关 S 合向位置"1"。

$$u_C(0_+) = u_C(0_-) = \frac{R_3}{R_2 + R_3}U_{S2} = \frac{15}{5+15} \times 4 \text{ V} = 3 \text{ V}$$

$$u_C(\infty) = \frac{R_3}{R_1 + R_2 + R_3}U_{S1} = \frac{15}{5+5+15} \times 10 \text{ V} = 6 \text{ V}$$

$$\tau_1 = (R_1 + R_2)//R_3 \times C = 0.03 \text{ s}$$

代入三要素公式,则

$$u_C(t) = u_C(\infty) + [u_C(0_+) - u_C(\infty)]e^{-\frac{t}{\tau_1}} = (6 - 3e^{-\frac{t}{0.03}}) \text{V} \quad (0 \leqslant t \leqslant 0.03 \text{ s})$$

第二阶段 $t \geqslant 0.03$ s,开关 S 合向位置"3"。

$$u_C(0.03_+) = u_C(t)|_{t=0.03} = (6 - 3e^{-\frac{0.03}{0.03}}) \text{V} = 4.9 \text{ V}$$

$$u_C(\infty) = 0$$

$$\tau_2 = R_3C = 0.075 \text{ s}$$

所以 $u_C(t) = u_C(\infty) + [u_C(0.03_+) - u_C(\infty)]e^{-\frac{t-0.03}{\tau}} = 4.9e^{-\frac{t-0.03}{0.075}} \text{ V} \quad (t \geqslant 0.03 \text{ s})$

$u_C(t)$ 变化曲线如图 2-4(b)所示。

例 2-4　如图 2-5(a)所示电路,$I_S = 10$ mA,$U_S = 50$ V,$R_1 = R_2 = 10$ kΩ,$L = 10$ mH,开关闭合前电路处于稳态,$t=0$ 时开关 S 闭合,试求 $u(t)$。

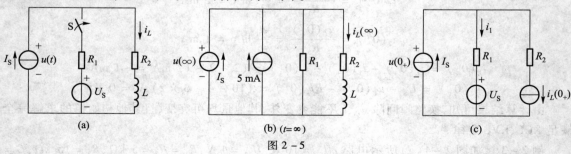

图 2 - 5

解：所求 $u(t)$ 是可突变量，用三要素法求解时有两种方法。第一可先用三要素法求不可突变量 $i_L(t)$，然后根据 KCL、KVL 求解 $u(t)$，这样可避开求可突变量 $u(t)$ 的初始值；第二种方法是直接用三要素方法求解。

解法 1：先求不可突变量 $i_L(t)$

$$i_L(0_+) = i_L(0_-) = I_S = 10 \text{ mA}$$

S 闭合后是复杂电路，求 $i_L(\infty)$ 可用电压源和电流源的等效变换，如图 2 – 5(b)($t = \infty$)所示。

$$U_S/R_1 = 50/10 \text{ mA} = 5 \text{ mA}$$

$$i_L(\infty) = \frac{1}{2}\left(I_S + \frac{U_S}{R_1}\right) = \frac{1}{2}(10 + 5)\text{ mA} = 7.5 \text{ mA}$$

$$\tau = \frac{L}{R_1 + R_2} = \frac{10 \times 10^{-3}}{20 \times 10^3} \text{ s} = \frac{1}{2} \times 10^{-6} \text{ s}$$

代入三要素公式得

$$i_L(t) = i_L(\infty) + [i_L(0_+) - i_L(\infty)]e^{-\frac{t}{\tau}} = (7.5 + 2.5e^{-2\times10^6 t}) \text{ mA}$$

而　$u_L(t) = L\dfrac{\mathrm{d}i}{\mathrm{d}t} = 10 \times 10^{-3}\dfrac{\mathrm{d}}{\mathrm{d}t}(7.5 + 2.5e^{-2\times10^6 t}) \times 10^{-3} \text{ V} = -50e^{-2\times10^6 t} \text{ V}$

$$u_{R_2}(t) = i_L(t)R_2 = (7.5 + 2.5e^{-2\times10^6 t}) \times 10^{-3} \times 10 \times 10^3 \text{ V} = (75 + 25e^{-2\times10^6 t}) \text{ V}$$

所以 $u(t) = u_{R_2} + u_L(t) = (75 + 25e^{-2\times10^6 t} - 50e^{-2\times10^6 t}) \text{ V} = (75 - 25e^{-2\times10^6 t}) \text{ V}$

解法 2：直接应用三要素法。首先在图 2 – 5 中求不可突变量 $i_L(0_-)$，且根据换路定则得

$$i_L(0_+) = i_L(0_-) = I_S = 10 \text{ mA}$$

用理想电流源代替电感元件，在图 2 – 5(c)($t = 0_+$)所示电路中求初始值 $u(0_+)$

$$i_1 = I_S - i_L(0_+) = (10 - 10)\text{ mA} = 0$$

$$u(0_+) = i_1 R_1 + U_S = U_S = 50 \text{ V}$$

在图 2 – 5(a)($t = \infty$)中，求 $u(\infty)$

$$u(\infty) = \frac{1}{2}\left(I_S + \frac{U_S}{R_1}\right)R_2 = \frac{1}{2}(10 + 5) \times 10 \text{ V} = 75 \text{ V}$$

$$\tau = \frac{L}{R_1 + R_2} = \frac{10 \times 10^{-3}}{20 \times 10^3} \text{ s} = \frac{1}{2} \times 10^{-6} \text{ s}$$

代入三要素公式，则

$$u(t) = u(\infty) + [u(0_+) - u(\infty)]e^{-\frac{t}{\tau}} = (75 - 25e^{-2\times10^6 t}) \text{ V}$$

比较上面两种解法，第一种解法可免去求可突变量 $u(t)$ 的初始值，但要求对电路的运算十分熟练；第二种解法则要求对求初始值的方法特别熟悉。由于两种解法都必须求不可突变量 $i_L(0_-)$，可见第一种方法简单些。

四、部分习题解答

2.1.1　电路如题 2.1.1 图(a)、(b)所示，电路已处于稳态。试确定换路瞬间所示电压、电流的初始值及电路达到稳态时的各稳态值。

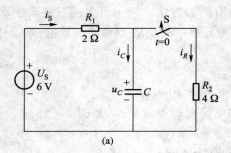 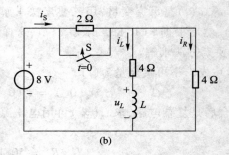

题 2.1.1 图

解：图(a)初始值：

换路前(S 闭合前)，在 $t = 0_-$ 电路中，$u_c(0_-) = 6$ V

据换路定则有

$$u_c(0_+) = u_c(0_-) = 6 \text{ V}$$

在 $t = 0_+$ 电路中

$$i_S(0_+) = \frac{U_S - u_c(0_+)}{R_1} = \frac{6 - 6}{2} \text{A} = 0 \text{ A}$$

$$i_R(0_+) = u_c(0_+)/R_2 = 6/4 \text{ A} = 1.5 \text{ A}$$

$$i_C(0_+) = i_S(0_+) - i_R(0_+) = (0 - 1.5) \text{A} = -1.5 \text{ A}$$

到达稳定状态时电路中各稳态值为

$$u_c(\infty) = \frac{U_S}{R_1 + R_2}R_2 = \left(\frac{6}{2 + 4} \times 4\right) \text{V} = 4 \text{ V}$$

$$i_S(\infty) = i_R(\infty) = \frac{U_S}{R_1 + R_2} = \frac{6}{2 + 4} \text{ A} = 1 \text{ A}$$

$$i_C(\infty) = 0 \text{ A}$$

图(b)初始值：

换路前(S 闭合前)，在 $t = 0_-$ 电路中

$$i_L(0_-) = 8 / \left(2 + \frac{4 \times 4}{4 + 4}\right) \times \frac{1}{2} \text{A} = 1 \text{ A}$$

据换路定则有

$$i_L(0_+) = i_L(0_-) = 1 \text{ A}$$

在 $t = 0_+$ 电路中

$$i_R(0_+) = 8/4 \text{ A} = 2 \text{ A}$$

$$i_S(0_+) = i_R(0_+) + i_L(0_+) = (2 + 1) \text{A} = 3 \text{ A}$$

$$u_L(0_+) = 8 \text{ V} - 4i_L(0_+) = (8 - 4 \times 1) \text{V} = 4 \text{ V}$$

到达稳定时电路中各稳态值为

$$i_R(\infty) = 8/4 \text{ A} = 2 \text{ A}$$

$$i_L(\infty) = 8/4 \text{ A} = 2 \text{ A}$$

$$i_S(\infty) = i_R(\infty) + i_L(\infty) = 4 \text{ A}$$

$$u_L(\infty) = 0 \text{ V}$$

2.2.1 在题 2.2.1 图(a)所示电路中,已知 $E = 20$ V,$R = 5$ kΩ,$C = 100$ μF,设电容初始储能为零。试求

(1) 电路的时间常数 τ。

(2) 开关 S 闭合后的电流 i、电压 u_C 和 u_R,并画出它们的变化曲线。

(3) 经过一个时间常数后的电容电压值。

解:(1) $\tau = RC = 5 \times 10^3 \times 100 \times 10^{-6}$ s $= 0.5$ s

(2) 在换路前,$t = 0_-$ 电路中 $u_C(0_-) = 0$,据换路定则,$u_C(0_+) = u_C(0_-) = 0$。

在 $t = 0_+$ 电路中

$$i(0_+) = \frac{E}{R} = 20/5 \text{ mA} = 4 \text{ mA}$$

在 $t = \infty$ 电路中

$$u_C(\infty) = E = 20 \text{ V}, i(\infty) = 0$$

根据三要素法,则

$$i(t) = i(\infty) + [i(0_+) - i(\infty)]e^{-\frac{t}{\tau}} = 4e^{-2t} \text{ mA}$$

$$u_C(t) = u_C(\infty) + [u_C(0_+) - u_C(\infty)]e^{-\frac{t}{\tau}} = 20(1 - e^{-\frac{t}{\tau}}) \text{ V} = 20(1 - e^{-2t}) \text{ V}$$

$$u_R(t) = i(t)R = 4e^{-\frac{t}{\tau}} \times 5 \text{ V} = 20e^{-2t} \text{ V}$$

各变化曲线如题 2.2.1 图(b)和题 2.2.1 图(c)所示。

(3) 经过 $t = \tau$ 后,$u_C(\tau) = 20(1 - e^{-1}) \text{ V} = 12.64$ V

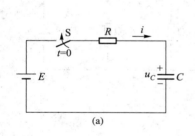 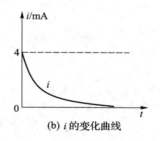 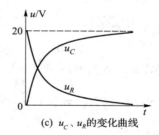

|(a)|(b) i 的变化曲线|(c) u_C、u_R 的变化曲线|

题 2.2.1 图

2.2.2 在题 2.2.2 图所示电路中,$E = 40$ V,$R_1 = R_2 = 2$ kΩ,$C_1 = C_2 = 10$ μF,电容元件原先均未储能。试求开关 S 闭合后电容元件两端的电压 $u_C(t)$。

解:换路前,在 $t = 0_-$ 电路中

$$u_C(0_-) = 0$$

根据换路定则

$$u_C(0_+) = 0$$

在 $t = \infty$ 电路中

$$u_C(\infty) = E = 40 \text{ V}$$

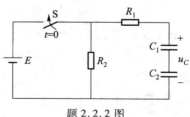

题 2.2.2 图

时间常数 τ

$$\tau = \frac{C_1 C_2}{C_1 + C_2} R_1 = \frac{10 \times 10}{10 + 10} \times 10^{-6} \times 2 \times 10^3 \ \text{s} = 0.01 \ \text{s}$$

据三要素法

$$u_C(t) = u_C(\infty) + [u_C(0_+) - u_C(\infty)] e^{-\frac{t}{\tau}} = 40(1 - e^{-100t}) \ \text{V}$$

2.2.3　在题 2.2.3 图所示电路中,电容的初始储能为零。在 $t = 0$ 时将开关 S 闭合,试求开关 S 闭合后电容两端的电压 $u_C(t)$。

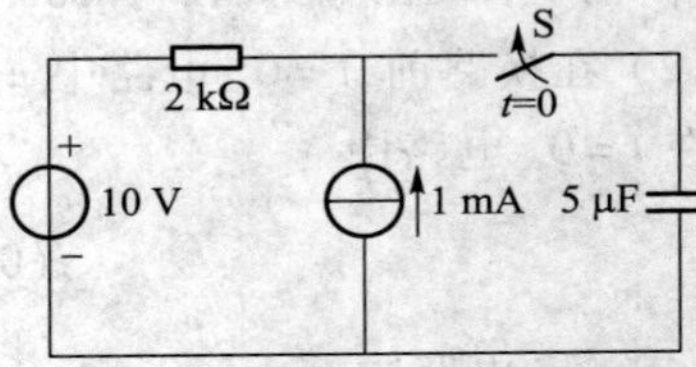

解:换路前,在 $t = 0_-$ 电路中

$$u_C(0_-) = 0 \ \text{V}$$

根据换路定则有

$$u_C(0_+) = u_C(0_-) = 0 \ \text{V}$$

在 $t = \infty$ 时的电路中

$$u_C(\infty) = (2 \times 1 + 10) \ \text{V} = 12 \ \text{V}$$

时间常数 τ

$$\tau = RC = 2 \times 10^3 \times 5 \times 10^{-6} \ \text{s} = 0.01 \ \text{s}$$

由三要素法

$$u_C(t) = u_C(\infty) + [u_C(0_+) - u_C(\infty)] e^{-\frac{t}{\tau}} = 12(1 - e^{-100t}) \ \text{V}$$

2.2.4　在题 2.2.4 图所示电路中,电容的初始储能为零。在 $t = 0$ 时将开关 S 闭合,试求开关 S 闭合后电容两端的电压 $u_C(t)$。

解:换路前

$$u_C(0_-) = 0 \ \text{V}$$

根据换路定则

$$u_C(0_+) = u_C(0_-) = 0 \ \text{V}$$

在 $t = \infty$ 时的电路中

$$u_C(\infty) = \frac{6}{3 + 6} \times 12 \ \text{V} = 8 \ \text{V}$$

时间常数 τ

$$\tau = \frac{3 \times 6}{3 + 6} \times 10^3 \times 10 \times 10^{-6} \text{s} = 0.02 \ \text{s}$$

由三要素法

$$u_C(t) = u_C(\infty) + [u_C(0_+) - u_C(\infty)] e^{-\frac{t}{\tau}} = 8(1 - e^{-50t}) \ \text{V}$$

2.2.5　在题 2.2.5 图所示电路中,电路已处于稳态。已知 $R_1 = 3 \ \text{k}\Omega$,$R_2 = 6 \ \text{k}\Omega$,$I_S = 3 \ \text{mA}$,$C = 5 \ \mu\text{F}$,在 $t = 0$ 时将开关 S 闭合,试求开关 S 闭合后电容的电压 $u_C(t)$ 及各支路电流。

解:换路前

$$u_C(0_-) = I_S R_1 = 3 \times 3 \ \text{V} = 9 \ \text{V}$$

根据换路定则

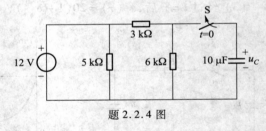

题 2.2.3 图

题 2.2.4 图

$$u_C(0_+) = u_C(0_-) = 9 \text{ V}$$

在 $t = 0_+$ 时的电路中

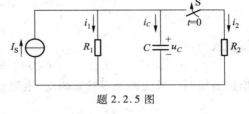

题 2.2.5 图

$$i_1(0_+) = \frac{u_C(0_+)}{R_1} = \frac{9}{3} \text{ mA} = 3 \text{ mA}$$

$$i_2(0_+) = \frac{u_C(0_+)}{R_2} = \frac{9}{6} \text{ mA} = 1.5 \text{ mA}$$

$$i_C(0_+) = I_S - i_1(0_+) - i_2(0_+) = (3 - 3 - 1.5) \text{ mA} = -1.5 \text{ mA}$$

在 $t = \infty$ 时的电路中

$$i_1(\infty) = \frac{R_2}{R_1 + R_2} I_S = \frac{6}{3 + 6} \times 3 \text{ mA} = 2 \text{ mA}$$

$$i_2(\infty) = I_S - i_1(\infty) = (3 - 2) \text{ mA} = 1 \text{ mA}$$

$$i_C(\infty) = 0$$

$$u_C(\infty) = i_1(\infty) R_1 = 2 \times 3 \text{ V} = 6 \text{ V}$$

时间常数 τ

$$\tau = C(R_1 // R_2) = \frac{3 \times 6}{3 + 6} \times 10^3 \times 5 \times 10^{-6} \text{ s} = 0.01 \text{ s}$$

由三要素法

$$u_C(t) = u_C(\infty) + [u_C(0_+) - u_C(\infty)] e^{-\frac{t}{\tau}} = (6 + 3e^{-100t}) \text{ V}$$

$$i_1(t) = i_1(\infty) + [i_1(0_+) - i_1(\infty)] e^{-\frac{t}{\tau}} = (2 + e^{-100t}) \text{ mA}$$

$$i_2(t) = i_2(\infty) + [i_2(0_+) - i_2(\infty)] e^{-\frac{t}{\tau}} = (1 + 0.5e^{-100t}) \text{ mA}$$

$$i_C(t) = i_C(\infty) + [i_C(0_+) - i_C(\infty)] e^{-\frac{t}{\tau}} = -1.5e^{-100t} \text{ mA}$$

2.4.1　题 2.4.1 图所示电路已处于稳态。在 $t = 0$ 时将开关 S 打开,试求开关 S 打开后电感的电流 $i_L(t)$ 及电压 $u_L(t)$。

解:换路前,在 $t = 0_-$ 时的电路中,根据换路定则

$$i_L(0_+) = i_L(0_-) = 5 \text{ A}$$

在 $t = \infty$ 时的电路中

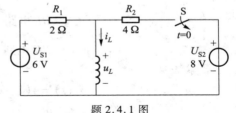

题 2.4.1 图

$$i_L(\infty) = \frac{U_{S1}}{R_1} = \frac{6}{2} \text{ A} = 3 \text{ A}$$

时间常数 τ

$$\tau = \frac{L}{R_1} = \frac{1}{2} \text{ s} = 0.5 \text{ s}$$

由三要素法

$$i_L(t) = i_L(\infty) + [i_L(0_+) - i_L(\infty)] e^{-\frac{t}{\tau}} = (3 + 2e^{-2t}) \text{ A}$$

$$u_L(0_+) = L\frac{\mathrm{d}i_L}{\mathrm{d}t} = -4e^{-2t} \text{ V}$$

2.4.2　在题 2.4.2 图(a)所示电路中,电路已处于稳态。在 $t = 0$ 时将开关 S 闭合,试求开关 S 闭合后电路所示的各电流和电压,并画出其变化曲线(已知 $L = 2\text{H}, C = 0.125 \text{ F}$)。

解法 1:换路前

$$i_L(0_-)=0\text{ A}$$
$$u_C(0_-)=0\text{ V}$$

根据换路定则有

$$i_L(0_+)=i_L(0_-)=0\text{ A},u_C(0_-)=u_C(0+)=0\text{ V}$$

换路后原图等效为两个零状态响应,电路如题2.4.2图(b)所示。

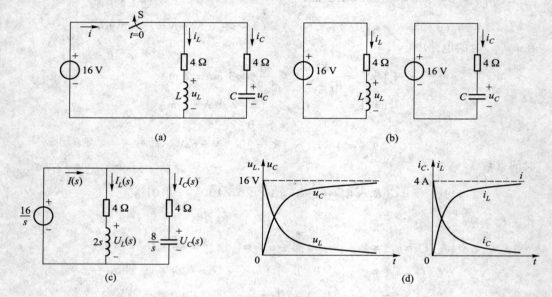

题 2.4.2 图

$$i_L(\infty)=\frac{16}{4}=4\text{ A},U_C(\infty)=16\text{ V}$$

时间常数 τ

$$RL\text{ 电路}\quad \tau=\frac{2}{4}\text{ s}=0.5\text{ s}$$

$$RC\text{ 电路}\quad \tau=4\times0.125\text{ s}=0.5\text{ s}$$

由三要素法

$$i_L(t)=4(1-e^{-2t})\text{ A},u_C(t)=16(1-e^{-2t})\text{ V}$$
$$u_L(t)=L\frac{di_L(t)}{dt}=2\times4(-e^{-2t})\times(-2)\text{ V}=16e^{-2t}\text{ V}$$
$$i_C(t)=C\frac{du_C(t)}{dt}=0.125\times16(-e^{-2t})\times(-2)\text{ A}=4e^{-2t}\text{ A}$$
$$i(t)=i_L(t)+i_C(t)=[4(1-e^{-2t})+4e^{-2t}]\text{ A}=4\text{ A}$$

解法2:换路前

$$i_L(0_-)=0\text{ A}$$
$$u_C(0_-)=0\text{ V}$$

据换路定则有

$$i_L(0_+)=i_L(0_-)=0\text{ A},u_C(0_-)=u_C(0_+)=0\text{ V}$$

利用拉氏变换法,画出原题对应的运算电路如题 2.4.2 图(c)所示。

$$I_L(s) = \frac{16}{s(4+2s)} = \frac{8}{(2+s)s} = 4\left(\frac{1}{s} - \frac{1}{s+2}\right)$$

$$I_C(s) = \frac{16}{s\left(4 + \frac{8}{s}\right)} = \frac{4}{s+2}$$

由拉氏逆变换

$$i_L(t) = 4(1 - e^{-2t})\,\text{A}, \quad i_c(t) = 4e^{-2t}\,\text{A}$$

$$i(t) = i_L(t) + i_c(t) = 4(1 - e^{-2t}) + 4e^{-2t} = 4\ \text{A}$$

$$u_L(t) = L\frac{di_L(t)}{dt} = 2 \times (-4) \times (-2)e^{-2t} = 16e^{-2t}\ \text{V}$$

$$u_c(t) = \frac{1}{C}\int_0^t i_c(t)\,dt = 32\int_0^t e^{-2t}\,dt = 16(1 - e^{-2t})\ \text{V}$$

所求各量的变化曲线如题 2.4.2 图(d)所示。

2.5.1　利用公式或拉普拉斯变换表,求下列各函数的象函数。

(1) $\sin(\omega t + \psi)$　　　　(2) $(1 - \alpha t)e^{-\alpha t}$

(3) $2te^{-\alpha t}$　　　　(4) $3e^{2t} + 4e^{3t}$

解: (1) $\sin(\omega t + \psi) = \sin\omega t\cos\psi + \cos\omega t\sin\psi$

$$L[\sin(\omega t + \psi)] = \cos\psi\,\frac{\omega}{s^2 + \omega^2} + \sin\psi\,\frac{s}{s^2 + \omega^2}$$

(2) $(1 - \alpha t)e^{-\alpha t} = e^{-\alpha t} - \alpha t e^{-\alpha t}$

$$L[(1 - \alpha t)e^{-\alpha t}] = \frac{1}{s+\alpha} - \alpha\frac{1}{(s+\alpha)^2} = \frac{s}{(s+\alpha)^2}$$

(3) $L[2te^{-\alpha t}] = \dfrac{2}{(s+\alpha)^2}$

(4) $L[3e^{2t} + 4e^{3t}] = \dfrac{3}{s-2} + \dfrac{4}{s-3} = \dfrac{7s-17}{(s-2)(s-3)}$

2.5.2　利用公式或拉普拉斯变换表,求下列各象函数的原函数。

(1) $\dfrac{6}{s+5}$　　　　(2) $\dfrac{s+3}{s^2+2s+1}$

(3) $\dfrac{5s}{s^2+4}$　　　　(4) $\dfrac{1}{s^2(s+1)}$

解: (1) $L^{-1}\left[\dfrac{6}{s+5}\right] = 6e^{-5t}$

(2) $\dfrac{s+3}{s^2+2s+1} = \dfrac{s+3}{(s+1)^2} = \dfrac{2}{(s+1)^2} + \dfrac{1}{s+1}$

$$L^{-1}\left[\frac{s+3}{s^2+2s+1}\right] = 2te^{-t} + e^{-t}$$

(3) $L^{-1}\left[\dfrac{5s}{s^2+4}\right] = 5\cos 2t$

(4) $\dfrac{1}{s^2(s+1)} = \dfrac{1}{s^2} - \dfrac{1}{s} + \dfrac{1}{s+1}$

$$L^{-1}\left[\dfrac{1}{s^2(s+1)}\right] = t - 1 + e^{-t}$$

* **2.5.4** RLC 串联电路如题 2.5.4 图(a)所示,已知 $R = 2$ kΩ,$L = 1$ H,$C = 1/401$ μF,$i(0) = 0$,$u_C(0) = 2$ V,试求响应电流 i 并画出其变化曲线。

解:画出题 2.5.4 图(a)对应的运算电路模型如题 5.2.4 图(b)所示。

$$I(s) = \dfrac{\dfrac{2}{s}}{2\,000 + s + \dfrac{401}{s} \times 10^6}$$

$$= \dfrac{2}{\left[s - (-1 \times 10^3 + \mathrm{j}2 \times 10^4)\right]\left[s - (-1 \times 10^3 - \mathrm{j}2 \times 10^4)\right]}$$

$$\dfrac{1}{\mathrm{j}2 \times 10^4}\left[\dfrac{1}{s - (-1 \times 10^3 + \mathrm{j}2 \times 10^4)} - \dfrac{1}{s - (-1 \times 10^3 - \mathrm{j}2 \times 10^4)}\right]$$

$$i(t) = \dfrac{1}{\mathrm{j}2 \times 10^4}\left(e^{(-1 \times 10^3 + \mathrm{j}2 \times 10^4)t} - e^{(-1 \times 10^3 - \mathrm{j}2 \times 10^4)t}\right)$$

$$= 1 \times 10^4 e^{(-1 \times 10^4)t}\sin(2 \times 10^4)t \ \text{A}$$

电流响应曲线如题 2.5.4 图(c)所示。

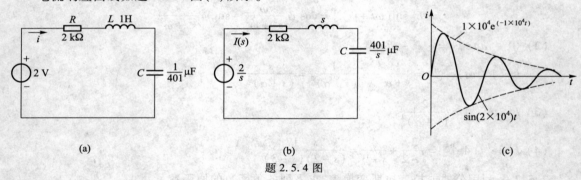

(a)   (b)   (c)

题 2.5.4 图

第3章 正弦交流电路

一、基本要求

1. 深刻理解正弦量的特征,熟练掌握有效值、初相位和相位差的概念;
2. 理解正弦交流电和直流电的区别,熟悉正弦量的各种表示方法以及相互间的关系;
3. 熟练掌握交流电路的相量分析法与相量图法;
4. 了解提高功率因数的方法和意义,了解交流电路的频率特性及谐振电路;
5. 掌握三相电源和三相负载的接法;
6. 掌握对称三相电路中相电压(相电流)与线电压(线电流)的关系;
7. 掌握对称三相电路的计算方法及中性线的作用,会求三相功率;
8. 了解非正弦周期信号的特征与非正弦周期信号电路的分析方法,理解平均值、有效值及平均功率的意义;
9. 了解安全用电的基本知识。

二、阅读指导

交流电路具有用直流电路的概念无法分析和无法理解的物理现象,因此,必须要建立交流的概念,特别是相位的概念,如任一电压或电流的叠加是矢量和而不是代数和的概念。分析与计算正弦交流电路,主要是确定不同参数和不同结构的各种电路中电压与电流之间的关系(包括数值关系和相位关系)和功率,这其中要掌握电容元件和电感元件在正弦交流电路中的作用。三相电路是在单相交流电路的基础上讨论的,学习三相电路可让我们了解电力系统供用电的知识和特点。

学生应熟知正弦量的各种表示方式的意义,如瞬时值用小写字母 i、u、e;幅值用大写带下标字母 I_m、U_m、E_m;有效值用大写不带下标字母 I、U、E;相量用大写字母加"·" $\dot{I}$、$\dot{U}$、$\dot{E}$。并且要特别注意相量只是表示正弦量,但不等于正弦量,相量法是分析和计算交流电路的一种方法。

1. 单一参数的交流电路

单一参数的交流电路,是研究交流电路的基础,应熟练掌握。其电路特点及电压、电流的关系如表 3 – 1 所示。

注意:

① 感抗 X_L 和容抗 X_C 是新概念,它们是电感或电容两端的电压有效值与电流有效值的比,都表示对电流的阻碍能力。电压和电流有效值之间也符合欧姆定律,但 X_L 和频率 f 成正比,X_C 和频率 f 成反比。对直流来讲,$f=0$,$X_L = 0$ 可视为短路,$X_C = \infty$ 可视为开路;对交流来讲,f 越高,X_L 越大,而 X_C 越小,高频估算时,可认为 $X_L \rightarrow \infty$,$X_C \rightarrow 0$,故称电容"隔直通交",电感"阻交通直"。

② 牢记电感和电容元件上电压和电流的相位关系。理解"j"和"– j"的意义,即"$j\dot{A}$"表示相

量 $\dot{A}$ 在空间逆时针转过 $90°$，而"$-j\dot{A}$"表示相量 $\dot{A}$ 在空间顺时针转过 $90°$；并有 $j^2 = -1$，表示转 $180°$。

表 3−1　单一元件交流电路中电压、电流的关系

元　件	R	L	C
基本关系	$u_R = Ri$	$u_L = L\dfrac{di}{dt}$	$u_C = \dfrac{1}{C}\displaystyle\int_0^t i\,dt$
有效值关系	$U_R = RI$	$U_L = X_L I$	$U_C = X_C I$
相量式	$\dot{U}_R = R\dot{I}$	$\dot{U}_L = jX_L\dot{I}$	$\dot{U}_C = -jX_C\dot{I}$
电阻或电抗	R	$X_L = \omega L$	$X_C = \dfrac{1}{\omega C}$
相位关系	u_R 与 i 同相	u_L 超前 $i\,90°$	u_C 滞后 $i\,90°$
相量图			
有功功率	$P_R = U_R I = I^2 R$	$P_L = 0$	$P_C = 0$
无功功率	$Q_R = 0$	$Q_L = U_L I = I^2 X_L$	$Q_C = U_C I = I^2 X_C$

2. R、L、C 串联的交流电路

把各电路元件用相量模型表示后，直流电路中所讨论的分析方法均可用于正弦交流电路，如欧姆定律、KCL、KVL 的相量表示式分别为

$$\dot{I} = \frac{\dot{U}}{Z}$$
$$\sum \dot{I} = 0$$
$$\sum \dot{U} = 0$$

R、L、C 串联的交流电路是在单一元件电路分析的基础上，由特殊到一般推导而来的，学习中要注意下面几个问题：

① $\dot{U} = \dot{U}_R + \dot{U}_L + \dot{U}_C$ 是相量和而不是有效值的和（$U \neq U_R + U_L + U_C$）。

② 总电压和总电流之间 $\dot{I} = \dfrac{\dot{U}}{Z}$ 和 $I = \dfrac{U}{|Z|}$ 成立，而 $i \neq \dfrac{u}{|Z|}$。

③ 复阻抗 Z 完全表征了 R、L、C 串联电路两端的电压和电流的大小及相位关系，其模

$$|Z| = \sqrt{R^2 + (X_L - X_C)^2} = \sqrt{R^2 + (\omega L - 1/\omega C)^2} = \frac{U}{I}$$

代表了电压和电流有效值之间的关系，其辐角

$$\varphi = \arctan \frac{X_L - X_C}{R} = \arctan \frac{\omega L - 1/\omega C}{R} = \psi_u - \psi_i$$

代表了电压和电流相位之间的关系,即电压超前于电流还是电流超前于电压,所以 φ 角有正值和负值之分。由上式可知, $|Z|$、 φ 是由电路参数决定的,就是说电路的性质也是由这些参数决定。

当 $X_L > X_C$, $\varphi > 0$ 时,为感性负载,总电压 u 超前电流 i 一个 φ 角;

当 $X_L < X_C$, $\varphi < 0$ 时,为容性负载,总电压 u 滞后电流 i 一个 φ 角;

当 $X_L = X_C$, $\varphi = 0$ 时,为阻性负载,总电压 u 和电流 i 同相位;这时电路发生谐振现象。

相量图如图 3-1 所示。

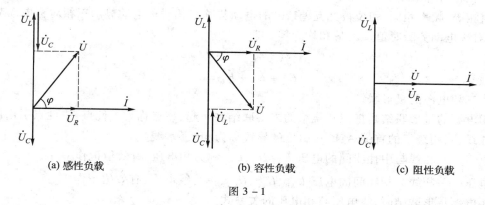

(a) 感性负载　　　　　　　(b) 容性负载　　　　　　　(c) 阻性负载

图 3-1

④ 视在功率 S 是指一个发电设备或变压器的额定容量,它和有功功率、无功功率的关系为

$$P = S\cos\varphi, Q = S\sin\varphi, S = \sqrt{P^2 + Q^2}$$

$\cos\varphi = \dfrac{P}{S}$ 用来衡量对电源的利用程度,是供电系统中一个非常重要的参数, $\cos\varphi$ 被称为功率因数, φ 被称为功率因数角。

需要特别说明的是串联交流电路中的阻抗、电压与功率三角形的相似关系如图 3-2 所示,它对于分析、计算串联电路是非常重要又相当方便的,希望能正确理解并记忆。

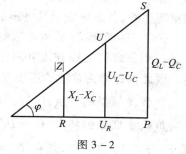

图 3-2

3. 功率因数的提高

交流电路中功率因数的高低是供电系统中需要密切关注的事情,提高功率因数的意义在于充分利用电源设备,减小线路损耗及线路压降。一般工矿企业大多数为感性负载,最常用的提高功率因数的方法是给感性负载并电容器。并 C 后,电路的 φ 角减小了;线路总电流 I 减小了;亦即线路的功率因数 $\cos\varphi$ 提高了;无功功率 $Q = UI\sin\varphi$ 减小了。由于负载的供电电压没有改变,因此负载本身的电流与功率因数不变;有功功率 P 不变, $P = UI_1\cos\varphi_1 = UI\cos\varphi$。

把功率因数 $\cos\varphi_1$ 提高到 $\cos\varphi$ 所需要并联电容的电容量由下式可求得

$$C = \frac{P}{\omega U^2}(\tan\varphi_1 - \tan\varphi)$$

式中 φ_1、φ 分别为并 C 前、后的功率因数角；P 为负载的有功功率；U 为电源电压；ω 为电源频率。

4. 谐振

含有 L 和 C 的交流电路中，改变电源频率或改变电路参数(L 或 C)，使电路的总电压与电流同相，称电路发生谐振。重点了解串联谐振与并联谐振的条件和特点。

5. 三相交流电路

电力输配电系统中使用的交流电源绝大多数是三相制系统。着重理解三相电源、三相负载的特点及联结方式；三相负载的分析与计算；三相功率的计算。

(1) 三相对称电动势

幅值相等、频率相同、相位彼此互差120°的电动势称三相对称电动势。三相对称电动势的特点：三相对称电动势瞬时值及矢量和均为零。即

$$e_A + e_B + e_C = 0$$

$$\dot{E}_A + \dot{E}_B + \dot{E}_C = 0$$

(2) 三相电源的星形联结

三相电源的星形联结是把三相绕组的末端联结在一起，该点称为中性点，中性点引出的导线称为中性线；三相绕组的首端 A、B、C 引出的导线称为相线(端线)。

相电压——相线与中性线间的电压 $\dot{U}_A$、$\dot{U}_B$、$\dot{U}_C$，称为相电压，有效值记作 U_p；

线电压——相线与相线间的电压 $\dot{U}_{AB}$、$\dot{U}_{BC}$、$\dot{U}_{CA}$，称为线电压，有效值记作 U_L。

三相电源星形联结时，线电压与相电压的关系式为

$$\dot{U}_{AB} = \sqrt{3}\dot{U}_A \underline{/30°},\ \dot{U}_{BC} = \sqrt{3}\dot{U}_B \underline{/30°},\ \dot{U}_{CA} = \sqrt{3}\dot{U}_C \underline{/30°}$$

即三相电源的线电压也是对称的，大小等于相电压的 $\sqrt{3}$ 倍，且在相位上超前相应的相电压30°。这里要注意，各下标表示其电压的正方向。

(3) 三相负载的 Y 和 △ 联结

三相负载的连接方式有两种，按照电源额定电压与负载的需求，确定采用星形或三角形联结。因此两种都为常用的连接方式。

负载 Y 联结的特点：$U_L = \sqrt{3}U_p$，$I_p = I_L$。

负载 △ 联结的特点：$U_p = U_L$，当三相负载对称时，三个相电流 $\dot{I}_{AB}$、$\dot{I}_{BC}$、$\dot{I}_{CA}$ 对称，三个线电流 $\dot{I}_A$、$\dot{I}_B$、$\dot{I}_C$ 也对称，且有 $\dot{I}_A = \sqrt{3}\dot{I}_{AB}\underline{/-30°}$，$\dot{I}_B = \sqrt{3}\dot{I}_{BC}\underline{/-30°}$，$\dot{I}_C = \sqrt{3}\dot{I}_{CA}\underline{/-30°}$。

注意，三相负载不对称时，上述相、线间电流关系不成立。

总之，无论哪种接法，负载对称时，根据 Y 与 △ 联结的特点，只要计算其中一相，其余两相的结果按照对称性类推即可；负载不对称时，尽管三个相电压对称，但三个相电流因阻抗不同而不再对称，只能逐相计算。

(4) 三相功率的计算

① 有功功率　三相电路的有功功率为各相有功功率之和，即

$$P_3 = P_A + P_B + P_C = U_{Ap}I_{Ap}\cos\varphi_A + U_{Bp}I_{Bp}\cos\varphi_B + U_{Cp}I_{Cp}\cos\varphi_C$$

当三相负载对称时

$$P_3 = 3P_1 = 3U_pI_p\cos\varphi = \sqrt{3}U_LI_L\cos\varphi$$

式中 φ 是 U_p 与 I_p 间的相位差,亦即负载的阻抗角。

② 无功功率与视在功率

负载不对称时　　　　　　　　　　$Q = Q_\mathrm{A} + Q_\mathrm{B} + Q_\mathrm{C}$

负载对称时　　　　　　　　　　$Q = \sqrt{3}\,U_\mathrm{p}I_\mathrm{p}\sin\varphi$

三相视在功率　　　　　　　　　　$S = \sqrt{P^2 + Q^2}$

三、例题解析

例 3 - 1　在图 3 - 3 所示电路中,已知 $I_1 = 7\text{ A}, I_2 = 9\text{ A}$,试用相量图求:

(1) 设 $Z_1 = R, Z_2 = -jX_C$,则 I 应是多大?

(2) 设 $Z_1 = R, Z_2$ 为何种参数才能使 I 最大? 最大值应是多少?

(3) 设 $Z_1 = jX_L, Z_2$ 为何种参数才能使 I 最小? 最小值应是多少?

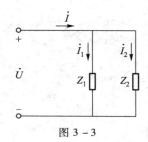

图 3 - 3

解:此题比较简单,可练习各元件电压和电流的大小、相位关系,初学者常常不善于用相量图解决问题。

(1) 设电压 $\dot{U}$ 为参考相量,当 $Z_1 = R$ 时,$\dot{I}_1$ 和 $\dot{U}$ 同相位,$Z_2 = -jX_C$ 时,$\dot{I}_2$ 超前 $\dot{U}\,90°$,相量图如图 3 - 4(a)所示,所以 $I = \sqrt{I_1^2 + I_2^2} = \sqrt{7^2 + 9^2}\text{ A} = 11.4\text{ A}$

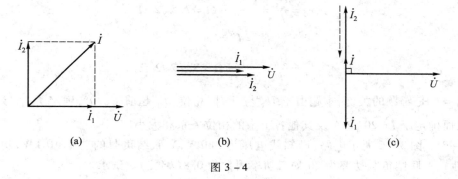

(a)　　　　　　　(b)　　　　　　　(c)

图 3 - 4

(2) 从相量图如图 3 - 4(b)上看,当 $Z_1 = R$ 时,Z_2 只有为电阻,$\dot{I}_1$ 和 $\dot{I}_2$ 同相位时,总电流 I 最大,即

$$I = I_1 + I_2 = (7+9)\text{A} = 16\text{ A}$$

(3) 当 $Z_1 = jX_L, Z_2$ 为电容参数时,电流 I 最小。相量图如图 3 - 4(c)所示,即

$$I = I_2 - I_1 = (9-7)\text{A} = 2\text{ A}$$

注:交流电路分析计算中,一般要设定参考相量,初学者往往忽略这一点。参考相量依电路的形式而定;在串联电路中通常以电流为参考相量;在并联电路中通常以电压为参考相量;在混联电路中通常设混联电路中并联部分的端电压作为参考相量。

例 3 - 2　如图 3 - 5(a)所示电路中,$I_1 = I_2 = 20\text{ A}, U = 150\text{ V}, \dot{U}$ 与 $\dot{I}$ 同相。试求电路中 I、R、X_C 和 X_L。

解:用相量图法求解比较方便,混联电路以并联支路的电压 $\dot{U}_R$ 为参考相量画相量图,电流

$\dot{I}_2$ 与 $\dot{U}_R$ 同相,电流 $\dot{I}_1$ 超前 $\dot{U}_R90°$,而 $\dot{I} = \dot{I}_1 + \dot{I}_2$,所以

$$I = \sqrt{I_1^2 + I_2^2} = \sqrt{20^2 + 20^2} \text{ A} = 20\sqrt{2} \text{ A}$$

由 $I_1 = I_2$,知 $\dot{I}$ 的初相位为 45°。电压 $\dot{U}_L$ 超前 $\dot{I}90°$(初相位为 135°),由 $\dot{U} = \dot{U}_R + \dot{U}_L$,且 $\dot{U}$ 与 $\dot{I}$ 同相,画出电压 $\dot{U}$。三个电压构成一个等腰三角形,如图 3-5(b)所示。由图可知

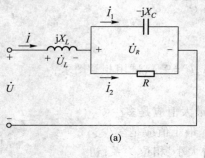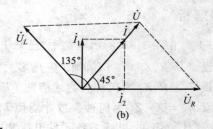

(a)　　　　　　　　(b)

图 3-5

$$U_R = U_C = \frac{U}{\cos 45°} = 150\sqrt{2} \text{ V}$$

$$R = \frac{U_R}{I_2} = \frac{150\sqrt{2}}{20} \Omega = 7.5\sqrt{2} \text{ } \Omega$$

$$X_C = \frac{U_C}{I_1} = \frac{150\sqrt{2}}{20} \Omega = 7.5\sqrt{2} \text{ } \Omega$$

$$U_L = U = 150 \text{ V}$$

$$X_L = \frac{U_L}{I} = \frac{150}{20\sqrt{2}} \Omega = 3.75\sqrt{2} \text{ } \Omega$$

注:$I_1 = I_2$ 是解题的关键,本题由于 $\dot{U}_R$ 与 $\dot{I}_2$ 同相位,$\dot{I}_1$ 超前 $\dot{U}_R90°$,确定了 $\dot{I}_1$ 与 $\dot{I}_2$ 的夹角是 90°,从而确定了 $I = 20\sqrt{2}$ A 及其他各个量的相位关系和大小。

例 3-3 图 3-6 所示电路,已知线电压为 380 V,Y 联结负载的功率 10 kW,功率因数为 0.85(感性),Δ 联结负载功率为 20 kW,功率因数为 0.8(感性)。试求

(1)电路中的线电流。

(2)电源视在功率、有功功率和无功功率。

解:图 3-6 所示电路共有两组负载,一组为 Y 联结对称负载,一组为 Δ 联结对称负载。计算时可采用分组求解,可先将各组电路的电流或功率分别计算出来,然后再求其供电线路的总电流或电源供给所有负载的功率。

(1)先求 Y 联结负载电路

由于是对称负载,所以只算一相即可,其余类推。

设线电压 $\dot{U}_{AB} = 380 \underline{/0°}$ V,则相电压为

$$\dot{U}_{Ap} = \frac{1}{\sqrt{3}}\dot{U}_{AB}\underline{/-30°} = \frac{380}{\sqrt{3}}\underline{/-30°} \text{ V} = 220\underline{/-30°} \text{ V}$$

而由于 　　　　　　　　$P_1 = 3U_{Ap}I''_A\cos\varphi_1$

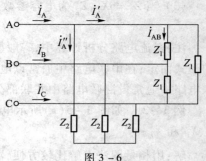

图 3-6

故
$$I''_A = \frac{P_1}{3U_{Ap}\cos\varphi_1} = \frac{10\times10^3}{3\times220\times0.85}\,A = 17.87\,A$$

又因
$$\cos\varphi_1 = 0.85, \varphi_1 = 31.8°$$

所以
$$\dot{I}''_A = I''_A\angle-30° - 31.8°\,A = 17.87\angle-61.8°\,A$$

再求负载 Δ 联结电路,因为
$$P_2 = 3U_{AB}I_{AB}\cos\varphi_2$$

故相电流
$$I_{AB} = \frac{P_2}{3U_{AB}\cos\varphi_2} = \frac{20\times10^3}{3\times380\times0.8}\,A = 21.93\,A$$

又因　$\cos\varphi_2 = 0.8, \varphi_2 = 36.9°$

所以相电流　$\dot{I}_{AB} = I_{AB}\angle-36.9° = 21.93°\angle-36.9°\,A$

而线电流　$\dot{I}'_A = \sqrt{3}\dot{I}_{AB}\angle-30° = \sqrt{3}\times21.93\angle-66.9°\,A$
$$= 38\angle-66.9°\,A$$

所以 A 线总电流为
$$\dot{I}_A = \dot{I}''_A + \dot{I}'_A = (17.87\angle-61.8° + 38\angle-66.9°)\,A$$
$$= 55.75\angle-65.3°\,A$$

其余两相类推得
$$\dot{I}_B = 55.75\angle-65.3° - 120°\,A = 55.75\angle-185.3°\,A$$
$$\dot{I}_C = 55.75\angle-65.3° + 120°\,A = 55.75\angle54.7°\,A$$

(2) 电源视在功率
$$S = \sqrt{3}U_{AB}I_A = (\sqrt{3}\times380\times55.75)\,V\cdot A = 36.7\,kV\cdot A$$

电源有功功率为
$$P = P_1 + P_2 = (10+20)\,kW = 30\,kW$$

电源无功功率为
$$Q = \sqrt{S^2 - P^2} = \sqrt{(36.7\times10^3 - 30\times10^3)^2}\,var = 21\,kvar$$

注:(1) 线电流 $\dot{I}_A = \dot{I}''_A + \dot{I}'_A \neq I''_A + I'_A$。

(2) 分组计算负载电流时,两种不同联结(Y 和 Δ)的三相负载,均需考虑线电压与相电压的相位关系。

(3) 功率关系式中的 φ 角是指相电压和相电流的夹角,所以先求相电流比较方便。

四、部分习题解答

1. 练习与思考解析

3-2-1　指出下列各表达式哪些是正确的,哪些是错误的。

(1) 纯电感电路
$$u_L = \omega Li, \quad i = \frac{U}{X_L}, \quad u = L\frac{di}{dt}, \quad p = I^2X_L$$

$$\frac{U}{I} = \mathrm{j}X_L, \quad \dot{I} = -\mathrm{j}\frac{\dot{U}}{\omega L}, \quad \frac{\dot{U}}{\dot{I}} = X_L$$

（2）纯电容电路

$$\dot{I} = \omega CU, \quad i_c = C\frac{\mathrm{d}u}{\mathrm{d}t}, \quad u_c = \frac{i}{\omega C}, \quad Q_c = \omega CU^2$$

$$\frac{U}{I} = -\mathrm{j}X_c, \quad \dot{I} = \mathrm{j}\omega C\dot{U}, \quad \frac{\dot{I}}{\dot{U}} = -\mathrm{j}\omega C$$

解：(1) 正确：$u = L\dfrac{\mathrm{d}i}{\mathrm{d}t}$，$\dot{I} = -\mathrm{j}\dfrac{\dot{U}}{\omega L}$，其余错误。

(2) 正确：$i_c = C\dfrac{\mathrm{d}u}{\mathrm{d}t}$，$\dot{I} = \mathrm{j}\omega C\dot{U}$，$Q_c = \omega CU^2$，其余错误。

3-4-1　在 R、L、C 串联的交流电路中，若 $R = X_L = X_C$，$U = 10$ V，则 U_R、U_L、U_C 和 U_X 各是多少？如 U 不变，而改变 f，I 如何变化？

解：设 $\dot{U} = U\underline{/0°} = 10\underline{/0°}$ A

因为　　　　　　　　　　$\dot{U}_L = \mathrm{j}\dot{I}X_L, \dot{U}_C = -\mathrm{j}\dot{I}X_C, \dot{U}_R = \dot{I}R, X_L = X_C = R$

所以　　　　　　　　　　$\dot{U}_L = -\dot{U}_C \quad U_L = U_C = U_R$

由 KVL　　　　　　　　　$\dot{U}_R + \dot{U}_L + \dot{U}_C = \dot{U}$

$$\dot{U}_X = \dot{U}_L + \dot{U}_C = 0, \dot{U}_R = \dot{U}$$

故　　　　　　　$U = U_R = 10$ V，$U_L = U_C = 10$ V，$U_X = 0$ V

由于 X_L、X_C 均与 f 有关，当 f 变化时，造成 $X_L \neq X_C$，$|Z| = \sqrt{R^2 + (X_L - X_C)^2} \geqslant R$，$U$ 不变，则 I 减小。

3-4-3　在题 3-4-3 图所示并联交流电路中，若 $R = X_L = X_C$，$I = 10$ A，则 I_R、I_L、I_C 和 I_X 各是多少？如 I 不变，而改变 f，U 如何变化？

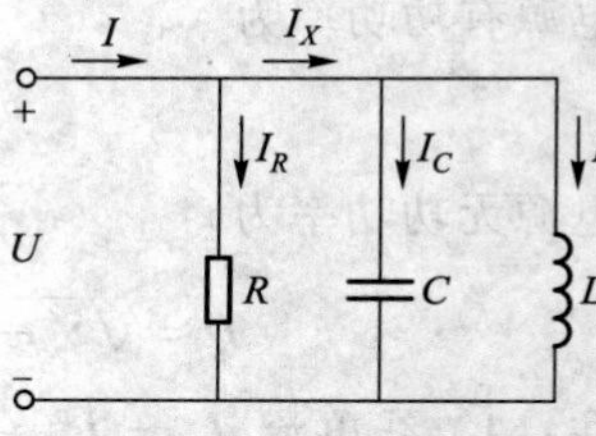

解：(1) 设 $\dot{I} = I\underline{/0°} = 10\underline{/0°}$ A

因为　　　　$\dot{U} = \mathrm{j}\dot{I}_L X_L = -\mathrm{j}\dot{I}_C X_C = \dot{I}_R R, X_L = X_C = R$

$$\dot{I}_L = -\dot{I}_C$$

$$I_L = I_C = I_R$$

$$\dot{I}_X = \dot{I}_L + \dot{I}_C = 0$$

由 KCL　　　　$\dot{I}_R + \dot{I}_L + \dot{I}_C = \dot{I}, \dot{I} = \dot{I}_R$

题 3-4-3 图

$$I_X = 0 \text{ A}, I = I_R = I_L = I_C = 10 \text{ A}$$

（2）由于 X_L、X_C 均与 f 有一定关系，当 f 变化时造成

$$X_L \neq X_C \quad \left|\frac{1}{Z}\right| = \sqrt{\left(\frac{1}{R}\right)^2 + \left(\frac{1}{X_L} - \frac{1}{X_C}\right)^2} > \frac{1}{R}, |Z| < R$$

所以 I 不变，f 改变，则 U 减小。

3-6-1　若将图 3-42（见主教材）所示的发电机 U 相绕组的始末端倒置，试分析各相、线电压的变化情况。

解：发电机 U 相绕组的正常运转使各相及线电压相量如题 3-6-1 图（a）所示，发电机 U 相绕组的始末端倒置时相量图如题 3-6-1 图（b）所示。

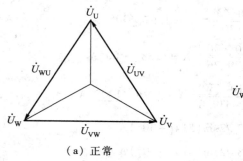 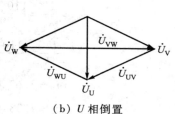

（a）正常　　　　　　　　　　　　（b）U 相倒置

题 3 - 6 -1 图

3 - 6 - 2　某单位一座三层住宅楼房采用三相四线制供电线路,每层各使用其中一相。有一天,突然第二、三层的照明灯都暗淡下来,一层仍正常,试分析故障点在何处。若第三层比第二层更暗些,又是什么原因?

解:(1) 第二、三层的照明负载均与中性线脱落。

(2) 第三层负载小于第二层负载。

3 - 6 - 3　试写出同一三相对称负载 Y 联结或 Δ 联结功率相等时的线电压间关系式。

解:$P_\Delta = P_Y$

$$3\left(\frac{U_{L\Delta}}{|Z|}\right)^2 |Z|\cos\varphi = 3\left(\frac{U_{LY}}{\sqrt{3}|Z|}\right)^2 |Z|\cos\varphi$$

所以

$$U_{L\Delta} = \frac{U_{LY}}{\sqrt{3}}$$

2. 习题解析

3.2.1　在题 3.2.1 图(a)所示电路中,$u = 110\sqrt{2}\sin(314t + 30°)$ V,$R = 30$ Ω,$L = 254$ mH,$C = 80$ μF。试计算:

(1) i_R、i_L、i_C。

(2) 画出电压、电流相量图。

(3) 各元件的功率。

解:(1) $X_L = \omega L = 314 \times 0.254$ Ω $= 79.76$ Ω

$$X_C = \frac{1}{\omega C} = \frac{1}{314 \times 80 \times 10^{-6}} \text{ Ω} = 39.8 \text{ Ω}$$

（a）　　　　　　　　　　（b）

题 3.2.1 图

$$\dot{I}_R = \frac{\dot{U}}{R} = \frac{110\ \underline{/30^\circ}}{30}\ \text{A} = 3.67\ \underline{/30^\circ}\ \text{A}$$

$$\dot{I}_L = \frac{\dot{U}}{jX_L} = \frac{110\ \underline{/30^\circ}}{j79.76}\ \text{A} = 1.38\ \underline{/-60^\circ}\ \text{A}$$

$$\dot{I}_C = \frac{\dot{U}}{-jX_C} = \frac{110\ \underline{/30^\circ}}{-j39.8}\ \text{A} = 2.76\ \underline{/120^\circ}\ \text{A}$$

$$i_R = 3.67\sqrt{2}\sin(314t + 30^\circ)\ \text{A}$$

$$i_L = 1.38\sqrt{2}\sin(314t - 60^\circ)\ \text{A}$$

$$i_C = 2.76\sqrt{2}\sin(314t + 120^\circ)\ \text{A}$$

(2) 相量图如题 3.2.1 图(b)所示。

(3) $P = UI_R = 110 \times 3.67\ \text{W} = 403.7\ \text{W}$

$\quad\quad Q_L = UI_L = 110 \times 1.38\ \text{var} = 151.8\ \text{var}$

$\quad\quad Q_C = -UI_C = -110 \times 2.76\ \text{var} = -303.6\ \text{var}$

3.3.1 串联交流电路中,试求下列三种情况下,电路中的 R 和 X 各为多少? 指出电路的性质和电压对电流的相位差。

(1) $Z = (6 + j8)\ \Omega$。

(2) $\dot{U} = 50\ \underline{/30^\circ}\ \text{V}$,$\dot{I} = 2\ \underline{/30^\circ}\ \text{A}$。

(3) $\dot{U} = 100\ \underline{/-30^\circ}\ \text{V}$,$\dot{I} = 4\ \underline{/40^\circ}\ \text{A}$。

解:(1) $R = 6\ \Omega$,$X = 8\ \Omega$,电路为感性,电压超前电流 φ,因为

$$\tan\varphi = \frac{X}{R} = \frac{8}{6} = \frac{4}{3}$$

所以 $\quad\quad\quad\quad\quad\quad\quad\quad\quad\quad \varphi = 53^\circ$

(2) $Z = \frac{\dot{U}}{\dot{I}} = \frac{50\ \underline{/30^\circ}}{2\ \underline{/30^\circ}}\ \Omega = 25\ \Omega$

所以 $R = 25\Omega$,$X = 0$。电路为阻性,电压与电流同相位。

(3) $Z = \frac{\dot{U}}{\dot{I}} = \frac{100\ \underline{/-30^\circ}}{4\ \underline{/40^\circ}}\ \Omega = (8.551 - j23.49)\ \Omega$

所以 $R_1 = 8.551\ \Omega$,$X = 23.49\ \Omega$,电路为容性,电压滞后电流 70°。

3.3.2 题 3.3.2 图(a)所示电路中,已知 $R = 30\ \Omega$,$C = 25\ \mu\text{F}$,且 $i_s = 10\sin(1\,000t - 30^\circ)\ \text{A}$,试求

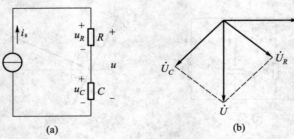

(a)　　　　　　　　　　　　(b)

题 3.3.2 图

（1）U_R、U_C、U 及 $\dot{U}_R$、$\dot{U}_C$、$\dot{U}$。

（2）电路的复阻抗与相量图。

（3）各元件的功率。

解：（1）$\dot{I}_s = \dfrac{10}{\sqrt{2}} \angle -30° \text{ A} = 5\sqrt{2} \angle 30° \text{ A}$

$$\dot{U}_R = \dot{I}R = \dfrac{10}{\sqrt{2}} \angle -30° \times 30 \text{ V} = 150\sqrt{2} \angle -30° \text{ V}$$

$$\dot{U}_C = \dot{I}_s \dfrac{1}{j\omega C} = \dfrac{10}{\sqrt{2}} \angle -30° \times \dfrac{1}{j1\,000 \times 25 \times 10^{-6}} \text{ V} = 200\sqrt{2} \angle -120° \text{ V}$$

$$\dot{U} = \dot{U}_R + \dot{U}_C = \left(\dfrac{300}{\sqrt{2}} \angle -30° + \dfrac{400}{\sqrt{2}} \angle -120°\right) \text{ V} = 250\sqrt{2} \angle -83° \text{ V}$$

所以　　　　　　　　$U_R = 150\sqrt{2}\text{V}, U_C = 200\sqrt{2}\text{V}, U = 250\sqrt{2}\text{V}$

（2）$Z = R + \dfrac{1}{j\omega C} = \left(30 + \dfrac{1}{j100 \times 25 \times 10^{-6}}\right) \Omega = (30 - j40) \Omega$

相量图如题 3.3.2 图（b）所示。

（3）　　　　　　　　$P = U_R I_s = \dfrac{300}{\sqrt{2}} \times \dfrac{10}{\sqrt{2}} \text{ W} = 1\,500 \text{ W}$

$$Q = U_C I_s = \dfrac{400}{\sqrt{2}} \times \dfrac{10}{\sqrt{2}} \text{ var} = 2\,000 \text{ var}$$

3.3.3　有一 RLC 串联电路，已知 $R = 30 \ \Omega$，$X_L = 80 \ \Omega$，$X_C = 40 \ \Omega$，电路中的电流为 2 A，求电路的阻抗及 S、P 和 Q，画出元件上的电压相量及总电压相量图。

解：$Z = R + jX_L - jX_C$

$= (30 + j80 - j40) \Omega = (30 + j40) \Omega = 50 \angle 53° \ \Omega$

$\dot{U} = \dot{I}Z = 2 \angle 0° \times 50 \angle 53° \text{ V} = 100 \angle 53° \text{ V}$

$S = UI = 100 \times 2 \text{ V} \cdot \text{A} = 200 \text{ V} \cdot \text{A}$

$Q = UI\sin\varphi = 200\sin 53° \text{ var} = 160 \text{ var}$

$P = UI\cos\varphi = 200\cos 53° \text{ W} = 120 \text{ W}$

$\dot{U}_R = R\dot{I} = 30 \times 2 \angle 0° \text{ V} = 60 \angle 0° \text{ V}$

$\dot{U}_L = jX_L\dot{I} = j80 \times 2 \angle 0° \text{ V} = 160 \angle 90° \text{ V}$

$\dot{U}_C = -jX_C\dot{I} = -j40 \times 2 \angle 0° \text{ V} = 80 \angle -90° \text{ V}$

相量图如题 3.3.3 图所示。

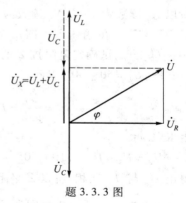

题 3.3.3 图

3.3.4　为测线圈的参数，在线圈两端加上电压 $U = 100 \text{ V}$，测得电流 $I = 5 \text{ A}$，功率 $P = 200 \text{ W}$，电源频率 $f = 50 \text{ Hz}$，计算这个线圈的电阻及电感各是多少？

解：$|Z| = U/I = 100/5 \ \Omega = 20 \ \Omega$

$$R = P/I^2 = 200/5^2 \ \Omega = 8 \ \Omega$$

$$X_L = \sqrt{|Z|^2 - R^2} = \sqrt{20^2 - 8^2} \ \Omega = 4\sqrt{21} \ \Omega$$

$$L = X_L/2\pi f = (4\sqrt{21}/2\pi \times 50) \text{H} = \dfrac{\sqrt{21}}{25\pi}\text{H} = 0.058\text{H}$$

3.3.5 　在 RLC 串联电路中,已知端口电压为 10 V,电流为 4 A, $U_R = 8$ V, $U_L = 12$ V, $\omega = 10$ rad/s,试求电容电压与 R、C 的值。

解: $U_C = U_L \pm \sqrt{U^2 - U_R^2} = (12 \pm 6)$ V, $U = 6$ V 或 $U = 18$ V

$$R = U_R / I = (8/4)\Omega = 2 \ \Omega$$

$$X_C = \frac{U_C}{I} = \frac{6}{4} \ \Omega = 1.5 \ \Omega \ 或 \ X_C = \frac{18}{4} = 4.5 \ \Omega$$

$$C = \frac{1}{X_c \omega} = \frac{1}{1.5 \times 10} \ \mathrm{F} = \frac{1}{15}\mathrm{F} \ 或 \ C = \frac{1}{4.5 \times 10} \ \mathrm{F} = \frac{1}{45} \ \mathrm{F}$$

3.3.6 　试求题 3.3.6 图所示电路中 $\mathrm{A_0}$ 与 $\mathrm{V_0}$ 的读数。

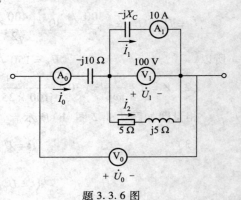

解: $X_C = \dfrac{U_1}{I_1} = \dfrac{100}{10} \ \Omega = 10 \ \Omega$

$$Z_1 = \frac{(5 + \mathrm{j}5)(-\mathrm{j}10)}{5 + \mathrm{j}5 - \mathrm{j}10} \ \Omega = \frac{50 - \mathrm{j}50}{5 - \mathrm{j}5} \ \Omega = 10 \ \Omega$$

$$Z_0 = -\mathrm{j}10 + Z_1 = (-\mathrm{j}10 + 10)\Omega = 10\sqrt{2}\underline{/-45°} \ \Omega$$

设 $\dot{U}_1 = 100 \underline{/0°}$ V

$$\dot{I}_1 = 10 \underline{/90°} \ \mathrm{A} = \mathrm{j}10 \ \mathrm{A}$$

$$\dot{I}_2 = \frac{\dot{U}_1}{5 + \mathrm{j}5} = \frac{100 \underline{/0°}}{5\sqrt{2}\underline{/45°}} \ \mathrm{A} = 10\sqrt{2}\underline{/-45°} \ \mathrm{A} = (10 - \mathrm{j}10)\mathrm{A}$$

$$\dot{I}_0 = \dot{I}_1 + \dot{I}_2 = (\mathrm{j}10 + 10 - \mathrm{j}10)\mathrm{A} = 10 \ \mathrm{A}$$

$$U_0 = I_0 |Z_0| = 10 \times 10\sqrt{2} \ \mathrm{V} = 100\sqrt{2} \ \mathrm{V}$$

题 3.3.6 图

所以 $\mathrm{A_0}$ 读数为 10 A, $\mathrm{V_0}$ 读数为 $100\sqrt{2}$ V。

3.3.7 　在题 3.3.7 图所示电路中, $\dot{U}_s = 100 \underline{/0°}$ V, $\dot{U}_L = 50 \underline{/60°}$ V,试确定复阻抗 Z 的性质。

解: $\dot{U}_L = 50 \underline{/60°}$ V

$$\dot{I}_L = \frac{\dot{U}_L}{\mathrm{j}\omega L} = I_L \underline{/-30°} = \dot{I}_z$$

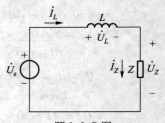

题 3.3.7 图

由 KVL 得

$$\dot{U}_Z = \dot{U}_s - \dot{U}_L = (100 \underline{/0°} - 50 \underline{/60°})\mathrm{V} = 86.6 \underline{/-30°} \ \mathrm{V}$$

得出 $\dot{U}_Z$ 与 $\dot{I}_z$ 同相,所以 Z 呈阻性。

3.3.8 　在题 3.3.8 图所示电路图中,已知 $U = 220$ V, $R_1 = 10 \ \Omega$, $X_L = 10\sqrt{3} \ \Omega$, $R_2 = 20 \ \Omega$,试求各个电流与平均功率。

解:令 $\dot{U} = 220 \underline{/0°}$ V

$$Z_1 = R_1 + \mathrm{j}X_L = (10 + \mathrm{j}10\sqrt{3})\Omega = 20 \underline{/60°} \ \Omega$$

$$\dot{I}_1 = \frac{\dot{U}}{Z_1} = \frac{220 \underline{/0°}}{20 \underline{/60°}} \ \mathrm{A} = 11 \underline{/-60°} \ \mathrm{A}$$

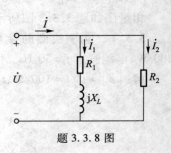

题 3.3.8 图

$$\dot{I}_2 = \frac{\dot{U}}{R_2} = \frac{220 \angle 0°}{20 \angle 0°} \text{A} = 11 \angle 0° \text{ A}$$

$$\dot{I} = \dot{I}_1 + \dot{I}_2 = 11\sqrt{3} \angle -30° \text{ A}$$

所以 $P = UI\cos\varphi = 220 \times 11\sqrt{3}\cos(-30°)\text{W} = 3\ 630\ \text{W}$

3.3.9 题 3.3.9 图所示电路中,已知理想电流源 $\dot{I}_s = 30 \angle 30°$ A,求电流 $\dot{I}$。

解:令

$$Z_1 = (3 + j4)\Omega, Z_2 = -j4\ \Omega$$

$$\dot{I} = \dot{I}_s \frac{Z_2}{Z_1 + Z_2} = 30 \angle 30° \frac{-j4}{(3 + j4 - j4)} \text{ A} = 40 \angle -60° \text{ A}$$

3.3.10 在题 3.3.10 图所示电路中,已知 $\dot{U}_C = 1 \angle 0°$ V,求 $\dot{U}$。

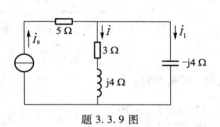
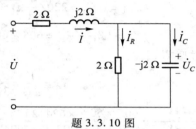

题 3.3.9 图　　　　　　　　　　　题 3.3.10 图

解:

$$\dot{I}_C = \frac{\dot{U}_C}{-j2} = \frac{1 \angle 0°}{-j2} \text{A} = 0.5 \angle 90° \text{ A}$$

$$\dot{I}_R = \frac{\dot{U}_C}{2} = \frac{1 \angle 0°}{2} \text{A} = 0.5 \text{ A}$$

所以

$$\dot{I} = \dot{I}_C + \dot{I}_R = (0.5 + j0.5)\text{A}$$

$$\dot{U} = \dot{I}Z + \dot{U}_C = [(0.5 + j0.5)(2 + j2) + 1 \angle 0°]\text{V} = \sqrt{5} \angle 63.4° \text{ V}$$

3.3.11 在题 3.3.11 图所示电路中,已知 $R = X_C$, $U = 220$ V,总电压 $\dot{U}$ 与总电流 $\dot{I}$ 相位相同。求 U_L 和 U_C。

解:设
$$\dot{U}_C = U_C \angle 0° \text{ V}$$

因
$$R = X_C$$

则总阻抗

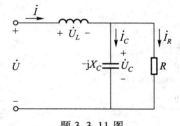

$$Z = jX_L + \frac{-jX_C R}{R - jX_C} = jX_L + \frac{-jR^2}{R - jR} = \frac{R}{2} + j\left(X_L - \frac{R}{2}\right)$$

总电压 $\dot{U}$ 与总电流 $\dot{I}$ 相位相同,所以电路呈阻性,即

题 3.3.11 图

$$\left(X_L - \frac{R}{2}\right) = 0 \Rightarrow X_L = \frac{R}{2}$$

$$\dot{I} = \dot{I}_C + \dot{I}_R = \frac{\dot{U}_C}{-jX_C} + \frac{\dot{U}_C}{R} = \frac{U_C}{R}\sqrt{2} \angle 45°$$

所以
$$\dot{U} = 220 \angle 45° \text{ V}$$

由 KVL
$$\dot{U} = 220 \angle 45° \text{ V} = \dot{U}_L + \dot{U}_C = \text{j}\dot{I}X_L + u_C \angle 0° = \frac{\sqrt{2}}{2}U_C \angle 135° + U_C \angle 0°$$

所以
$$U_L = U = 220 \text{ V}, U_C = 220\sqrt{2} \text{ V}$$

3.3.12 在题 3.3.12 图所示电路中,电压 $u = 220\sqrt{2}\sin 314t \text{V}$,$RL$ 支路的平均功率为 40 W,功率因数 $\cos \varphi_1 = 0.5$。为提高电路的功率因数,并联电容 $C = 5.1 \text{ μF}$,求电容并联前、后电路的总电流各为多少?并联电容后的功率因数为多少?并说明电路的性质。

解:(1) 并联 C 前
$$P = UI_1\cos \varphi_1$$
$$I_1 = P/U\cos \varphi_1 = 40/220 \times 0.5 \text{ A} = \frac{4}{11} \text{ A} = 0.363 \text{ A}$$
$$|Z_1| = U/I_1 = 220/\frac{4}{11} \text{ Ω} = 605 \text{ Ω}$$
$$Z_1 = |Z_1| \angle \varphi_1 = 605 \angle 60° \text{ Ω}$$

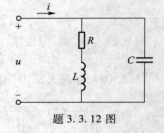

题 3.3.12 图

(2) 并联 C 后
$$X_C = \frac{1}{\omega C} = \frac{10^6}{314 \times 5.1} \text{ Ω} = 624.5 \text{ Ω}$$
$$Z_2 = \frac{Z_1(-\text{j}X_C)}{Z_1 - \text{j}X_C} = \frac{605 \angle 60° \times 624.25 \angle -90°}{302.5 + \text{j}523.9 - \text{j}624.5} \text{ Ω} = \frac{377\ 822.5 \angle -30°}{318.79 \angle -18.40°} \text{ Ω} = 1\ 185.2 \angle -11.6° \text{ Ω}$$
$$\cos \varphi_2 = \cos(-11.6°) = 0.979$$
$$I_2 = U/|Z_2| = 220/1\ 185.2 \text{ A} = 0.186 \text{ A}$$

因为 $\varphi_2 < 0$,所以电路呈容性。

3.4.1 有一 R、L、C 串联电路,接于 100 V、50 Hz 的交流电源上。$R = 4 \text{ Ω}$,$X_L = 6 \text{ Ω}$,C 可以调节。试求

(1) 当电路的电流为 20 A 时,电容是多少?

(2) C 调节至何值时,电路的电流最大,这时的电流是多少?

解:(1)
$$|Z| = \frac{U}{I} = \frac{100}{20} \text{ Ω} = 5 \text{ Ω}$$
$$|Z|^2 = R^2 + (X_L - X_C)^2$$

所以
$$X_C = X_L \pm \sqrt{|Z|^2 - R^2} = (6 \pm 3) \text{ Ω}$$

即
$$X_C = 3 \text{ Ω 或 } 9 \text{ Ω}$$

则
$$C = \frac{1}{\omega X_C} = \frac{1}{2\pi \times 50 \times 3} \text{ F} = \frac{1}{300\pi} \text{ F 或 } \frac{1}{900\pi} \text{ F}$$

(2) 当电路发生谐振时,电路中电流最大,即 $X_L = X_C$
$$C = \frac{1}{\omega^2 L} = \frac{1}{2\pi f X_L} = \frac{1}{2\pi \times 50 \times 6} \text{ F} = 530 \text{ μF}$$
$$|Z_{\min}| = R = 4 \text{ Ω}$$

此时
$$I_{\max} = \frac{U}{|Z|} = \frac{100}{4} \text{ A} = 25 \text{ A}$$

3.4.2　收音机的调谐电路如题 3.4.2 图所示,利用改变电容 C 的值出现谐振来达到选台的目的。已知 $L_1 = 0.3$ mH,可变电容 C 的变化范围为 $7 \sim 20$ pF, C_1 为微调电容,是为调整波段覆盖范围而设置的,设 $C_1 = 20$ pF,试求该收音机的波段覆盖范围。

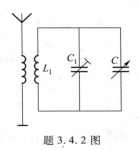

题 3.4.2 图

解: 当 $C = 7$ pF 时,有

$$C_总 = C + C_1 = (7 + 20)\text{pF} = 27\text{ pF}$$

$$f = \frac{1}{2\pi\sqrt{LC_总}} = \frac{1}{2\pi\sqrt{0.3 \times 10^{-3} \times 27 \times 10^{-12}}}\text{ Hz} = 1\ 768.4\text{ kHz}$$

当 $C = 20$ pF 时,有

$$C_总 = C + C_1 = (20 + 20)\text{pF} = 40\text{ pF}$$

$$f = \frac{1}{2\pi\sqrt{LC_总}}\frac{1}{2\pi\sqrt{0.3 \times 10^{-3} \times 40 \times 10^{-12}}}\text{ Hz} = 1\ 454\text{ kHz}$$

所以覆盖范围为 $1\ 454 \sim 1\ 768.4$ kHz。

3.5.1　题 3.5.1 图所示为正弦脉动电压波形,已知 $U_m = 10$ V,求其平均值及有效值。

解: $\bar{U} = \dfrac{1}{T}\displaystyle\int_0^T u\,\mathrm{d}t = \dfrac{1}{T}\int_0^{\frac{T}{2}} 10\sin\dfrac{2\pi}{T}t\,\mathrm{d}t = 5$ V

$$U = \sqrt{\frac{1}{T}\int_0^T u^2\,\mathrm{d}t} = \sqrt{\frac{1}{T}\int_0^{\frac{T}{2}}\left(10\sin\frac{2\pi}{T}\right)^2\mathrm{d}t} = \frac{10}{\pi}\text{ V}$$

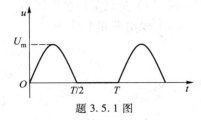

题 3.5.1 图

3.5.2　设电源 $u(t) = \dfrac{2}{\pi}U_m\left(1 - \dfrac{2}{3}\cos 2\omega t - \dfrac{2}{15}\cos 4\omega t - \right.$

$\left.\dfrac{2}{35}\cos 6\omega t - \cdots\right)$,已知 $U_m = 220\sqrt{2}$ V, $\omega = 314$ rad/s,电路如题 3.5.2 图所示。其中 $L = 1$ H, $C = 100$ μF, $R = 1\ 000$ Ω。求

(1) 电阻 R 中的电流;

(2) 电阻 R 的端电压。

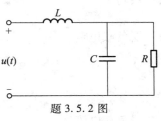

题 3.5.2 图

解: 对直流分量来说, L 相当于短路, C 相当于开路。所以

$$U_{R_0} = U_0 = \frac{2}{\pi}U_m = 198\text{ V}$$

对二次谐波来讲

$$\dot{U}_{R_2} = \frac{R /\!/ \dfrac{1}{\mathrm{j}2\omega C}}{\mathrm{j}2\omega L + R /\!/ \dfrac{1}{\mathrm{j}2\omega C}}\dot{U}_2 = 0.026\ \underline{/-179.09°} \times \frac{4}{37\sqrt{2}}U_m\ \underline{/-90°}\text{ V} = 2.43\ \underline{/90.91°}\text{ V}$$

则

$$u_{R_2} = 2.43\sqrt{2}\sin(2\omega t + 90.91°)\text{ V}$$

对四次谐波来说

$$\dot{U}_{R_4} = \frac{R // \dfrac{1}{\mathrm{j}4\omega C}}{\mathrm{j}4\omega L + R // \dfrac{1}{\mathrm{j}4\omega C}}\dot{U}_4 = 0.064\ \angle{-179.54°} \times \frac{4}{157\sqrt{2}}U_{\mathrm{m}}\ \angle{-90°}\ \mathrm{V}$$

$$= 0.12\ \angle{90.46°}\ \mathrm{V}$$

则
$$u_{R_4} = 0.12\sqrt{2}\sin(4\omega t + 90.46°)\ \mathrm{V}$$

$$u_R = [\,198 + 2.43\sqrt{2}\sin(2\omega t + 90.91°) + 0.12\sqrt{2}\sin(4\omega t + 90.46°) + \cdots\,]\ \mathrm{V}$$

$$i_R = \frac{u_R}{R} = [\,198 + 2.43\sqrt{2}\sin(2\omega t + 90.91°) + 0.12\sqrt{2}\sin(4\omega t + 90.46°) + \cdots\,]\ \mathrm{mA}$$

3.6.1 三相四线制 380 V/220 V 的电源供电给一座三层楼房,每层作为一相负载,装有数目相同的 220 V 的日光灯,每层总功率都为 2 000 W,总功率因数为 0.91。

(1) 说明负载应如何接入电路。

(2) 如第一层仅开有 $\frac{1}{2}$ 的灯,第二层有 $\frac{3}{4}$ 的灯亮,第三层灯全亮,各层的功率因数不变,问各线电流和中性线电流为多少?

解:(1) 负载采用星形联结。

(2) 设电源相电压

$$\dot{U}_1 = U_1\ \angle{0°} = 220\ \angle{0°}\ \mathrm{V}$$

$$\dot{U}_2 = U_2\ \angle{-120°} = 220\ \angle{-120°}\ \mathrm{V}$$

$$\dot{U}_3 = U_3\ \angle{120°} = 220\ \angle{120°}\ \mathrm{V}$$

负载为星型联结,故电源相电压即为每相负载电压。

第一层功率
$$P_1 = \frac{1}{2}P = 1\ 000\ \mathrm{W}$$

第一层负载电流
$$I_1 = \frac{P}{U_1\cos\varphi} = \frac{1\ 000}{220 \times 0.91}\ \mathrm{A} = 4.995\ \mathrm{A}$$

$$P_2 = \frac{3}{4}P = 1\ 500\ \mathrm{W}$$

第二层负载电流
$$I_2 = \frac{P_2}{U_2\cos\varphi} = \frac{1\ 500}{220 \times 0.91}\ \mathrm{A} = 7.493\ \mathrm{A}$$

$$P_3 = P = 2\ 000\ \mathrm{W}$$

第三层负载电流
$$I_3 = \frac{P_3}{U_3\cos\varphi} = \frac{2\ 000}{220 \times 0.91}\ \mathrm{A} = 9.99\ \mathrm{A}$$

$\cos\varphi = 0.91$,即 $\varphi = 24°$。

$$\dot{I}_1 = \frac{\dot{U}_1}{Z} = \frac{220\ \angle{0°}}{|Z|\angle{\varphi}} = I_1\ \angle{-24°} = 4.995\ \angle{-24°}\ \mathrm{A}$$

$$\dot{I}_2 = \frac{\dot{U}_2}{Z} = \frac{220\ \angle{-120°}}{|Z|\angle{\varphi}} = I_2\ \angle{-24° - 120°} = 7.493\ \angle{-144.49°}\ \mathrm{A}$$

$$\dot{I}_3 = \frac{\dot{U}_3}{Z} = \frac{220 \angle 120°}{|Z| \angle \varphi} = I_1 \angle 120° - 24° = 9.99 \angle 95.51° \text{ A}$$

中性线电流：$\dot{I}_N = \dot{I}_1 + \dot{I}_2 + \dot{I}_3$

$$= (4.995 \angle -24.49° + 7.493 \angle -144.49° + 9.99 \angle 95.51°) \text{ A}$$

$$= (4.546 - j2.071 - 6.099 - j4.352 - 0.959 + j9.944) \text{ A}$$

$$= (-2.512 + j3.521) \text{ A} = 4.325 \angle 125.5° \text{ A}$$

3.6.2　某三相负载,额定相电压为 220 V,每相负载的电阻为 4 Ω,感抗为 3 Ω,接于线电压为 380 V 的对称三相电源上,试问该负载应采用什么联结方法? 负载的有功功率、无功功率和视在功率是多少?

解:因负载的额定相电压为 220 V,故采用 Y 联结。

每相负载
$$Z = (4 + j3) \text{ Ω} = 5 \angle 37° \text{ Ω}$$

有功功率
$$P = 3 \frac{U_p^2}{|Z|}\cos\varphi = 3 \times \frac{220°}{5}\cos 37° \text{ W} = 23\ 232 \text{ W}$$

无功功率
$$Q = 3 \frac{U_p^2}{|Z|}\sin\varphi = 3 \times \frac{220°}{5}\sin 37° \text{ var} = 17\ 424 \text{ var}$$

视在功率
$$S = 3 \frac{U_p^2}{|Z|} = 3 \times \frac{220°}{5} \text{ V} \cdot \text{A} = 29\ 040 \text{ V} \cdot \text{A}$$

3.6.3　题 3.6.3 图(a)所示电路中,三相电源电压 $U_L = 380$ V,每相负载的阻抗均为 10 Ω。试求:

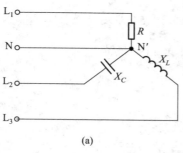

(a)　　　　　　　　　(b)

题 3.6.3 图

(1) 各相电流和中性线电流。

(2) 设 $\dot{U} = 220 \angle 0°$ V,画出相量图。

(3) 三相平均功率。

解:(1) $U_p = 220$ V,且设 $\dot{U}_{p1} = 220 \angle 0°$ V。

$$\dot{I}_R = \frac{\dot{U}_{p1}}{R} = 22 \angle 0° \text{ A}$$

$$\dot{I}_C = \frac{\dot{U}_{p2}}{-jX_C} = \frac{220 \angle -120°}{10 \angle -90°} \text{ A} = 22 \angle -30° \text{ A}$$

$$\dot{I}_L = \frac{\dot{U}_{p3}}{jX_L} = \frac{220 \angle 120°}{10 \angle 90°} \text{ A} = 22 \angle 30° \text{ A}$$

$$\dot{I} = \dot{I}_R + \dot{I}_L + \dot{I}_C = (22\angle 0° + 22\angle 30° + 22\angle -30°)\text{A} = 60.1\ \text{A}$$

(2) 相量图如题 3.6.3 图(b)所示。

(3) $P = 220 \times 22\ \text{W} = 4\,840\ \text{W}$

3.6.4　为了提高线路的功率因数,将三角形联结的三相异步电动机并联了一组三角形联结的电力电容器。设 $U_L = 380\ \text{V}$,电动机由电源取用的功率为 $P = 11.43\ \text{kW}$,功率因数为 0.87。若每相电容 $C = 20\ \mu\text{F}$,求线路总电流和提高后的功率因数($f = 50\ \text{Hz}$)。

解:电动机每相等效阻抗

$$|Z| = \frac{3U_\text{p}^2 \cos\varphi}{P} = \frac{3 \times 380^2 \times 0.87}{11.43 \times 10^3}\ \Omega = 32.973\ \Omega$$

$\cos\varphi = 0.87$ 即 $\varphi = 29.54°$

$$Z = |Z|\angle\varphi = 32.973\angle 29.54°\ \Omega$$

$$Z = 32.973\angle 29.54°\ \Omega = (28.69 + \text{j}16.26)\,\Omega$$

并联电容后

$$Z' = Z/\!/(-\text{j}X_C) = \frac{32.973\angle 29.54° \times \dfrac{1}{2\pi \times 50 \times 20 \times 10^{-6}}\angle -90°}{28.69 + \text{j}16.26 - \text{j}\dfrac{1}{2\pi \times 50 \times 20 \times 10^{-6}}}$$

$$= 36.05\angle 18.20°$$

所以补偿后,功率因数为 $\cos\varphi = \cos 18.2° = 0.95$。此时电流

$$I_\text{p} = \frac{U_\text{p}}{|Z'|} = \frac{380}{36.05}\ \text{A} = 10.54\ \text{A}$$

$$I_\text{L} = \sqrt{3}I_\text{p} = \sqrt{3} \times 10.54\ \text{A} = 18.3\ \text{A}$$

第4章　二极管及其整流电路

一、基本要求

1. 了解 PN 结的单向导电性；
2. 熟悉二极管的基本结构、工作原理、特性曲线和主要参数；
3. 了解二极管的其他应用，如门电路、限幅电路等；
4. 了解单相整流电路，如半波、桥式整流电路的工作原理；
5. 理解整流电压、电流的波形及平均值与交流有效值之间的关系，并会选用整流元件；
6. 了解滤波电路（主要是电容滤波）及稳压管稳压电路的基本原理；了解稳压电源的主要参数。

二、阅读指导

1. 半导体

半导体是指导电能力介于导体和绝缘体之间的一类材料，常见的半导体材料有硅、锗、硒、金属氧化物及硫化物。在外界温度升高、光照或掺入适量杂质时，其导电能力大大增强。

2. PN 结

PN 结具有单向导电性，当 P 区接电源正极，N 区接电源负极时，外电场削弱了内电场，扩散运动加强，扩散运动大于漂移运动，形成正向电流，称为正向导通；当 N 区接电源正极，P 区接电源负极时，外电场加强了内电场，漂移运动增强，漂移运动大于扩散运动，形成反向电流，因反向电流很小（少数载流子），称为反向截止。

3. 稳压二极管

是二极管的一种，它通常工作在 PN 结的反向击穿区，利用其两端反向电压变化很小而反向电流变化较大的特点，通过与适当电阻配合后达到稳定电压的作用。

4. 直流稳压电源

一个稳定的直流电源是电子装置必不可少的组成部分，它通常由整流、滤波和稳压电路组成。

（1）整流电路

要学会分析整流电路的工作原理，能分别找出在交流电压的正半周和负半周时电流的通路，分析哪个二极管导通，哪个截止，要求会画整流电压、电流的波形图，会求整流电压、电流的平均值，以及对不同的整流电路，其整流元件所能承受的最高反向电压 U_{DRM}。常见的几种整流电路见表 4-1。

（2）滤波电路

① 有电容滤波器时，在同样的交流电压 U 作用下，整流电压的平均值 U_0 比无电容滤波时要大。在负载端开路的情况下，$U_0 = \sqrt{2}U$。有负载电阻 R_L 时，U_0 的大小可估算确定：

表 4 – 1　　常见的几种整流电路

类型	电路	整流电压的波形	整流电压平均值	每管电流平均值	每管承受最高反压
单相半波	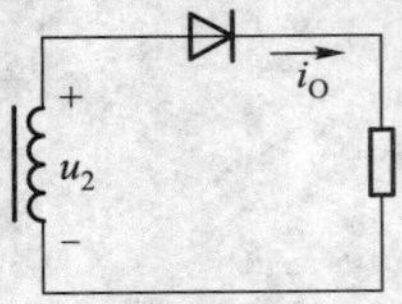	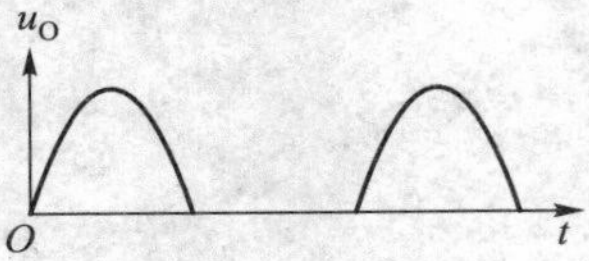	$0.45U_2$	I_0	$\sqrt{2}U_2$
单相全波	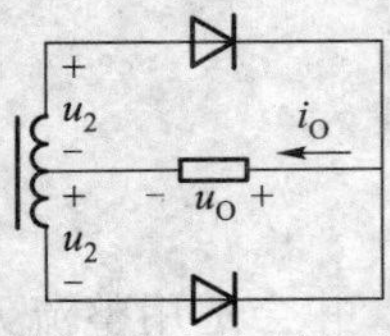	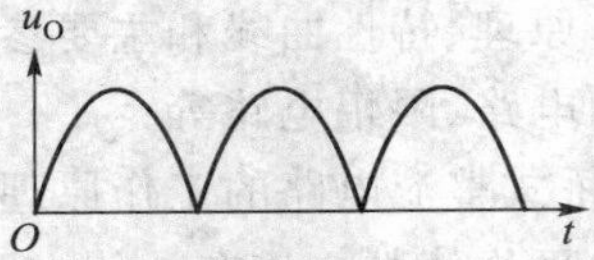	$0.9U_2$	$\frac{1}{2}I_0$	$2\sqrt{2}U_2$
单相桥式	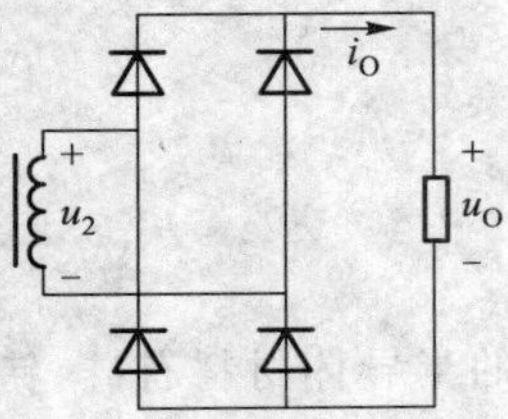	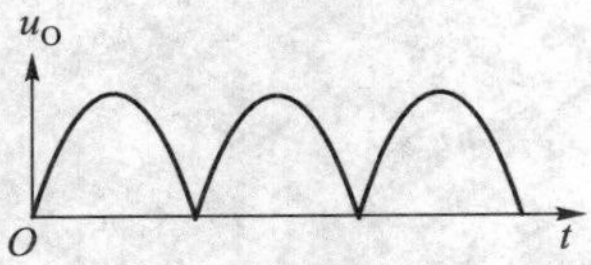	$0.9U_2$	$\frac{1}{2}I_0$	$\sqrt{2}U_2$

半波整流电容滤波　　　　　$U_0 \approx U$

全波整流电容滤波　　　　　$U_0 \approx 1.2U$

桥式整流电容滤波　　　　　$U_0 \approx 1.2U$

② 有电容滤波器时,整流二极管在截止时所承受的最高反向电压 U_{DRM} 见表 4 – 2。

表 4 – 2　　截止二极管上的最高反向电压 U_{DRM}

电路	无电容滤波	有电容滤波
单相半波整流	$\sqrt{2}U$	$2\sqrt{2}U$
单相全波整流	$2\sqrt{2}U$	$2\sqrt{2}U$
单相桥式整流	$\sqrt{2}U$	$\sqrt{2}U$

③ 有电容滤波器时,输出电压平均值取决于时间常数 $R_L C$。$R_L C$ 越大,负载电压平均值 U_0 越大。一般要求 $R_L C \geqslant (3 \sim 5)\dfrac{T}{2}$。

④ 由于电容滤波电路的输出电压平均值 U_0 受 $R_L C$ 的大小影响较大,所以只适用于输出电压较高,负载电流小且变化不大的场合。

⑤ 电感滤波电路的特点及电路参数关系　在电感滤波电路中,因为电感中的电流不能突

变,所以流过整流二极管的电流比较平稳。当负载电流变化时,输出电压变化小,所以该滤波电路适用于负载电流大的场合。由于感抗对高次谐波产生压降大,这种滤波电路的输出直流电压近似为 $U_0 \approx 0.9U_2$。

（3）并联型稳压电路

由于交流电源电压经常波动,整流后的电压会不稳定,而且由于整流滤波电路有内阻,当负载电流变化时,负载电压也变化,即整流后的电压也会不稳定。所以在整流滤波后必须增加稳压环节,这样整流、滤波和稳压就组成了直流稳压电源。

并联型稳压电路是直接利用稳压管的稳压值进行输出,其稳压机理已在稳压管一节中介绍过。

三、例题解析

例 4－1　如图 4－1(a)所示电路,已知 $u = 20\sin \omega t\,\mathrm{V}, E = 10\ \mathrm{V}$。试画出 u_0 的波形。

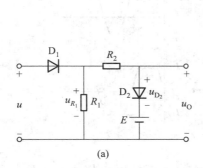
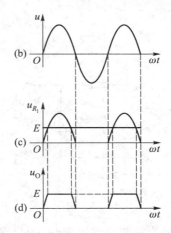

图 4－1

解:在图 4－1(a)所示电路中,首先二极管 D_1 起整流作用,将图 4－1(b)所示输入电压 u 变成 u_{R_1} 单方向脉动电压,如图 4－1(c)所示。二极管 D_2 起单向限幅作用,当 $u_{R_1} < E$ 时,$u_{D_2} < 0$,D_2 截止,$u_0 = u_{R_1}$;当 $u_{R_1} > E$ 时,$u_{D_2} > 0$,D_2 导通,$u_0 = E + u_{D_2} \approx E$。由此可画出 u_0 的波形如 4－1(d)所示。注:二极管的应用非常广泛。这里,可以看到二极管的整流(D_1)、斩波(D_2)作用。

例 4－2　楼道中的路灯常常通宵长明,白炽灯使用寿命很短,实际中一般在电路中串联一只二极管,如图 4－2 所示。若白炽灯是 220 V/100 W,试问:在此情况下白炽灯上电压有效值及消耗功率各为多少? 二极管的最大整流平均电流 I_{Dm} 及最高反向电压应选多大?

解:此题属半波整流的具体应用,按照非正弦波信号求有效值和平均值的定义可求得:

$$(1)\ U_{\mathrm{L}} = \sqrt{\frac{1}{2\pi}\int_0^\pi (U_{\mathrm{m}}\sin \omega t)^2 \mathrm{d}(\omega t)} = \frac{U_{\mathrm{m}}}{2} = \frac{1}{2} \times 220\sqrt{2}\ \mathrm{V} \approx 156\ \mathrm{V}$$

图 4－2

$$R_{\mathrm{L}} = \frac{U_{\mathrm{N}}^2}{P_{\mathrm{N}}} = \frac{220^2}{100} \ \Omega = 484 \ \Omega$$

$$P_{\mathrm{L}} = \frac{U_{\mathrm{L}}^2}{R_{\mathrm{L}}} = \frac{156^2}{484} \ \mathrm{W} = 50 \ \mathrm{W}$$

$$(2) \ I_{\mathrm{D}} = \frac{1}{2\pi} \int_0^\pi \frac{U_{\mathrm{m}}}{R_L} \sin \omega t \mathrm{d}(\omega t) = 0.45 \frac{U}{R_L} = 0.45 \times \frac{220}{484} \ \mathrm{A} \approx 205 \ \mathrm{mA}$$

$$U_{\mathrm{Rm}} = U_{\mathrm{m}} = \sqrt{2} \times 220 \ \mathrm{V} = 311 \ \mathrm{V}$$

据此应选用 IN4007 型二极管,$I_{OM} = 1$ A,$U_{RWM} = 400$ V。

例 4-3　在图 4-3(a)所示电路中,$u_{\mathrm{i}} = 12 \sin \omega t$ V,双向稳压管 D_{z} 的稳定电压 $U_{\mathrm{Z}} = \pm 6$ V,稳压电流 $I_{\mathrm{Z}} = 10$ mA,最大稳定电流 $I_{\mathrm{Zmax}} = 30$ mA。试画出输出电压 u_{O} 的波形,并求限流电阻 R 的范围。

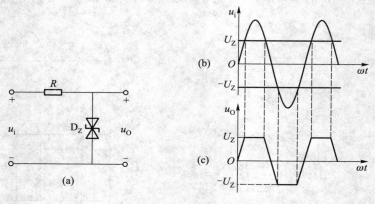

图 4-3

解:双向稳压管的结构原理是,正反两个方向均可击穿稳压。当 $|u_{\mathrm{i}}| > |U_{\mathrm{z}}|$,稳压管击穿,输出 u_{O} 恒定;当 $|u_{\mathrm{i}}| < |U_{\mathrm{Z}}|$ 时,稳压管截止,输出 $u_{\mathrm{O}} = u_{\mathrm{i}}$。由此可画出 u_{O} 的波形如图 4-3(c)所示。

$$R_{\min} = \frac{U_{\mathrm{m}} - U_{\mathrm{Z}}}{I_{\mathrm{Zmax}}} = \frac{12 - 6}{30 \times 10^{-3}} \ \Omega = 200 \ \Omega$$

注:该电路是一个利用双向稳压管实现信号双向限幅的电路,R 选得合适将获得梯形波。一般取 R 的最大值为

$$R_{\max} = \frac{U_{\mathrm{m}} - U_{\mathrm{Z}}}{I_{\mathrm{Z}}} = \frac{12 - 6}{10 \times 10^{-3}} \ \Omega = 600 \ \Omega$$

即 R 值可在 200 $\Omega < R \leqslant 600$ Ω 之间任选。

例 4-4　电路如图 4-4 所示。已知 $U_{\mathrm{Z}} = 9$ V,$P_{\mathrm{Z}} = 1$ W,$I_{\mathrm{Z}} = 30$ mA,负载电流的变化范围是 $I_{\mathrm{L}} = 0 \sim 20$ mA,二次电压 $U_2 = 15$ V,电网电压波动为 $\pm 10\%$。设滤波电容足够大,试求

(1) 输出电压 U_{O}。

(2) R 的取值范围。

(3) 若将稳压管 D_{z} 接反,则后果如何?

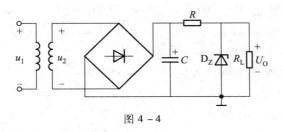

图 4 – 4

解：（1）$U_O = U_Z = 9$ V

（2）因为电容器的电容量 C 足够大，所以

$$U_C = 1.2 U_2 = 18 \text{ V}$$

当电网电压波动 $\pm 10\%$ 时，U_C 的波动范围为

$$U_C = 1.2 U_2 \times (1 \pm 10\%) = 18(1 \pm 10\%) \text{ V} = 19.8 \sim 16.2 \text{ V}$$

稳压管的最大稳定电流为　　$I_{Zmax} = \dfrac{P_Z}{U_Z} = \dfrac{1}{9}$ A $= 111$ mA

$$R > \frac{U_{Cmin} - U_Z}{I_{Zmax} + I_{Omin}} = \frac{19.8 - 9}{111 + 0} \text{ k}\Omega = 97.3 \ \Omega$$

$$R < \frac{U_{Cmin} - U_Z}{I_Z + I_{Omax}} = \frac{16.2 - 9}{30 + 20} \text{ k}\Omega = 144 \ \Omega$$

所以 R 的取值范围为 $97.3 \sim 144 \ \Omega$。

（3）若将稳压管接反，由于 D_Z 的正向电阻很小，会造成电源短路。

四、部分习题解答

4.1.1　二极管电路如题 4.1.1 图所示，D_1、D_2 为理想二极管，判断图中的二极管是导通还是截止，并求 AB 两端的电压 U_{AB}。

解：（a）D_1 导通，$U_{AB} = -6$ V　　　　　（b）D_1 截止，$U_{AB} = -12$ V

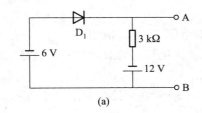

(a)

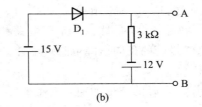

(b)

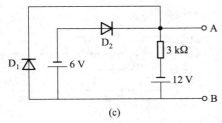

(c)

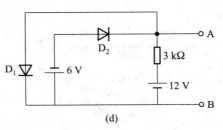

(d)

题 4.1.1 图

（c）D_1 导通，D_2 截止，$U_{AB} = 0$ V　　　　（d）D_1 导通，D_2 截止，$U_{AB} = 0$ V

4.1.2　在题 4.1.2 图（a）、（b）所示电路中，已知 $E = 6$ V，$u_i = 12\sin \omega t$ V，二极管的正向压降可忽略不计，试分别画出输出电压 u_0 的波形。

解：输出电压 u_0 的波形分别如题 4.1.2 图（c）、（d）所示。

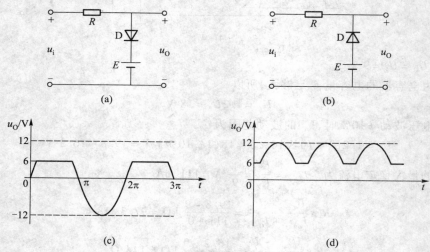

（a）　　　　　　　　　　　　　　　（b）

（c）　　　　　　　　　　　　　　　（d）

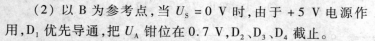

题 4.1.2 图

4.1.3　电路如题 4.1.3 图所示。试分析当输入电压 U_S 为 3 V 时，哪些二极管导通？当输入电压 U_S 为 0 V 时，哪些二极管导通？（写出分析过程，设二极管的正向压降为 0.7 V）

解：（1）以 B 为参考点，$U_S = 3$ V 时，若 D_1 导通，则 $U_A = 3.7$ V，故 D_2、D_3、D_4 导通，把 U_A 钳位在 2.1 V，而此时会出现 $U_A < U_S$，D_1 截止。

（2）以 B 为参考点，当 $U_S = 0$ V 时，由于 +5 V 电源作用，D_1 优先导通，把 U_A 钳位在 0.7 V，D_2、D_3、D_4 截止。

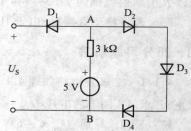

题 4.1.3 图

4.1.4　在题 4.1.4 图（a）所示电路中，已知稳压管的稳定电压 $U_{Z1} = U_{Z2} = 6$ V，$u_i = 12\sin \omega t$ V，二极管的正向压降可忽略不计，试画出输出电压 u_0 的波形。并说明稳压管在电路中所起的作用。

解：输出电压 u_0 的波形如题 4.1.4 图（b）所示。稳压管在电路中起限幅作用。

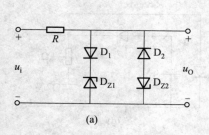

（a）

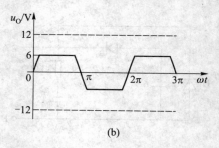

（b）

题 4.1.4 图

4.1.5　题 4.1.5 图所示电路中,稳压管 D_{Z1} 的稳定电压为 8 V, D_{Z2} 的稳定电压为 10 V,正向压降均为 0.7 V,试求图中输出电压 U_O。

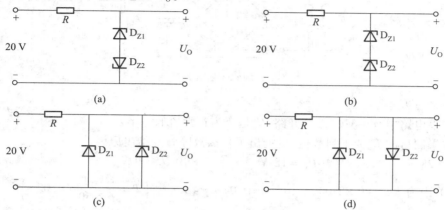

题 4.1.5 图

解:(a) $U_O = 8.7$ V　(b) $U_O = 18$ V　(c) $U_O = 8$ V　(d) $U_O = 0.7$ V

4.2.1　电路如题 4.2.1 图(a)所示。试标出输出电压 u_{o1}、u_{o2} 的极性,画出输出电压的波形,并求出 U_{o1}、U_{o2} 的平均值 $\left[\text{设 } u_{21} = \sqrt{2}U_2\sin\omega t; u_{22} = \sqrt{2}U_2\sin(\omega t - \pi)\right]$。

解:u_{o1}、u_{o2} 参考方向均为上正下负。u_{o1} 的波形图如题 4.2.1 图(b)所示,u_{o2} 的波形图如题 4.2.1 图(c)所示。

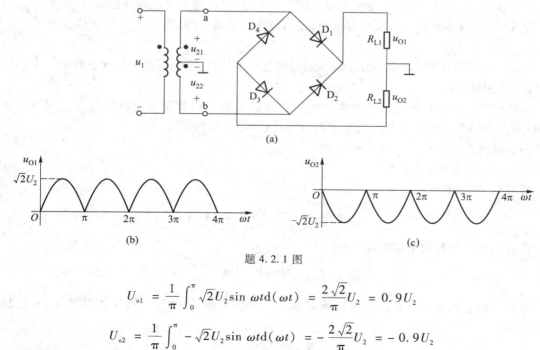

题 4.2.1 图

$$U_{o1} = \frac{1}{\pi}\int_0^\pi \sqrt{2}U_2\sin\omega t\,d(\omega t) = \frac{2\sqrt{2}}{\pi}U_2 = 0.9U_2$$

$$U_{o2} = \frac{1}{\pi}\int_0^\pi -\sqrt{2}U_2\sin\omega t\,d(\omega t) = -\frac{2\sqrt{2}}{\pi}U_2 = -0.9U_2$$

4.2.2　题 4.2.2 图所示为单相桥式整流电容滤波电路。用交流电压表测得变压器二次电压 $U_2 = 20$ V。$R_L = 40$ Ω,$C = 1\,000$ μF。试问

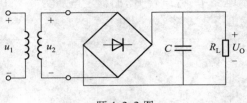

题 4.2.2 图

（1）正常时 $U_o = ?$

（2）如果电路中有一只二极管开路，U_o 是否为正常值的一半？

（3）如果测得的 U_o 为下列数值，可能出了什么故障？并指出原因。

① $U_0 = 28$ V ② $U_0 = 18$ V ③ $U_0 = 9$ V

解：（1）因为 $RC = 40 \times 1\,000 \times 10^{-3}$ s $= 0.04$ s $= 4 \times \dfrac{T}{2}$ $\left(T = \dfrac{1}{f} = \dfrac{1}{50} = 0.02 \text{ s} \right)$

所以输出平均值电压可按工程估算取值，有

$$U_0 = 1.2 U_2 = 1.2 \times 20 \text{ V} = 24 \text{ V}$$

（2）若电路中有一只二极管开路，整流电路则变为半波整流电路，按工程估算输出电压平均值为

$$U_0 = U_2 = 20 \text{ V}$$

不是正常值的一半。

（3）① $U_0 = 28$ V $= \sqrt{2}U_2$，说明电容充满电后未放电，可能是负载端开路。

② $U_0 = 18$ V $= 0.9 U_2$，说明电容未起作用，可能是电容开路（为桥式整流电路输出电压平均值）。

③ $U_0 = 9$ V $= 0.45 U_2$，为半波整流电路输出电压平均值，原因可能是整流电路中某一只二极管开路，且电容开路。

4.2.3 题 4.2.2 图所示为桥式整流电容滤波电路。已知交流电源电压 $U_1 = 220$ V，$f = 50$ Hz，$R_L = 50$ Ω，要求输出直流电压为 24 V，纹波较小。试选择

（1）整流管的型号。

（2）滤波电容器（容量和耐压）。

解：（1）负载电流平均值

$$I_L = \frac{U_0}{R_L} = \frac{24}{50} \text{ A} = 0.48 \text{ A}$$

流过整流二极管的平均电流

$$I_D = \frac{1}{2} I_L = 0.24 \text{ A}$$

整流二极管承受的最大反向电压为 $\sqrt{2}U_2$，U_2 为变压器二次电压，按工程估算 $U_0 = 1.2 U_2$，所以

$$U_2 = \frac{U_0}{1.2} = \frac{24}{1.2} \text{ V} = 20 \text{ V}$$

则整流二极管承受的最大反向电压为 $\sqrt{2}U_2 = 28.28$ V，可选用整流二极管 2CZ11A（$I_{RM} = 1\,000$ mA，

$U_{RM} = 100$ V)4 只。

（2）$R_L C = 5 \times \dfrac{T}{2} = 5 \times \dfrac{1}{2f} = 5 \times \dfrac{1}{2 \times 50}$ s $= 0.05$ s

所以
$$C = \frac{0.05}{R_L} = \frac{0.05}{50} \text{ F} = 0.001 \text{ F} = 1\,000 \text{ } \mu F$$

电容器耐压为 $\sqrt{2} U_2 = 28.28$ V。可选用 $C = 1\,500 \text{ } \mu F$,耐压值为 50 V 的电容器。

第5章 晶体三极管及基本放大电路

一、基本要求

1. 明确晶体管、场效应管的电流分配及放大原理；
2. 了解基本放大电路基本原理和电路特点，并熟练掌握放大电路的静态分析和动态分析方法；
3. 了解多级放大电路的几种耦合方式，会计算阻容耦合多级放大电路的放大倍数；
4. 理解差分放大电路的意义及作用，了解功率放大电路的基本组成和分析方法；
5. 了解场效应管放大电路的分析方法及特点。

二、阅读指导

1. 晶体管

晶体三极管由两个 PN 结构成，简称晶体管，晶体管的基极电流 I_B 可以控制集电极电流 I_C，属于电流控制器件，其主要特性是输入特性 $I_B = f(U_{BE})|_{U_{CE}=常数}$ 和输出特性 $I_C = f(U_{CE})|_{I_B=常数}$，有 NPN 和 PNP 两种类型。

晶体管有截止、放大和饱和三种工作状态，如表 5-1 所示。

表 5-1　晶体管的三种工作状态

工作状态	截止	放大	饱和
偏置条件	发射结反偏 集电结反偏	发射结正偏 集电结反偏	发射结正偏 集电结正偏
工作特征	$U_{CE} \approx U_{CC}$ $I_C \approx 0$	$I_C \approx \beta I_B$	$U_{CE} \approx 0$ $I_{CS} = \dfrac{U_{CC}}{R_C}$

根据晶体管工作状态的不同，输出特性曲线可分为截止区、放大区和饱和区。掌握输入、输出特性曲线，有助于理解晶体管放大电路的工作原理及各个参数间的关系。

2. 场效应管

场效应管是一种单极型半导体器件，场效应管的栅源电压 U_{GS} 可以控制漏极电流 I_D，属于电压控制器件，其主要特性是转移特性 $I_D = f(U_{GS})|_{U_{DS}=常数}$ 和漏极输出特性 $I_D = f(U_{DS})|_{U_{GS}=常数}$。

3. 晶体管与场效应管性能比较

晶体管与场效应管都可构成放大电路，其实质是用小信号和小能量控制大信号和大能量。两者比较如表 5-2 所示。

表 5−2　晶体管与场效应管的性能比较

	晶 体 管	场 效 应 管
载流子	两种不同极性的载流子(电子与空穴)同时参与导电,故称为双极型晶体管	只有一种极性的载流子(电子或空穴)参与导电,故又称为单极型晶体管
控制方式	电流控制	电压控制
类型	NPN 型和 PNP 型两种	N 沟道和 P 沟道两种
放大参数	$\beta = 20 \sim 300$	$g_m = 1 \sim 5$ mS
输入电阻	$10^2 \sim 10^4$ Ω	$10^7 \sim 10^{14}$ Ω
输出电阻	r_{ce}很高	r_{ds}很高
热稳定性	差	好
制造工艺	较复杂	简单,成本低
对应极	基极—栅极,发射极—源极,集电极—漏极	

4. 晶体管放大电路

从基本放大电路入门,要求理解放大电路的组成,各元件的作用及晶体管在电路中的意义,掌握几个典型电路的静态值及动态参数的求解方法。

(1)静态分析

是指在没有输入信号时,确定放大电路的静态值 I_B、I_C、U_{CE},(即静态工作点 Q)。可通过直流通路,采用估算法和图解法进行分析。

(2)动态分析

是指在有输入信号时,通过交流通路确定放大电路的输入、输出电阻和电压放大倍数。通常采用微变等效电路法来计算。

(3)几种常见的基本放大电路静态和动态分析时的注意事项

① $r_{be} = 300 + (1 + \beta)\dfrac{26 \text{ mV}}{I_{EQ}(\text{mA})}$,$I_{EQ}$ 是直流静态值。

② 微变等效电路是在交流小信号的前提下,将晶体管线性化的等效电路。

放大电路的微变等效电路是直接在交流通路的基础上得出的,微变等效电路是对交流信号而言的,输入和输出电阻都是动态电阻。

③ 静态工作点选择得好坏,直接影响放大电路的工作性能,Q 点应选在放大区的中间部分,可通过调节 R_B 或 R_C 选择合适的 Q 点。

④ 当静态工作点过高时会引起饱和失真,当静态工作点过低时会引起截止失真。

5. 静态工作点的稳定

静态工作点不稳定的原因主要来自于温度变化的影响,温度变化会影响晶体管参数 I_{CBO}、I_{CEO}、β,这三者随温度升高的变化,都会使集电极电流的静态值 I_C 增大,当温度升高使 I_C 增大时,I_B 应自动减小以牵制 I_C 的增大。常用的是分压式偏置放大电路。稳定静态工作点的物理过程、静态值的计算,必须掌握。

6. 射极输出器的特点及用途

射极输出器具有输入阻抗高、输出电阻低、$A_u \approx 1$,且同相跟随的特点。射极输出器一般用于放大电路的输入级、输出级和中间缓冲级。

7. 多级放大电路

① 阻容耦合多级放大电路中,静态工作点彼此独立、互不影响,电压放大倍数 $A_u = A_{u1} A_{u2} \cdots A_{un}$。

② 直接耦合多级放大电路中,静态工作点相互影响,零点漂移的问题比较突出。

8. 差分放大电路

① 差分放大电路是抑制零点漂移最有效的电路。抑制零点漂移的水平可用抑制共模信号的能力来衡量。差分放大电路可抑制共模信号,放大差模信号,任何信号均可分解为共模和差模信号,其中

$$u_C = \frac{u_1 + u_2}{2}, u_D = \frac{u_1 - u_2}{2}$$

要求理解共模抑制比的含义。

② 差分放大电路不完全对称和单端输出(即使电路对称)时,输出就有零点漂移。因此,常采用在发射极引入 R_P、R_E 和负电源 U_{EE}。

③ 差分放大电路的输入、输出方式共有四种。重点是双端输入 – 双端输出电路,单端输入 – 单端输出电路。

9. 功率放大电路

对功率放大电路的要求:

① 输出功率大,且不失真。

② 效率高　尽量减少电源供应,增大输出功率。

常用的功率放大电路有 OTL 和 OCL 互补对称电路。功率放大电路一般采用乙类或甲乙类工作状态。功率放大电路的动态分析不能用微变等效电路法,要用图解法,因为它所处理的信号已不再是小信号。

③ 复合管　复合管的目的是增大电流放大倍数,提高电路对称性。$\beta \approx \beta_1 \beta_2$,管子的类型取决于第一个管子的类型,如图 5 – 1(a)、(b)所示。

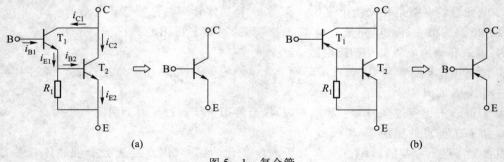

图 5 – 1　复合管

三、例题解析

例 5 – 1　在图 5 – 2(a)所示放大电路中,已知 $U_{CC} = 12\ V$,$R_C = 2\ k\Omega$,$R_L = 2\ k\Omega$,$R_{B1} = 100\ k\Omega$,

电位器总电阻 $R_P = 1$ MΩ,晶体管 $\beta = 50$, $U_{BE} = 0.6$ V。试求

（1）当 R_P 调到 0 时的静态工作点（ I_B, I_C, U_{CE} ）,并判定晶体管工作在什么区。

（2）当 R_P 调到最大时的静态工作点（ I_B, I_C, U_{CE} ）,并判定晶体管工作在什么区。

（3）若使 $U_{CE} = 6$ V,问 R_P 应调节到多大?

（4）若在 $U_{CE} = 6$ V 的条件下,输入和输出信号波形如图 5-2（b）所示,判定它产生了什么失真,说明应如何调节 R_P 以减小失真,为什么?

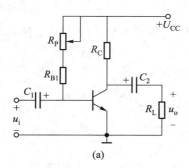
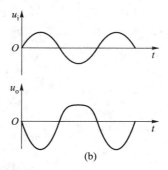

(a)　　　　　　　　(b)

图 5-2

解:（1）当 $R_P = 0$ 时, $R_B = R_{B1} = 100$ kΩ

$$I_B = \frac{U_{CC} - U_{BE}}{R_B} = \frac{12 - 0.6}{100} \text{ mA} = 114 \text{ μA}$$

$$I_{BS} \approx \frac{U_{CC}}{R_C} / \beta = \frac{12}{2} / 50 \text{ mA} = 120 \text{ μA}$$

可见 I_B 与 I_{BS} 已接近,晶体管已进入饱和区附近。

（2）当 R_P 最大时

$$R_B = R_{B1} + P_P = (100 + 1\,000)\text{kΩ} = 1\,100 \text{ kΩ}$$

$$I_B = \frac{U_{CC} - U_{BE}}{R_B} = \frac{12 - 0.6}{1\,100} \text{ mA} \approx 10 \text{ μA}$$

$$I_C = \beta I_B = 50 \times 10 \times 10^{-6} \text{ A} \approx 0.5 \text{ mA}$$

$$U_{CE} = U_{CC} - I_C R_C = (12 - 0.5 \times 2)\text{V} = 11 \text{ V} \approx U_{CC}$$

可见晶体管已进入截止区附近。

（3）若 $U_{CE} = 6$ V,则

$$I_C = \frac{U_{CC} - U_{CE}}{R_C} = \frac{12 - 6}{2} \text{ mA} = 3 \text{ mA}$$

$$I_B = \frac{I_C}{\beta} = \frac{3}{50} \text{ mA} = 60 \text{ μA}$$

$$R_B = \frac{U_{CC} - U_{BE}}{I_B} = \frac{12 - 0.6}{60 \times 10^{-6}} \text{ Ω} = 190 \text{ kΩ}$$

$$R_P = R_B - R_{B1} = (190 - 100)\text{kΩ} = 90 \text{ kΩ}$$

（4） u_o 波形产生了截止失真。这是由于静态工作点偏低造成的。应适当减小 R_P,同时适当调节输入信号 u_i,使 u_i 在最大时不产生失真。

注:由此例题分析可见,调整静态工作点的位置及减小非线性失真的方法,主要是改变基极偏置电阻的大小,从而调节基极电流 I_B 的大小。由 u_o 波形可知,截止失真在 u_o 正半周(即 u_i 的负半周)发生,饱和失真则在 u_o 的负半周(即 u_i 的正半周)发生,这是由于集电极与基极相位相反的结果。

例 5-2　在图 5-3(a)所示放大电路中,已知 $U_{CC} = 12$ V, $R_E = 2$ kΩ, $R_L = 2$ kΩ,晶体管 $\beta = 50$, $U_{BE} = 0.6$ V。试求:

(1)若使 $U_{CE} = 6$ V,则 R_B 为多少?

(2)若输入、输出信号波形如图 5-3(b)所示,问电路产生了什么失真?如何调节 R_B 才能消除失真?

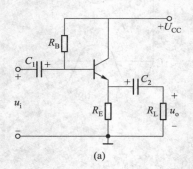 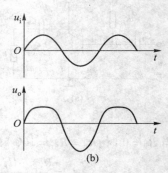

图 5-3

解:(1)根据

$$U_{CE} = 6 \text{ V}, U_{CE} = U_{CC} - I_E R_E$$

可得

$$I_E = \frac{U_{CC} - U_{CE}}{R_E} = \frac{12 - 6}{2} \text{ mA} = 3 \text{ mA}$$

$$I_B = \frac{I_E}{1 + \beta} = \frac{3}{51} \text{ mA} \approx 58.8 \text{ μA}$$

又

$$U_{CC} = I_B R_B + I_E R_E + U_{BE}$$

得

$$R_B = \frac{U_{CC} - I_E R_E - U_{BE}}{I_B} = \frac{12 - 3 \times 2 - 0.6}{58.8 \times 10^{-6}} \text{ Ω} \approx 91.8 \text{ kΩ}$$

(2)由于发射极与基极相位相同,可知失真产生在 u_i 正半周,故为饱和失真,为此应增大 R_B 以减小 I_B 才能消除失真。

例 5-3　试分析图 5-4 所示放大电路,回答以下问题:

(1)它是一个什么放大电路? T_4 和 T_6 工作在哪类状态?

(2) T_1 和 T_2 的作用是什么?静态时 A 点的电位 V_A 为多少?

(3) T_5 和 T_6、T_3 和 T_4 分别组成什么类型复合晶体管?若各管电流放大系数为 $\beta_3 = \beta_5 = 50$, $\beta_4 = \beta_6 = 10$,则两复合管的电流放大系数分别为多少?

(4)若 $u_i = 10\sin\omega t$ V, $R_L = 8$ Ω,试求输出电压 u_o 和输

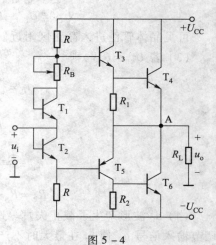

图 5-4

出功率 P_o。

（5）若忽略晶体管的饱和压降,则该电路的最大输出功率 P_{omax} 为多少?（已知 $\pm U_{CC} = \pm 15$ V）

（6）R_1 和 R_2 的作用是什么?

解:（1）它是一个 OCL 功率放大电路,T_4 和 T_6 工作在甲乙类状态。

（2）T_1 和 T_2 相当于两只二极管,与 R_B 一起为 T_3 和 T_5 提供一定的偏置电压,以消除交越失真,静态时 T_4 和 T_6 对称,$V_A = 0$。

（3）T_5 和 T_6 组成 PNP 型复合晶体管,T_3 和 T_4 组成 NPN 型复合晶体管,两只复合管的总电流放大系数分别为

$$\beta' \approx \beta_3 \beta_4, \quad \beta'' \approx \beta_5 \beta_6$$

故电路的总电流放大系数为

$$A_i \approx 1 + \beta \approx \beta_3 \beta_4 = 50 \times 10 = 500$$

（4）根据射极输出器原理,$A_u \approx 1$,可得

$$u_o \approx u_i = 10 \sin \omega t \text{V}$$

$$P_o = \frac{U_o^2}{R_L} = \frac{U_{om}^2}{2R_L} \approx \frac{10^2}{2 \times 8} \text{ W} \approx 6.25 \text{ W}$$

（5）若忽略晶体管饱和压降,则输出电压最大幅值为

$$U_{omax} \approx U_{CC} = 15 \text{ V}$$

故

$$P_{omax} \approx \frac{U_{CC}^2}{2R_L} = \frac{15^2}{2 \times 8} \text{ W} \approx 14 \text{ W}$$

（6）R_1 并联在 T_4 的 B、E 两端,R_2 并联在 T_6 的 B、E 两端,起了分流作用,使 T_3 的静态电流不全部流入 T_4,而 T_5 的静态电流不全部流入 T_6。从而减小了 T_4 和 T_6 的静态电流（主要是穿透电流）,提高了效率。它们还减小了 T_4 和 T_6 的动态输入电阻,使 u_o 更接近于 u_i,即 A_u 更接近于 1。

四、部分习题解答

1. 练习与思考解析

5-1-4 （1）如何用万用表的电阻挡判断一只晶体管的好坏?

（2）如何用万用表的电阻挡判断一只晶体管的类型和区分三个管脚?

（3）温度升高后,晶体管的 I_{CBO}、β、I_{CEO} 及 I_C 有什么变化?

（4）有两只晶体管,一只管子的 $\beta = 50$,$I_{CBO} = 2$ μA;另一只管子的 $\beta = 150$,$I_{CBO} = 50$ μA,其他参数基本相同,你认为哪一只管子的性能更好一些?

答:（1）用万用表的两表笔分别接晶体管中的任意两只管脚,且每两只管脚都正接一次,反接一次,应该有两次读数很小,四次读数很大,则表明晶体管是好的,其他情况均表明晶体管已坏。

（2）将万用表的黑表笔轮流接任一管脚,而后将红表笔分别接另外两个管脚,如果两次测得管脚间的电阻同为低电阻或同为高电阻,则万用表黑表笔接的是基极。如果两次测得管脚间的电阻同为低电阻时,为 NPN 型管;同为高电阻,则为 PNP 型管。

对 NPN 型管,在基极上接一只 100 kΩ 的电阻,电阻的另一端接在黑表笔上,将管子的另外两只管脚在红表笔和黑表笔之间反复换接,测得其中一个电阻值较小时,则黑表笔所接的是集电极,红表笔所接的是发射极。对 PNP 型管,在基极上接一只 100 kΩ 的电阻,电阻的另一端接在

红表笔上,将管子的另外两只管脚在红表笔和黑表笔之间反复换接,测得其中一个电阻值较小时,则红表笔所接的是集电极,黑表笔所接的是发射极。

(3) 温度升高,少数载流子数目增多,I_{CBO}升高,β升高,由 $I_{CEO} = (1 + \beta)I_{CBO}$ 可知 I_{CEO} 升高,而 $I_C = I_B\beta + I_{CEO}$,显然 I_C 升高。

(4) $\beta = 50$,$I_{CBO} = 2~\mu A$ 性能更好一些,因为 I_{CBO} 太大,温度稳定性差。

5-2-1　(1) 放大电路为什么要设置静态工作点? 静态值 I_B 能否为零? 为什么?

(2) 在放大电路中,为使电压放大倍数 $A_u(A_{us})$ 大一些,希望负载电阻 R_L 大一些好,还是小一些好,为什么? 希望信号源内阻 R_s 大一些好,还是小一些好,为什么?

(3) 什么是放大电路的输入电阻和输出电阻,它们的数值是大一些还是小一些好,为什么?

(4) 什么是放大电路的非线性失真? 有哪几种? 如何消除?

答:(1) 设置静态工作点,是为了使晶体管工作在放大区,不致进入饱和或截止区而产生非线性失真。静态值 I_B 不可为零,否则晶体管进入截止区。

(2) 希望负载电阻 R_L 大些好,因为 $A_u = -\beta\dfrac{R_C//R_L}{r_{be}}$,$R_L$ 大,则 $R_C//R_L$ 大,$|A_u|$ 就大。希望信号源内阻 R_s 小一些好,因为 $A_{us} = -\beta\dfrac{R_C//R_L}{R_s + r_{be}}$,$R_s$ 小,则 $|A_{us}|$ 大。

(3) 放大电路的输入电阻是输入端的等效电阻,$r_i = \dfrac{\dot{U}_i}{\dot{I}_i}$,是信号源(或前一级放大电路)的等效负载电阻,输入电阻越大越好。原因:① 较小的 r_i 从信号源取用较大的电流而增加信号源的负担。② 电压信号源内阻 R_s 与输入电阻 r_i 串联关系,r_i 上得到的分压才是放大电路的输入电压 $\dot{U}_i$,显然 $r_i \gg R_s$ 时,$\dot{U}_i$ 接近 $\dot{U}_s$。③ 若与前级放大电路相连,则本级的 r_i 就是前级的等效负载,若 r_i 大则前级放大电路的电压放大倍数也会大,这是所希望的。

放大电路的输出电阻是从输出端看进去的等效电阻 $r_o = \left.\dfrac{\dot{U}'_o}{\dot{I}'_o}\right|_{\dot{U}_s = 0}$（$\dot{U}'_o$ 为放大电路去掉输入源 $\dot{U}_s$,保留其内阻,用加压求流法求输出电阻时加的电压,$\dot{I}'_o$ 为其产生的电流）,是负载(或后级放大电路)的等效信号源内阻。输出电阻越小越好,原因是:① 对后级放大电路而言,前级的输出电阻 r_o 就是后一级信号源的等效电阻,r_o 越小,后一级放大电路的有效输出电压信号就越大,后一级放大电路的 $|A_{us}|$ 也就越大。② 放大电路的负载发生变化时,若 r_o 较大,则会引起放大电路输出电压产生较大变动,使放大电路带负载能力差,所以,r_o 越小,带负载能力越强。

(4) 非线性失真是由于静态工作点 Q 设置不当,使晶体管工作范围进入截止区或饱和区,而不是在线性放大区,从而使输出与输入不是完全成比例关系产生的失真。非线性失真包括截止失真和饱和失真,消除饱和失真的办法是降低静态工作点 Q 的位置,适当减小输入信号的幅值。

5-3-1　(1) 温度对放大电路的静态工作点有何影响?

(2) 分压式偏置放大电路怎样稳定静态工作点的? 旁路电容 C_E 有何作用?

(3) 对分压式偏置放大电路而言,当更换晶体管后,对放大电路的静态工作点有无影响? 为什么?

答:(1) 当电路各参数确定后,温度升高时,I_{CBO}升高,β 升高,$I_{CEO} = (1 + \beta)I_{CBO}$,所以 I_{CEO} 升

高，$I_C = I_B\beta + I_{CEO}$ 升高，使整个输出特性曲线向上平移，静态工作点随之向饱和区移动；温度下降时，过程相反，静态工作点向截止区移动。

（2）利用 R_{B1}、R_{B2} 分压，为基极提供一个固定电位 $V_B = \dfrac{R_{B2}}{R_{B1} + R_{B2}} U_{CC}$，在发射极串联一个电阻 R_E，其两端并联旁路电容 C_E。当温度升高时，I_C 增大 → I_E 增大 → V_E 增大 → U_{BE} 减小 → I_B 减小 → I_C 减小，从而稳定静态工作点。在交流信号作用时，C_E 相当于短路，将 R_E 短接，使电压放大倍数不因串入 R_E 而减小。

（3）无影响。更换晶体管后，若 $\beta' > \beta$，则 I_C 增大 → I_E 增大 → V_E 增大 $\xrightarrow{V_B\ 不变}$ U_{BE} 减小 → I_B 减小 → I_C 减小，静态工作点仍可稳定。

5-5-1 如何计算多级放大电路的电压放大倍数？

答：将后级的输入电阻作为前级的负载电阻，计算各级的电压放大倍数 A_{uj}，总电压放大倍数 A_u 是各级电压放大倍数 A_{uj} 的乘积（$j = 1, 2, \cdots, n$）。

5-5-2 与阻容耦合放大电路相比，直接耦合放大电路有哪些特殊的问题？

答：多级放大电路有直接耦合和阻容耦合。直接耦合前后级静态工作点互相牵制，可放大交、直流信号，有零点漂移问题。阻容耦合每一级的静态工作点相互独立，只能放大交流信号。

5-5-3 什么是零点漂移？如何衡量零点漂移的大小？

答：零点漂移指在直接耦合放大电路中，将输入端短接，在输出端接上记录仪，随时间仍有缓慢的无规则信号输出的现象。衡量零漂一般用输出零漂电压折合成输入端的输入等效零漂电压。

5-6-1 与电压放大电路相比，功率放大电路有何特点？

答：（1）充分利用功放管的三个极限参数，获得尽可能大的输出功率。

（2）要求尽量减小电路的直流损耗，提高功率转换效率。

（3）采用互补对称的共射电路结构。

（4）只能用图解法分析。

5-6-3 什么是 OCL 电路？什么是 OTL 电路？它们是如何工作的？

答：OCL 是不需要耦合电容的直接耦合放大电路；OTL 是不用变压器耦合的阻容耦合放大电路。OCL 与 OTL 工作原理基本相同，利用两只特性及参数完全对称但类型不同的晶体管组成射极输出器电路，输入信号接于两管的基极，在信号的正、负半周内两管交替导通。

5-6-4 乙类功率放大电路为什么会产生交越失真？如何消除交越失真？

答：由于发射结存在"死区"，晶体管无直流偏置，在 $|u_{BE}| < U_T$（死区电压）时，两管均截止，负载上电流为 0，输出电压在正、负半周交接处出现失真。消除交越失真：静态时，给两管子提供较小的可消除交越失真所需的正向偏置电压，使两管均处于微导通状态。

5-7-1 场效应管与晶体管比较有何特点？

答：① 场效应管的沟道中只有一种极性的载流子参与导电，是单极型晶体管；晶体管内有两种不同极性的载流子参与导电，是双极型晶体管。② 场效应管是通过栅源电压 U_{GS} 来控制漏极电流 I_D 的，是电压控制器件；晶体管是利用基极电流 I_B 来控制集电极电流 I_C 的，是电流控制器件。③ 场效应管输入电阻很大，热稳定性高，抗辐射性好，噪音低；晶体管的输入电阻小，温度稳定性差，抗辐射及噪声能力也较低。④ 场效应管的跨导 g_m 值较小，而晶体管的 β 值很大，在同样条件下，场效应管的放大能力不如晶体管。⑤ 场效应管在制造时，如衬底没有与源极接在一起,D 与 S 可互换使用,而晶体管的 C 和 E 不可互换使用。⑥ 工作在可变电阻区的场效应管,可作为压控电阻使用。⑦ 使用时,G 极避免悬空,保存时,各极间应短接,焊接时外壳要接地。

5 - 7 - 2　说明场效应管的夹断电压 $U_{GS(off)}$ 和开启电压 $U_{GS(th)}$ 的意义。

答:增强型场效应管,只有当 $U_{GS} \geqslant U_{GS(th)} > 0$(N 沟道)或 $U_{GS} \leqslant U_{GS(th)} < 0$(P 沟道)时才会有沟道,从而有 I_D。$U_{GS(th)}$ 称为场效应管的开启电压。耗尽型场效应管在 $U_{GS} = 0$ 时,已有沟道存在,当 $U_{GS} < U_{GS(off)} < 0$(N 沟道)或 $U_{GS} > U_{GS(off)} > 0$(P 沟道)时,沟道才会消失,$I_D \approx 0$,$U_{GS(off)}$ 称为场效应管的夹断电压。

5 - 7 - 3　为什么绝缘栅场效应管的栅极不能开路?

答:由于场效应管的输入电阻很高,使栅极间感应电荷不易泄放,而绝缘层又做得很薄,容易在栅源间感应产生很高的电压,超过 $U_{(BR)GS}$ 而造成管子击穿,因此,场效应管在使用时应避免使栅极悬空。

2. 习题解析

5.1.1　测得工作在放大电路中几只晶体管三个电极电位 V_1、V_2、V_3 分别为下列各组数值,判断它们是 NPN 型还是 PNP 型? 是硅管还是锗管? 确定 E、B、C。

(1) $V_1 = 3.5$ V,$V_2 = 2.8$ V,$V_3 = 12$ V　　　(2) $V_1 = 3$ V,$V_2 = 2.8$ V,$V_3 = 9$ V

(3) $V_1 = -6$ V,$V_2 = -6.3$ V,$V_3 = -12$ V　　(4) $V_1 = -6$ V,$V_2 = -5.3$ V,$V_3 = -10$ V

解:放大区 NPN 型:$V_C > V_B > V_E$　$U_{BE} = 0.7$ V(硅管),$U_{BE} = 0.2$ V(锗管)。

放大区 PNP 型:$V_E > V_B > V_C$　$U_{EB} = 0.7$ V(硅管),$U_{EB} = 0.2$ V(锗管)。

(1) NPN 型:$V_3 \rightarrow C$　$V_1 \rightarrow B$　$V_2 \rightarrow E$　硅管

(2) NPN 型:$V_3 \rightarrow C$　$V_1 \rightarrow B$　$V_2 \rightarrow E$　锗管

(3) PNP 型:$V_3 \rightarrow C$　$V_1 \rightarrow E$　$V_2 \rightarrow B$　锗管

(4) PNP 型:$V_3 \rightarrow C$　$V_1 \rightarrow B$　$V_2 \rightarrow E$　硅管

5.1.2　测得某一晶体管的 $I_B = 10$ μA,$I_C = 1$ mA,能否确定它的电流放大系数? 在什么情况下可以,什么情况下不可以?

解:若晶体管工作在放大区,就能确定它的电流放大系数为 $\beta = \dfrac{I_C}{I_B} = \dfrac{1 \text{ mA}}{10 \text{ μA}} = 100$;若晶体管不是工作在放大区,就不能确定它的电流放大系数。

5.1.3　测得工作在放大电路中两只晶体管的两个电极电流如题 5.1.3 图(a)所示。

(1) 求另一个电极电流,并在图中标出实际方向。

(2) 判断它们各是 NPN 还是 PNP 型管,标出 E、B、C 极。并估算它们的 β 值。

解:(1) 实际方向如题 5.1.3 图(b)、(c)所示。

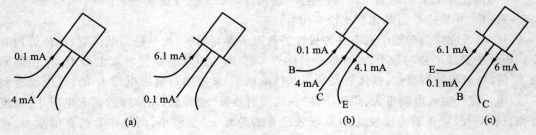

题 5.1.3 图

（2）图（b）中晶体管为 NPN 型，0.1 mA 对应 B，4 mA 对应 C，4.1 mA 对应 E，$\beta = 40$。

图（c）中晶体管为 PNP 型，0.1 mA 对应 B，6 mA 对应 C，6.1 mA 对应 E，$\beta = 60$。

5.2.1　分析题 5.2.1 图所示电路在输入电压 U_i 为下列各值时，晶体管的工作状态（放大、截止或饱和）。

（1）$U_i = 0$ V　（2）$U_i = 3$ V　（3）$U_i = 5$ V。

解：（1）$U_i = 0$ V 晶体管截止。

（2）$U_i = 3$ V，则 $V_B = \dfrac{U_i - U_{ss}}{R_1 + R_B} R_B + U_{ss} =$

$\left[\dfrac{3 - (-5)}{10 + 40} \times 40 - 5 \right]$ V $= 1.4$ V

此时晶体管导通，从而使 $V_B = 0.7$ V。

$$I_B = \frac{U_i - V_B}{R_1} - \frac{V_B - U_{ss}}{R_B} = \left(\frac{3 - 0.7}{10} - \frac{0.7 + 5}{40} \right) \text{mA} = 0.087\ 5\ \text{mA}$$

$$I_C = \beta I_B = 50 \times 0.087\ 5\ \text{mA} = 4.375\ \text{mA}$$

临界饱和电流

$$I_{CS} = \frac{U_{CC} - U_{CES}}{R_C} = \frac{10 - 0.3}{1}\ \text{mA} = 9.7\ \text{mA}$$

$I_C < I_{CS}$，晶体管工作在放大区。

（3）$U_i = 5$ V，则 $V_B = \dfrac{U_i - U_{ss}}{R_1 + R_B} R_B + U_{ss} = \left(\dfrac{5 + 5}{10 + 40} \times 40 - 5 \right)$ V $= 3$ V

此时晶体管必导通，限制 $V_B = 0.7$ V。

$$I_B = \frac{U_i - V_B}{R_1} - \frac{V_B - U_{ss}}{R_B} = \left(\frac{5 - 0.7}{10} - \frac{0.7 + 5}{40} \right)\ \text{mA} = 0.287\ 5\ \text{mA}$$

$I_C = \beta I_B = 50 \times 0.287\ 5\ \text{mA} = 14.375\ \text{mA} > I_{CS} = 9.7\ \text{mA}$，晶体管工作在饱和区。

5.2.2　试判断题 5.2.2 图所示各电路对输入的正弦交流信号有无电压放大作用？原因是什么？

解：（a）无。原因：发射结在静态时反向偏置，管子截止。

（b）无。原因：$R_B = 0$，管子处于深度饱和，不起放大作用；且动态时，交流输入信号被短路。

（c）无。原因：静态时，发射结无正向偏置电压，管子截止；且动态时，交流信号无法输入。

（d）无。原因：由微变等效电路可知，动态时，交流输入信号被短路。

（e）无。原因：由微变等效电路可知，动态时，输出端被短接，$u_0 = 0$。

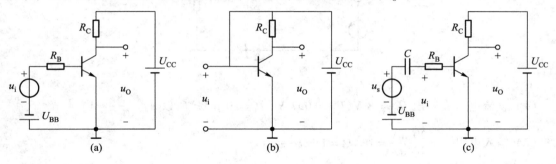

(a)　　　　　　　　(b)　　　　　　　　(c)

题 5.2.1 图

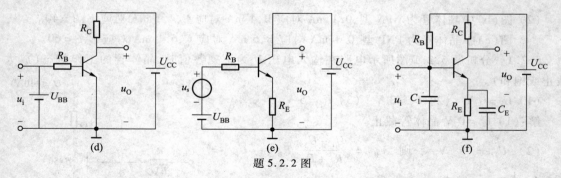

题 5.2.2 图

（f）无。原因：由微变等效电路可知，动态时，交流输入信号被短路。

5.2.3　在题 5.2.3 图(a)所示电路中，输入为正弦信号，输出端得到如题 5.2.3 图(b)所示的信号波形，试判断放大电路产生何种失真？是何原因？采用什么措施消除这种失真。

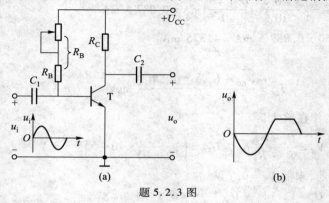

题 5.2.3 图

解：截止失真，原因：静态工作点 Q 偏低，晶体管工作范围进入截止区。

措施：减小 R_B 阻值，增大 I_{BQ}。

5.2.4　电路如题 5.2.4 图所示。若 $R_B = 560$ kΩ, $R_C = 4$ kΩ, $\beta = 50$, $R_L = 4$ kΩ, $R_s = 1$ kΩ, $U_{CC} = 12$ V, $U_s = 20$ mV, 下面结论正确吗？

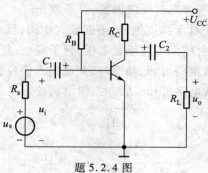

题 5.2.4 图

（1）直流电压表测出 $U_{CE} = 8$ V, $U_{BE} = 0.7$ V, $I_B = 20$ μA。所以 $A_u = \dfrac{8}{0.7} \approx 11.4$

（2）输入电阻 $r_i = \dfrac{20 \text{ mV}}{20 \text{ μA}} = 10^3 \ \Omega = 1$ kΩ

（3）$A_{us} = -\dfrac{\beta R_{L}}{r_{i}} = -\dfrac{50 \times 4}{1} = -200$

（4）$r_{o} = R_{C}//R_{L} = \dfrac{4 \times 4}{4 + 4}\ \text{k}\Omega = 2\ \text{k}\Omega$

解：全部不正确。交流参数应在微变等效电路中计算，不应和静态参数混淆，且输出电阻 r_{o} 应是放大电路的参数，与负载电阻 R_{L} 无关。

5.2.5　在题 5.2.5 图（a）所示电路中，晶体管的 $\beta = 50, R_{C} = 3.2\ \text{k}\Omega, R_{B} = 320\ \text{k}\Omega, R_{s} = 100\ \Omega,$ $R_{L} = 6.8\ \text{k}\Omega, U_{CC} = 15\ \text{V}$。

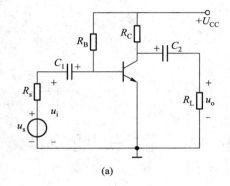 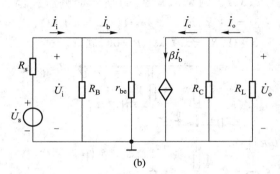

题 5.2.5 图

（1）估算静态工作点。

（2）画出微变等效电路，计算 A_{u}、r_{i} 和 r_{o}。

解：（1）估算静态工作点

$$I_{B} \approx \frac{U_{CC}}{R_{B}} = \frac{15}{320}\ \text{mA} = 46.9\ \mu\text{A}$$

$$I_{C} = \beta I_{B} = 50 \times 0.046\ 9\ \text{mA} = 2.34\ \text{mA}$$

$$U_{CE} = U_{CC} - I_{C}R_{C} = 15 - 2.34 \times 3.2\ \text{V} = 7.5\ \text{V}$$

（2）微变等效电路如题 5.2.5 图（b）所示。

$$r_{be} = 300 + (1 + \beta)\frac{26}{I_{E}} = \left(300 + 51 \times \frac{26}{2.34}\right)\Omega = 0.866\ \text{k}\Omega$$

$$A_{u} = \frac{\dot{U}_{o}}{\dot{U}_{i}} = -\beta\frac{(R_{C}//R_{L})}{r_{be}} = -50 \times \frac{\dfrac{3.2 \times 6.8}{3.2 + 6.8}}{0.866} = -125$$

$$r_{i} = R_{B}//r_{be} = \frac{320 \times 0.866}{320 + 0.866}\ \text{k}\Omega = 0.863\ \text{k}\Omega$$

$$r_{o} = R_{C} = 3.2\ \text{k}\Omega$$

5.2.6　电路如题 5.2.6 图所示。

（1）若 $U_{CC} = 12\ \text{V}, R_{C} = 3\ \text{k}\Omega, \beta = 75$，要将静态值 I_{C} 调到 1.5 mA，则 R_{B} 为多少？

（2）在调节电路时，若不慎将 R_{B} 调到 0，对晶体管有无影响？为什么？通常采取何种措施来防止发生这种情况？

解：（1）$I_C = 1.5$ mA ，则 $I_B = \dfrac{I_C}{\beta} = \dfrac{1.5}{75}$ mA $= 0.02$ mA

所以　　　　　　　$R_B = \dfrac{U_{CC}}{I_B} = \dfrac{12}{0.02}$ kΩ $= 600$ kΩ

（2）对晶体管有影响。当 $R_B = 0$ 时，U_{CC} 直接加在晶体管的 B – E 间，晶体管导通时 $U_{BE} = 0.7$ V ，I_B 很大，I_C 很大，晶体管进入深度饱和，因此，可在 R_B 上串联一大电阻 R'_B 来防止产生这种情况。

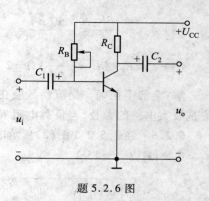

题 5.2.6 图

5.3.1　题 5.3.1 图（a）所示的分压式偏置电路中，已知 $U_{CC} = 24$ V，$R_{B1} = 33$ kΩ，$R_{B2} = 10$ kΩ，$R_E = 1.5$ kΩ，$R_C = 3.3$ kΩ，$R_L = 5.1$ kΩ，$\beta = 66$，硅管。试求

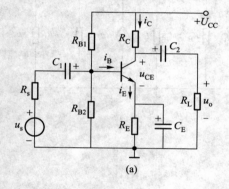
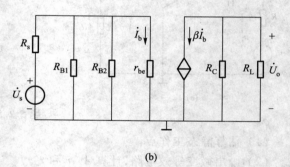

题 5.3.1 图

（1）静态工作点。

（2）画出微变等效电路，计算电路的电压放大倍数、输入电阻、输出电阻。

（3）放大电路输出端开路时的电压放大倍数，并说明负载电阻 R_L 对电压放大倍数的影响。

解：（1）估算静态工作点

$$V_B = \frac{R_{B2}}{R_{B1} + R_{B2}} U_{CC} = \frac{10}{33 + 10} \times 24 \text{ V} = 5.6 \text{ V}$$

$$I_C \approx I_E = \frac{V_B - U_{BE}}{R_E} \approx \frac{V_B}{R_E} = \frac{5.6}{1.5} \text{ mA} = 3.8 \text{ mA}$$

$$U_{CE} \approx U_{CC} - I_C(R_C + R_E) = [\,24 - 3.8 \times (3.3 + 1.5)\,] \text{ V} = 5.76 \text{ V}$$

（2）微变等效电路如题 5.3.1 图（b）所示。

$$r_{be} = 300 + (1 + 66) \times \frac{26}{3.8} \text{ Ω} = 0.758 \text{ kΩ}$$

$$A_u = \frac{\dot{U}_o}{\dot{U}_i} = \frac{-\beta(R_C /\!/ R_L)}{r_{be}} = \frac{-66 \times \dfrac{5.1 \times 3.3}{5.1 + 3.3}}{300 + (1 + 66)\dfrac{26}{3.8}} = -174$$

$$r_i = R_{B1} /\!/ R_{B2} /\!/ r_{be} = \frac{1}{\dfrac{1}{33} + \dfrac{1}{10} + \dfrac{1}{0.758}} \text{ kΩ} = 0.69 \text{ kΩ}$$

$$r_o = R_C = 3.3 \text{ k}\Omega$$

（3）输出端开路时，$A_u = -\beta \dfrac{R_C}{r_{be}} = -66 \times \dfrac{3.3}{0.758} = -287$

负载电阻 R_L 会使电压放大倍数下降，R_L 越小，电压放大倍数越小。

5.4.1　题 5.4.1 图（a）所示电路为射极输出器。已知 $U_{CC} = 20$ V，$R_B = 200$ kΩ，$R_E = 3.9$ kΩ，$R_S = 100$ Ω，$R_L = 1.5$ kΩ，$\beta = 60$，硅管。试求

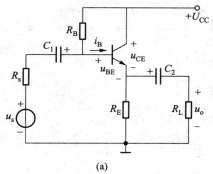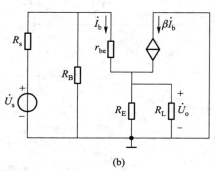

题 5.4.1 图

（1）静态工作点。

（2）画出微变等效电路，计算电路的电压放大倍数、输入电阻、输出电阻。

解：（1）
$$I_B = \frac{U_{CC} - U_{BE}}{R_B + (1+\beta)R_E} = \frac{20 - 0.7}{200 + (1+60) \times 3.9} \text{ mA} = 0.044 \text{ mA}$$

$$I_C = \beta I_B = 60 \times 0.044 \text{ mA} = 2.64 \text{ mA}$$

$$I_E = I_B + I_C = (0.044 + 2.64) \text{ mA} = 2.68 \text{ mA}$$

$$U_{CE} = U_{CC} - I_E R_E = (20 - 2.68 \times 3.9) \text{ V} = 9.55 \text{ V}$$

（2）微变等效电路如题 5.4.1 图（b）所示。

$$r_{be} = 300 + (1+\beta)\frac{26}{I_E} = \left[300 + (1+60)\frac{26}{2.68} \right] \Omega = 0.891 \text{ k}\Omega$$

$$A_u = \frac{(1+\beta)(R_E /\!/ R_L)}{r_{be} + (1+\beta)(R_E /\!/ R_L)} = \frac{61 \times \dfrac{3.9 \times 1.5}{3.9 + 1.5}}{0.891 + 61 \times \dfrac{3.9 \times 1.5}{3.9 + 1.5}} = 0.987$$

$$r_i = R_B /\!/ [r_{be} + (1+\beta)(R_E /\!/ R_L)] = \frac{200 \times \left(0.891 + 61 \times \dfrac{3.9 \times 1.5}{3.9 + 1.5} \right)}{200 + 0.891 + 61 \times \dfrac{3.9 \times 1.5}{3.9 + 1.5}} \Omega = 50 \text{ k}\Omega$$

$$r_o = R_E /\!/ \frac{r_{be} + R_S /\!/ R_B}{1 + \beta} = 3.9 /\!/ \frac{0.891 + \dfrac{0.1 \times 200}{0.1 + 200}}{61} \text{ k}\Omega \approx 16 \ \Omega$$

5.4.2　题 5.4.2 图（a）所示电路中，已知 $U_{CC} = 12$ V，$R_B = 280$ kΩ，$R_C = R_E = 2$ kΩ，$r_{be} = 1.4$ kΩ，$\beta = 100$，硅管。试求

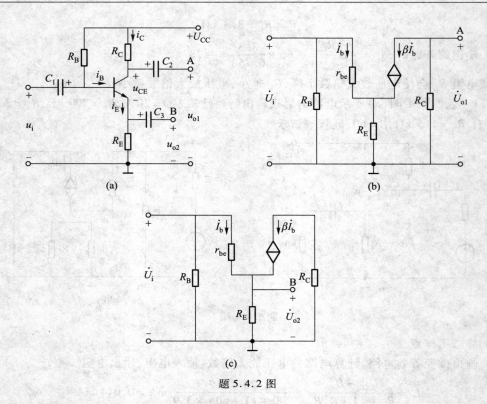

题 5.4.2 图

（1）在 A 端输出时的电压放大倍数 $A_{u_{o1}}$ 及输入、输出电阻。

（2）在 B 端输出时的电压放大倍数 $A_{u_{o2}}$ 及输入、输出电阻。

（3）比较在 A 端、B 端输出时，输出与输入的相异处及输入电阻、输出电阻的情况。

解：（1）A 端输出时微变等效电路如题 5.4.2 图（b）所示。

$$A_{u_{o1}} = -\beta \frac{R_C}{r_{be} + (1+\beta)R_E} = -100 \times \frac{2}{1.4 + 101 \times 2} = -0.98$$

$$r_i = R_B // [r_{be} + (1+\beta)R_E] = \frac{280 \times (1.4 + 101 \times 2)}{280 + (1.4 + 101 \times 2)} \text{ k}\Omega = 118 \text{ k}\Omega$$

$$r_o = R_C = 2 \text{ k}\Omega$$

（2）B 端输出时微变等效电路如题 5.4.2 图（c）所示。

$$A_{u_{o2}} = \frac{(1+\beta)R_E}{r_{be} + (1+\beta)R_E} = \frac{101 \times 2}{1.4 + 101 \times 2} = 0.99$$

$$r_i = R_B // [r_{be} + (1+\beta)R_E] = \frac{280 \times (1.4 + 101 \times 2)}{280 + (1.4 + 101 \times 2)} \text{ k}\Omega = 118 \text{ k}\Omega$$

$$r_o = R_E // \frac{r_{be}}{1+\beta} \approx \frac{r_{be}}{\beta} \approx 14 \text{ }\Omega$$

（3）在 A 端输出时，电路相当于共射极放大电路，但由于 R_E 的存在，使 $|A_{u_{o1}}|$ 比无 R_E 时小得多，与 B 端输出时放大倍数差不多，输入电阻与在 B 端输出时的输入电阻相同；在 B 端输出时，电路相当于共集电极放大电路，在 B 端输出时的输出电阻比在 A 端输出时的输出电阻小。

另外,A 端输出时,输出与输入反相位。B 端输出时,输出与输入同相位。

5.4.3 题 5.4.3 图所示电路为由三级水位检测显示电路和报警器组成的水位指示电路,试分析其工作原理。

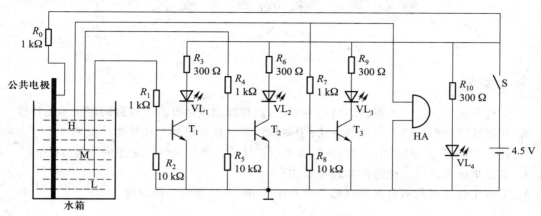

题 5.4.3 图

解:电路中,三级水位显示电路由水位检测电极 L、M、H,公共电极和晶体管 $T_1 \sim T_3$,发光二极管 $VL_1 \sim VL_3$,电阻 $R_0 \sim R_9$ 组成。其中,VL_1、T_1、R_1、R_2、R_3 组成低水位(可设为 1/3 满水位)显示电路,VL_2、T_2、R_4、R_5、R_6 组成中水位(可设为 2/3 满水位)显示电路,VL_3、T_3、R_7、R_8、R_9 组成高水位(可设为满水位)显示电路,VL_4 为电源指示发光二极管,HA 为水满报警器。

接通电源开关 S,VL_4 点亮,指示水位显示电路的工作电源已接通。当水箱内水位在低水位电极 L 以下时,$T_1 \sim T_3$ 均截止,$VL_1 \sim VL_3$ 不发光。当加水使水位上升至低水位电极 L 时,电极 L 通过水的阻值与公共电极相连,T_1 因基极变为高电平而导通,VL_1 发光,指示水箱内水位已达到低水位;当水位继续上升至电极 M 时,电极 M 通过水的阻值与公共电极相连,T_2 因基极变为高电平而导通,VL_2 发光,指示水箱内水位已达到中水位;当水位上升至高水位电极 H 时,电极 H 通过水的阻值与公共电极相连,T_3 因基极变为高电平而导通,VL_3 发光(此时 $VL_1 \sim VL_3$ 均发光),指示水箱内水满,同时报警器 HA 发出报警响声,提醒用户应关闭水阀门。

第6章 集成运算放大器

一、基本要求

1. 了解集成运算放大电路的结构和主要参数,理解集成运算放大电路的电压传输特性;
2. 掌握反馈类型及组态的判断方法,了解负反馈对放大电路工作性能的影响;
3. 熟悉"虚短"、"虚断"的概念;并掌握集成运算放大电路的线性应用的分析方法;
4. 掌握集成运算放大电路的非线性应用;
5. 了解正弦波振荡器自激振荡的条件及桥式 RC 振荡器的工作原理。

二、阅读指导

集成运算放大电路是一种具有高放大倍数、高输入阻抗、低输出电阻的直接耦合放大电路。实际的集成运算放大电路的电压传输特性如图 6-1 所示,分为线性区和非线性区两部分,而且线性区域很小。因此在四个理想化条件的基础上将实际的集成运算放大电路进行理想化,引出了理想运算放大电路,理想运算放大电路的图形符号如图 6-2 所示,电压传输特性如图 6-3 所示。

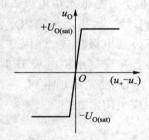

图 6-1 集成运算放大电路电压传输特性

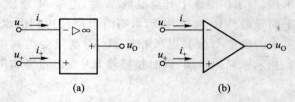

图 6-2 理想运算放大电路的图形符号

1. 放大电路中的反馈

（1）反馈的判别方法

① 极性判断 瞬时极性法。

先规定输入信号在某一时刻的极性,然后逐级判断电路中各个相关点的电流流向与电位的极性,从而得到输出信号的极性;根据输出信号的极性判断出反馈信号的极性;若反馈信号使净输入信号增加,就是正反馈,若反馈信号使净输入信号减小,就是负反馈。

② 电压反馈和电流反馈的判断 短路法。

将放大电路输出端的负载短路,若反馈不存在就是电压反馈,

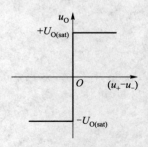

图 6-3 理想运算放大电路
电压传输特性

否则就是电流反馈。

③ 串联反馈和并联反馈的判断　相加法。

从输入端看,净输入信号是电压的形式求和,该反馈是串联反馈。净输入信号是电流的形式求和,该反馈是并联反馈。

（2）四种反馈组态

放大电路的四种反馈组态如图 6 - 4 ~ 图 6 - 7 所示。

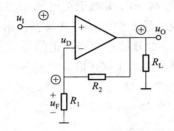

图 6 - 4　电压串联负反馈电路

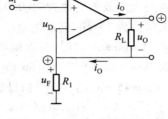

图 6 - 5　电流串联负反馈电路

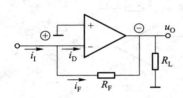

图 6 - 6　电压并联负反馈电路

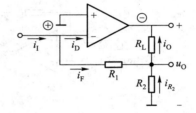

图 6 - 7　电流并联负反馈电路

2. 集成运算放大电路的线性应用

如果集成运算放大电路加入深度负反馈,输入信号和输出信号成线性关系,即集成运算放大电路属线性应用。理想运算放大电路线性应用的分析依据:"虚短""虚断"。"虚断"在理想运算放大电路非线性应用时也同样适用,它是由输入电阻为无穷大的理想化条件决定的。加上负反馈的集成运算放大电路可组成各种运算电路,当电路工作在深度负反馈时,闭环放大倍数仅与反馈电路的参数(如电阻和电容)有关,所以运算放大电路的输入、输出关系基本取决于反馈电路和输入电路的结构与参数,而与运算放大电路本身的参数无关。故通过改变输入电路和反馈电路的形式及参数就可以实现不同的运算关系,如比例、加法、减法、积分和微分等运算。

3. 集成运算放大电路的非线性应用

如果不加负反馈,理想集成运算放大电路总是工作在饱和状态,输出两种状态:当 $u_+ > u_-$,$u_O = + U_{O(sat)}$,当 $u_+ < u_-$,$u_O = - U_{O(sat)}$,稳压管限幅后的输出电压为 $\pm U_Z$。集成运算放大电路的非线性应用一般有电压比较器、非正弦周期信号发生器等电路。

4. 正弦波振荡器

振荡电路由基本放大电路、正反馈电路和选频电路三个部分组成。

（1）自激振荡的条件

自激振荡的幅度条件是 $|A_u F| \geq 1$。

自激振荡的相位条件是 $\varphi = \pm 2n\pi (n$ 为整数倍$)$。

（2）*RC* 振荡器

根据选频电路的不同,正弦波振荡器分为 *RC* 振荡器、*LC* 振荡器和石英晶体振荡器。常用的 *RC* 文氏桥式振荡器,频率特性为 $f_0 = \dfrac{1}{2\pi RC}$。

三、例题解析

例 6 – 1　　计算（1）一个放大器的电压放大倍数为 60 dB,相当于把电压信号放大多少倍？（2）一个放大器的电压放大倍数为 20 000,问用分贝表示是多少？（3）某放大器由三级组成,已知每级电压放大倍数为 15 dB,问总的电压放大倍数为多少分贝？ 相当于把信号放大了多少倍？

解：（1）$20\lg A = 60 \Rightarrow A = 10^3$,所以相当于把电压信号放大 1 000 倍。

（2）$20\lg 20\ 000 = 20 \times 4.3\ \text{dB} = 86\ \text{dB}$。

（3）$3 \times 15\ \text{dB} = 45\ \text{dB}$,相当于把信号放大了 $20\lg A = 45 \Rightarrow A = 177.8$ 倍。

例 6 – 2　　分析图 6 – 8 所示电路的 u_o 与 u_{i1} 和 u_{i2} 的运算关系。

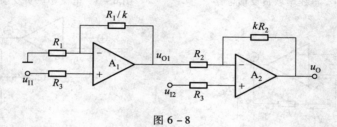

图 6 – 8

解：第一级运放构成同相比例运算电路,故

$$u_{O1} = \left(1 + \frac{R_1 / k}{R_1}\right) u_{I1} = \frac{1 + k}{k} u_{I1}$$

第二级运放应用叠加原理求解：

u_{O1} 单独作用时　　　　　　$u_o' = -\dfrac{kR_2}{R_2} u_{O1} = -(1 + k) u_{I1}$

u_{I2} 单独作用时　　　　　　$u_o'' = \dfrac{R_2 + kR_2}{R_2} u_{I2} = (1 + k) u_{I2}$

叠加　　　　　　　　　　　$u_o = u_o' + u_o'' = (1 + k)(u_{I2} - u_{I1})$

例 6 – 3　　图 6 – 9 所示电压比较器,已知输入电压 $u_i = 6\sin\omega t$,参考电压 $U_{\text{REF}} = 3$ V,试画出输出电压 u_O 的波形。

解：对应图 6 – 9 所示电压比较器,输出电压 u_O 的波形如图 6 – 10 所示。

例 6 – 4　　电路如图 6 – 11 所示,试分别计算开关 S 断开和闭合时的电压放大倍数 A_{uf}。

图 6 – 9

解：（1）当 S 断开时,$A_{uf} = -\dfrac{10}{1 + 1} = -5$

（2）当 S 闭合时,由"虚短" $u_- = u_+ = 0$,在计算时,两个 1 kΩ 电阻可看作并联。

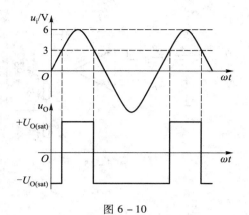

图 6 – 10

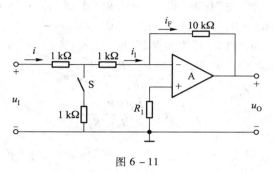

图 6 – 11

$$i = \frac{u_I}{1 + \frac{1}{2}} = \frac{2}{3}u_i$$

$$i_1 = \frac{1}{2}i = \frac{1}{3}u_i$$

$$i_F = \frac{u_- - u_o}{10} = -\frac{u_o}{10}$$

由"虚断"$i_1 = i_F$，故

$$\frac{1}{3}u_1 = -\frac{u_o}{10}$$

因此

$$A_{uf} = \frac{u_o}{u_I} = -\frac{10}{3} = -3.3$$

以上分析是从电位 $u_- = 0$ 考虑，计算 i 时将两个 1 kΩ 电阻视为并联，但不能因为 $u_- = u_+$ 而将反相输入端和同相输入端直接连接起来。

例 6 – 5　图 6 – 12 所示为运算放大电路测量电路，R_1、R_2、和 R_3 的阻值固定，R_F 是检测电阻，由于某个非电量（如压力或温度）的变化使 R_F 发生变化，其相对变化为 $\delta = \Delta R_F / R_F$，而 δ 与非电量有一定的函数关系。如果能得出输出电压 u_o 与 δ 的关系，就可测出该非电量。设 $R_1 = R_2 = R$，$R_3 = R_F$，且 $R \gg R_F$。试求 u_o 与 δ 的关系。图中 E 是一直流电源。

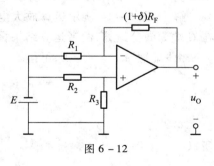

图 6 – 12

解：减法（差分）运算电路，应用叠加原理得

$$u_o = \left(\frac{R + R_F + \delta R_F}{R} \cdot \frac{R_F}{R + R_F} - \frac{R_F + \delta R_F}{R} \right) \cdot (-E)$$

由于 $R \gg R_F$，故

$$u_o \approx \left(\frac{R_F}{R} - \frac{R_F + \delta R_F}{R} \right) \cdot (-E) = \frac{R_F E}{R}\delta$$

例 6 – 6　图 6 – 13 所示为一反相比例运算电路，试证明：

$$A_{uf} = \frac{u_O}{u_I} = -\frac{R_F}{R_1}\left(1 + \frac{R_3}{R_4}\right) - \frac{R_3}{R_1}$$

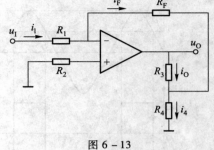

图 6-13

证：由"虚断"得 $u_+ = 0$，由"虚短"得 $u_+ = u_- = 0$，所以 $u_- = 0$，"虚地"。

R_F 和 R_4 可视为并联，则有

$$u_{R_4} = \frac{R_4 // R_F}{R_3 + R_4 // R_F} u_O$$

即

$$u_O = \frac{R_3 + R_4 // R_F}{R_4 // R_F} u_{R_4}$$

由于

$$u_{R_4} = u_{R_F} = -R_F i_F, \quad i_F = i_1 = \frac{u_I}{R_1}$$

所以

$$u_O = \frac{R_3 + R_4 // R_F}{R_4 // R_F} u_{R_4}$$

$$= \frac{R_3 + R_4 // R_F}{R_4 // R_F}\left(-\frac{R_F}{R_1} u_I\right)$$

$$= -\frac{R_F}{R_1}\left(\frac{R_3}{R_4 // R_F} + 1\right) u_I$$

$$= -\frac{R_F}{R_1}\left(1 + \frac{R_3}{R_F} + \frac{R_3}{R_4}\right) u_I$$

即

$$A_{uf} = \frac{u_O}{u_I} = -\frac{R_F}{R_1}\left(1 + \frac{R_3}{R_4}\right) - \frac{R_3}{R_1}$$

注：R_F 引入电流并联负反馈，具有稳定输出电流 i_O 的效果，也称为反相输入理想电流源电路。$i_O = i_4 - i_F = \frac{u_{R_4}}{R_4} - \frac{u_I}{R_1}$，改变电阻 R_F 或 R_4 阻值，就可改变 i_O 的大小。

例 6-7　试求图 6-14 所示电路中 u_O 与 u_I 的关系式。

解：　图 6-14 所示运算放大电路中，反相输入信号 u_I 作用在 R_1 端为反相比例运算，作用在 C 端为微分运算，两者运算结果叠加称为比例和微分运算。

由"虚短" $u_+ = u_- = 0$，可得

$$u_O = -R_F i_F$$

$$i_F = i_R + i_C = \frac{u_I}{R_1} + C\frac{du_I}{dt}$$

所以

$$u_O = -\left(\frac{R_F}{R_1} u_I + R_F C\frac{du_I}{dt}\right)$$

例 6-8　图 6-15(a) 所示的滞环比较器中，已知集成运算放大电路的输出饱和电压 $U_{O(sat)} = 9$ V，$u_i = 8\sin \omega t$，$U_{REF} = 3$ V，$R_2 = 1$ kΩ，$R_F = 5$ kΩ。试求

（1）电路的上、下门限电压。

（2）回差电压。

（3）输入电压 u_i 和输出电压 u_O 的波形。

解：u_i 加在反相输入端，从输出端通过电阻 R_F 连接到同相输入端形成正反馈。

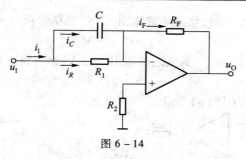

图 6 - 14

（1）当输出电压 $u_O = U_{O(sat)}$ 时，上门限电压

$$U_{TH} = \frac{R_F}{R_2 + R_F} U_{REF} + \frac{R_2}{R_2 + R_F} U_{O(sat)}$$

$$= \left(\frac{5}{1+5} \times 3 + \frac{1}{1+5} \times 9 \right) V = 4 \ V$$

下门限电压

$$U_{TL} = \frac{R_F}{R_2 + R_F} U_{REF} - \frac{R_2}{R_2 + R_F} U_{O(sat)}$$

$$= \left(\frac{5}{1+5} \times 3 - \frac{1}{1+5} \times 9 \right) V$$

$$= 1 \ V$$

（2）回差电压　　　　　$\Delta U = U_{TH} - U_{TL} = (4 - 1) V = 3 \ V$

（3）输入电压 u_i 和输出电压 u_O 波形如图 6 - 15（b）所示。

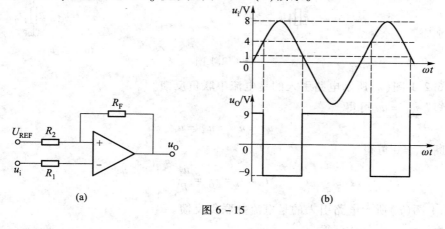

(a)　　　　图 6 - 15　　　　(b)

四、部分习题解答

6.1.1　在题 6.1.1 图（a）所示电路中，集成运放输出的最大输出电压为 ±13 V，稳压管的稳定电压 $U_Z = 6 \ V$，正向压降 $U_D = 0.7 \ V$，试画出电压传输特性。

解：反相输入端

$$u_- = 0$$

同相输入端　　　　$u_+ = \frac{R_2}{R_1 + R_2} u_I + \frac{R_1}{R_1 + R_2} \times 3 = 1 + \frac{2}{3} u_I$

当 $u_+ > u_-$ 即 $u_I > -1.5$ V 时,集成运放输出 13 V,稳压管稳压为

$$u_O = U_Z = 6 \text{ V}$$

当 $u_+ < u_-$ 即 $u_I < -1.5$ V 时　集成运放输出 -13 V,稳压管正向导通

$$u_O = -0.7 \text{ V}$$

电压传输特性如题 6.1.1 图(b)所示。

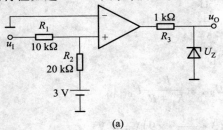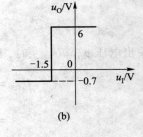

题 6.1.1 图

6.2.1　题 6.2.1 图所示的两个电路是电压 – 电流变换电路,R_L 是负载电阻(一般 $R \ll R_L$)。试求负载电流 i_o 与输入电压 u_I 的关系,并说明它们各是何种类型的负反馈电路。

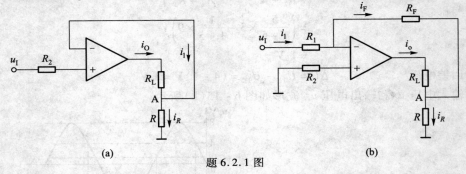

题 6.2.1 图

解:题 6.2.1 图(a)所示电路引入的是电流串联负反馈。
由"虚短"$u_+ = u_-$ 可得

$$u_A = u_- = u_+ = u_I$$

由"虚断"$i_1 = 0$ 可得

$$i_O = i_R = \frac{u_A}{R} = \frac{u_I}{R}$$

题 6.2.1 图(b)所示电路引入的是电流并联负反馈。
由"虚短"$u_- = u_+ = 0$ 可得

$$i_1 = \frac{u_I}{R_1}, i_F = \frac{0 - u_A}{R_F}$$

由"虚断"$i_1 = i_F$ 可得

$$u_A = -\frac{R_F}{R_1}u_I$$

$$i_O = i_R - i_F = \frac{u_A}{R} - i_1$$

$$= -\frac{R_F}{R_1 R}u_1 - \frac{u_1}{R_1}$$

$$= -\frac{u_1}{R_1}\left(1 + \frac{R_F}{R}\right)$$

6.3.1　题 6.3.1 图所示为集成运放构成的反相加法电路，试求输出电压 u_O。

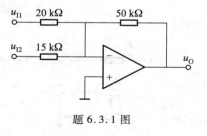

题 6.3.1 图

解：由反相加法电路知

$$u_O = -\left(\frac{50}{20}u_{I1} + \frac{50}{15}u_{I2}\right)$$

$$= -\left(\frac{5}{2}u_{I1} + \frac{10}{3}u_{I2}\right)$$

$$= -(2.5u_{I1} + 3.33u_{I2})$$

6.3.2　同相输入加法电路如题 6.3.2 图所示，求输出电压 u_O，并与反相加法器进行比较。又当 $R_1 = R_2 = R_3 = R_F$ 时，$u_O = ?$

解：由"虚短" $u_- = u_+$ 可知

$$u_+ = \frac{R_2}{R_1 + R_2}u_{I1} + \frac{R_1}{R_1 + R_2}u_{I2} \qquad (1)$$

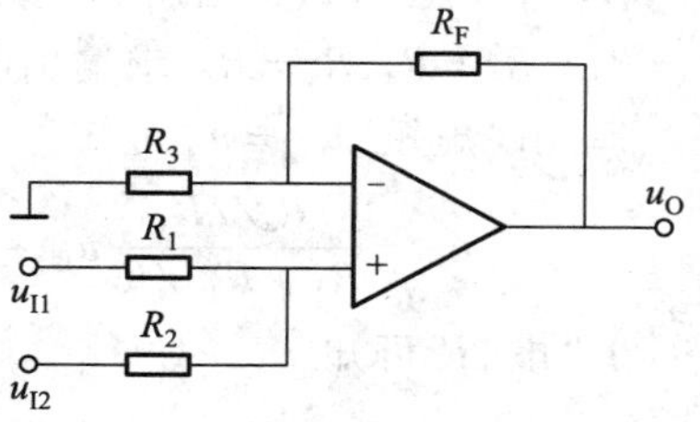

由"虚断"可得

$$\frac{u_-}{R_3} = \frac{u_O - u_-}{R_F}$$

即

$$\frac{u_+}{R_3} = \frac{u_O - u_+}{R_F} \Rightarrow u_O = \left(1 + \frac{R_F}{R_3}\right)u_+ \qquad (2)$$

题 6.3.2 图

将式（1）代入式（2）得

$$u_O = \left(1 + \frac{R_F}{R_3}\right)\left(\frac{R_2}{R_1 + R_2}u_{I1} + \frac{R_1}{R_1 + R_2}u_{I2}\right)$$

当 $R_1 = R_2 = R_3 = R_F$ 时

$$u_O = u_{I1} + u_{I2}$$

与反相求和电路相比较，同相求和电路数学表达式复杂，电路调试麻烦，但其输入电阻较大，对信号源所提供的信号衰减小。

6.3.3　题 6.3.3 图（a）所示的加法运算电路中，u_{I1} 和 u_{I2} 的波形如题 6.3.3 图（b）和（c）所示。$R_{11} = 20\ k\Omega$，$R_{12} = 40\ k\Omega$，$R_F = 40\ k\Omega$。求平衡电阻 R_2 及输出电压 u_O 的波形。

解：平衡电阻

$$R_2 = R_{12}//R_{11}//R_F = \frac{1}{\frac{1}{20} + \frac{1}{40} + \frac{1}{40}}\ k\Omega = 10\ k\Omega$$

输出电压

$$u_O = -\frac{R_F}{R_{11}}u_{I1} - \frac{R_F}{R_{12}}u_{I2} = -\frac{40}{20}u_{I1} - \frac{40}{40}u_{I2} = -(2u_{I1} + u_{I2})$$

输出电压 u_O 的波形如题 6.3.3 图（d）所示。

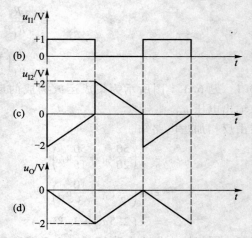

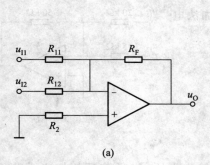

(a)

题 6.3.3 图

6.3.4 题 6.3.4 图所示电路是一加减运算电路,已知 $R_1 = R_2 = R_3 = R_4$, $R_5 = R_F$,求输出电压 u_O 的表达式。

解: 由"虚短" $u_- = u_+$ 可知

$$u_+ = \frac{R_4//R_5}{R_3 + R_4//R_5}u_{I3} + \frac{R_3//R_5}{R_4 + R_3//R_5}u_{I4} \quad (1)$$

由"虚断"可知

$$\frac{u_{I1} - u_+}{R_1} + \frac{u_{I2} - u_+}{R_2} = \frac{u_- - u_O}{R_F} \quad (2)$$

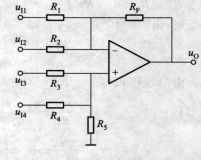

题 6.3.4 图

将式(1)代入式(2)得

$$u_O = R_f\left(\frac{1}{R_1} + \frac{1}{R_2} + \frac{1}{R_F}\right)\left(\frac{R_4//R_5}{R_3 + R_4//R_5}u_{I3} + \frac{R_3//R_5}{R_4 + R_3//R_5}u_{I4}\right) - R_F\left(\frac{1}{R_1}u_{I1} + \frac{1}{R_2}u_{I2}\right)$$

已知 $R_1 = R_2 = R_3 = R_4$, $R_5 = R_F$,所以

$$u_O = \left(1 + \frac{2R_F}{R_1}\right) \cdot \frac{R_1//R_F}{R_1(R_1//R_F)} \cdot (u_{I3} + u_{I4}) - \frac{R_F}{R_1} \cdot (u_{I1} + u_{I2})$$

$$= \frac{R_F}{R_1} \cdot (u_{I3} + u_{I4} - u_{I1} - u_{I2})$$

6.3.5 题 6.3.5 图所示的电路中,已知 $R_F = 4R_1$,求 u_O 与 u_{I1} 和 u_{I2} 的关系式。

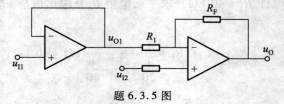

题 6.3.5 图

解: 由前一级运放构成的电压跟随器得

$$u_{O1} = u_{I1}$$

后一级运放,由"虚短"得

$$u_- = u_+ = u_{I2}$$

由"虚断"得

$$\frac{u_{O1} - u_-}{R_1} = \frac{u_- - u_O}{R_F}$$

将 $u_{O1} = u_{I1}$ 代入得

$$\frac{u_{I1} - u_{I2}}{R_1} = \frac{u_{I2} - u_O}{R_F}$$

求解得

$$u_O = -\frac{R_F}{R_1} u_{I1} + \left(1 + \frac{R_F}{R_1}\right) u_{I2}$$

将 $R_F = 4R_1$ 代入

$$u_O = -4u_{I1} + 5u_{I2}$$

6.3.6　试按照下列运算关系式设计运算电路。

（1）$u_O = 5u_I$

（2）$u_O = 3u_{I1} + 2u_{I2} + u_{I3}$

（3）$u_O = 2u_{I1} - u_{I2}$

解:（1）设计运算电路如题 6.3.6 图（a）所示,运放构成同相比例放大器。由同相比例

$$u_O = \left(1 + \frac{R_f}{R_1}\right) u_I$$

取 $R_F = 4R_1$,可得

$$u_O = 5u_I$$

其中:R_2 为平衡电阻

$$R_2 = R_1 // R_F$$

（2）运算电路如题 6.3.6 图（b）所示,采用两级放大器。

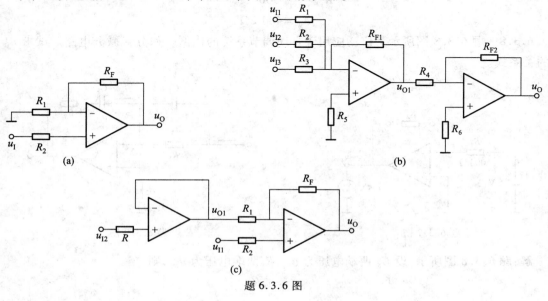

(a)　　　　　　　　　(b)

(c)

题 6.3.6 图

前一级运放构成反相比例放大器,满足

$$u_{O1} = -R_{F1}\left(\frac{u_{I1}}{R_1} + \frac{u_{I2}}{R_2} + \frac{u_{I3}}{R_3}\right)$$

取 $R_{F1} = 3R_1 = 2R_2 = R_3$,可以得到

$$u_{O1} = -(3u_{I1} + 2u_{I2} + u_{I3})$$

后一级运放构成反相器

$$u_O = -\frac{R_{F2}}{R_4}u_{O1}$$

取 $R_{F2} = R_4$ 可得 $u_O = -u_{O1}$,即

$$u_{O1} = 3u_{I1} + 2u_{I2} + u_{I3}$$

其中 R_5、R_6 均为平衡电阻。

（3）运算电路如题 6.3.6 图(c)所示,采用两级放大器。

前一级运放构成电压跟随器

$$u_{O1} = u_{I2}$$

后一级运放由叠加定理

$$u_O = \left(1 + \frac{R_F}{R_1}\right)u_{I1} - \frac{R_F}{R_1}u_{O1}$$

取 $R_F = R_1$,则

$$u_O = 2u_{I1} - u_{I2}$$

其中 R、R_2 均为平衡电阻。

6.3.7 题 6.3.7 图是应用集成运放测量电阻阻值的原理电路,输出端接有满量程为 5 V,500 μA 的电压表。当电压表指示为 4 V 时,被测电阻 R_X 的阻值是多少?

解:
$$u_O = -\frac{R_X}{R_1}u_I = -\frac{R_X}{500} \times 5 \text{ V} = -4 \text{ V}$$

则
$$R_X = 400 \text{ k}\Omega$$

6.3.8 题 6.3.8 图所示为广泛应用于自动调节系统的比例－积分－微分电路。试求 u_O 与 u_I 的关系式。

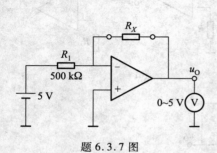

题 6.3.7 图

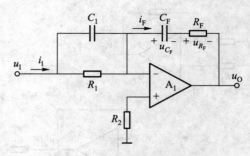

题 6.3.8 图

解:题 6.3.8 图所示,设 C_F 两端电压为 u_{C_F},R_F 两端电压为 u_{R_F},则

$$u_{R_F} = i_F R_F$$

$$u_{C_F} = \frac{1}{C_F}\int i_F \, dt$$

$$u_O = u_{C_F} + u_{R_F}$$

由"虚断"

$$i_1 = i_F$$

由"虚短"

$$u_- = u_+ = 0$$

得

$$i_1 = \frac{u_1}{R_1} + C_1 \frac{du_1}{dt}$$

联立求解,可得

$$u_O = -\left[\frac{1}{R_1 C_F}\int u_1 \, dt + \left(\frac{C_1}{C_F} + \frac{R_F}{R_1}\right)u_1 + C_1 R_F \frac{du_1}{dt}\right]$$

6.3.9　电路如题 6.3.9 图所示,设所有集成运放都是理想运放。

(1) 求 u_{O1}、u_{O2} 及 u_O 的表达式。

(2) 当 $R_1 = R_2 = R_3 = R$ 时,求 u_O 的值。

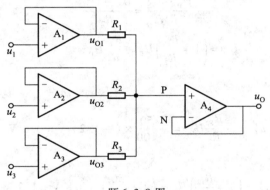

题 6.3.9 图

解:(1) A_1、A_2、A_3 和 A_4 均构成电压跟随器。

$$u_{O1} = u_1, \quad u_{O2} = u_2, \quad u_{O3} = u_3$$

由"虚短"

$$u_N = u_P = u_O$$

由"虚断"

$$\frac{u_{O1} - u_P}{R_1} + \frac{u_{O2} - u_P}{R_2} + \frac{u_{O3} - u_P}{R_3} = 0$$

联立求解得

$$u_O = \left(\frac{u_1}{R_1} + \frac{u_2}{R_2} + \frac{u_3}{R_3}\right) \cdot \frac{R_1 R_2 R_3}{R_1 R_2 + R_2 R_3 + R_1 R_3}$$

(2) 当 $R_1 = R_2 = R_3 = R$ 时

$$u_O = \frac{1}{3}(u_1 + u_2 + u_3)$$

6.3.10　电路如题 6.3.10 图所示,设集成运放是理想运放,试计算 U_O。

解:前一级运放 A_1 实现反相比例运算

$$U_{O1} = -\frac{R_{F1}}{R_1}U_{I1} = -\frac{100}{50}\times0.6 \text{ V} = -1.2 \text{ V}$$

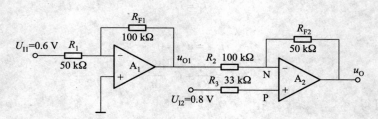

题 6.3.10 图

后一级运放 A_2 实现减法运算。由"虚短"得

$$U_N = U_P = 0.8 \text{ V}$$

由"虚断"

$$\frac{U_O - U_N}{R_{F2}} = \frac{U_N - U_{O1}}{R_2}$$

得

$$U_O = \left(1 + \frac{R_{F2}}{R_2}\right)U_{I2} - \frac{R_{F2}}{R_2}U_{O1} = 1.8 \text{ V}$$

或者用叠加原理求解:

U_{O1} 单独作用时

$$u_O' = -\frac{R_{F2}}{R_2}U_{O1} = -\frac{50}{100}\times(-1.2) \text{ V} = 0.6 \text{ V}$$

U_{I2} 单独作用时

$$u_O'' = \left(1 + \frac{R_{F2}}{R_2}\right)U_{I2} = \left(1 + \frac{50}{100}\right)\times0.8 \text{ V} = 1.2 \text{ V}$$

叠加得

$$U_O = U_O' + U_O'' = (0.6 + 1.2) \text{ V} = 1.8 \text{ V}$$

6.3.11　由理想运放构成的两级运放如题 6.3.11 图所示,设 $t = 0$ 时,$U_c(0) = 1$ V;输入电压 $U_{I1} = 0.1$ V,$U_{I2} = 0.2$ V;求 $t = 10$ s 时,输出电压 u_O 的值。

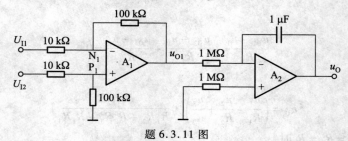

题 6.3.11 图

解:设前一级运放 A_1 的同相端电压为 U_{P1}、反相端电压为 U_{N1}。

由"虚短"

$$U_{N1} = U_{P1} = \frac{100}{10 + 100}U_{I2} = \frac{10}{11}U_{I2}$$

由"虚断"

$$\frac{U_{I1} - U_{N1}}{10} = \frac{U_{N1} - U_{O1}}{100}$$

所以

$$U_{O1} = 11U_{N1} - 10U_{I1}$$

将 $U_{N1} = \frac{10}{11}U_{I2}$ 代入上式,可得

$$U_{O1} = 10(U_{I2} - U_{I1})$$

后一级运放 A_2 为典型的反相积分电路。

$$
\begin{aligned}
u_O(t) &= -\frac{1}{CR}\int_0^t U_{O1}\,\mathrm{d}t + u_{O(0)} \\
&= -\frac{1}{1 \times 10^6 \times 1 \times 10^{-6}}\int_0^t U_{O1}\,\mathrm{d}t + U_{O(0)} \\
&= -10\int_0^t (U_{I2} - U_{I1})\,\mathrm{d}t + U_{O(0)}
\end{aligned}
$$

已知 $U_{I2} = 0.2$ V, $U_{I1} = 0.1$ V,初始条件 $U_{O(0)} = -U_{C(0)}$,当 $t = 10$ s 时,

$$u_O(10) = -10\int_0^{10}(0.2 - 0.1)\,\mathrm{d}t - u_{C(0)} = [-10 \times (0.1 \times 10) - 1]\text{ V} = 11\text{ V}$$

6.4.1　题 6.4.1 图所示为加到单限电压比较器反相输入端的输入电压 u_I 的波形,同相输入端接参考电压 $U_{REF} = 3$ V,试画出对应的输出电压 u_O 的波形。

解:题 6.4.1 图(a)所示, u_I 接反相输入端,输入电压 u_I 的波形如题 6.4.1 图(b)所示。

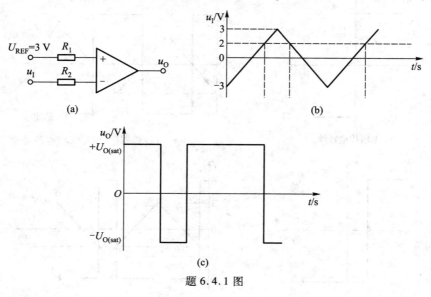

题 6.4.1 图

当 $u_I > 3$ V　　$u_O = -U_{O(sat)}$

当 $u_I < 3$ V　　$u_O = +U_{O(sat)}$

输出电压 u_O 波形如题 6.4.1 图(c)所示。

6.4.2　题 6.4.2 图(a)所示电路,设集成运放的最大输出电压为 ± 12 V,稳压管稳定电压为 $U_Z = \pm 6$ V,输入电压 u_I 是幅值为 ± 3 V 的对称三角波。试分别画出 U_{REF} 为 $+2$ V、0 V、-2 V 三种情况下的电压传输特性和 u_O 的波形。

解:(1)$U_{REF} = 2$ V 时的电压传输特性和 u_O 的波形如题 6.4.2 图(b)所示。

(2)$U_{REF} = 0$ V 时的电压传输特性和 u_O 的波形如题 6.4.2 图(c)所示。

(3)$U_{REF} = -2$ V 时的电压传输特性和 u_O 的波形如题 6.4.2 图(d)所示。

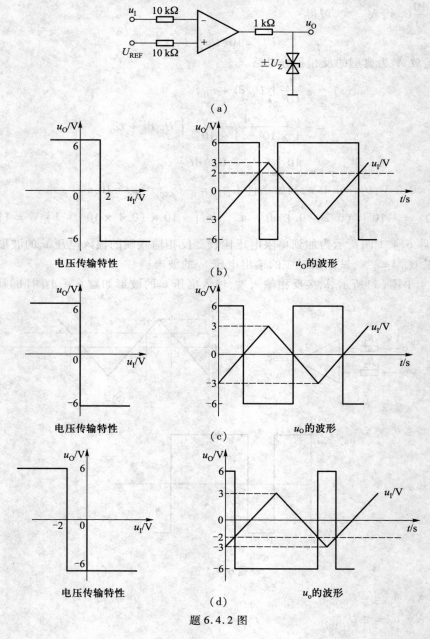

题 6.4.2 图

6.4.3　题 6.4.3 图(a)所示是监控报警装置。如需对某一参数(如温度、压力等)进行监控时,可由传感器取得监控信号 u_I,U_{REF} 是参考电压。当超过正常值时,报警指示灯亮,试说明其工作原理。二极管 D 和电阻 R_3 在此起何作用?

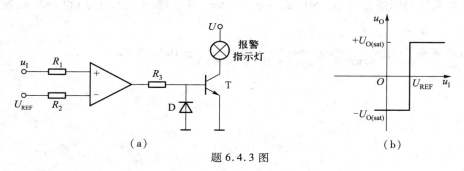

（a）　　　　　　　　　　　　　　（b）

题 6.4.3 图

解:集成运放的电压传输特性如题 6.4.3 图(b)所示。工作原理:

监控信号超过正常值,即 $u_I > U_{REF}$,$u_O = +U_{O(sat)}$,二极管 D 截止,晶体管 T 导通,报警指示灯亮。

监控信号低于正常值,即 $u_I < U_{REF}$,$u_O = -U_{O(sat)}$,二极管 D 导通,晶体管 T 截止,报警指示灯灭。

二极管 D 的作用为钳位。二极管 D 导通,晶体管 T 的基极电压 U_B 被钳位在 -0.7 V,晶体管可靠截止。

电阻 R_3 的作用为限流分压。

6.5.1　题 6.5.1 图所示 RC 正弦波振荡电路,$R = 1$ kΩ,$C = 10$ μF,$R_1 = 2$ kΩ,$R_2 = 0.5$ kΩ,试分析

（1）为了满足自激振荡的相位条件,开关 S 应合向哪一端(合向某一端时,另一端接地)?

（2）为了满足自激振荡的幅度条件,R_F 应等于多少?

（3）为了满足自激振荡的起振条件,R_F 应等于多少?

（4）振荡频率是多少?

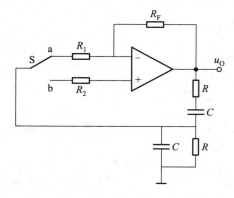

题 6.5.1 图

解:(1) 由文氏桥电路可知,频率 $f = f_0 = \dfrac{1}{2\pi RC}$

时电路达到谐振,所需频率的信号被选出,开关 S 处电压 $\dot{U}_s$ 与输出端电压 $\dot{U}_o$ 同相位,即 $\varphi_F = 0$,自激振荡的相位条件为 $\varphi_A + \varphi_F = 2n\pi$,所以 $\varphi_A = 2n\pi$,即输入端信号 $\dot{U}_i$ 与 $\dot{U}_o$ 应同相位,开关 S 应合向 b 侧。

（2）由文氏桥电路可知,频率 $f = f_0 = \dfrac{1}{2\pi RC}$ 时,电路达到谐振,所需频率信号被选出,此时 $\dfrac{\dot{U}_s}{\dot{U}_o} =$

$\dfrac{1}{3}$，即 $F = \dfrac{1}{3}$，自激振荡的幅值条件 $AF = 1$，所以 $A = 3$，而 $\dot{U}_{\circ} = \left(1 + \dfrac{R_F}{R_1}\right)\dot{U}_i = \left(1 + \dfrac{R_F}{R_1}\right)\dot{U}_s$，因为 $\dfrac{R_F}{R_1} = 2$，所以 $R_f = 2R_1 = 2 \times 2\ \text{k}\Omega = 4\ \text{k}\Omega$。

（3）自激振荡的起振条件 $AF > 1$，$\varphi_A + \varphi_F = 2n\pi$，由上述（1）、（2）分析可知，起振时 $R_f > 4\ \text{k}\Omega$。

（4）振荡频率 $f = f_0 = \dfrac{1}{2\pi RC} = \dfrac{1}{2\pi \times 1 \times 10^3 \times 10 \times 10^{-6}}\ \text{Hz} = 15.92\ \text{Hz}$。

第7章 直流稳压电源

一、基本要求

1. 了解线性稳压电源的特点；
2. 理解串联稳压电源的稳压过程和稳压原理；
3. 了解线性集成稳压电源工作原理；
4. 了解开关稳压电源的分类、组成与基本特点；
5. 理解串联开关式稳压电源的工作原理；
6. 了解稳压电源的主要指标。

二、阅读指导

通常将稳压电源分为线性稳压电源和开关稳压电源，其主要差别在于线性稳压电源的调整管工作在线性放大区内，而开关稳压电源的调整管工作在开关状态。

1. 线性稳压电源

学习线性稳压电源，要了解其优缺点，主要优点有电路结构简单，可靠性高，输出纹波小，电磁干扰小，动态响应速度快；主要缺点有直流线性稳压电源的调整管工作在放大状态，因而发热量大，效率低。直流线性稳压电源的调整管通常需要加体积庞大的散热片进行散热，而且输入端需要大体积的工频变压器进行降压；当要制作多组电压输出时，变压器体积会更庞大，不便于微型化。

学习串联反馈型稳压电路要在掌握变压、整流、滤波及稳压等环节的基础上，了解为克服稳压管稳压电路输出电压不易调节，以及不能适应输入电压波动大及负载电流波动大的缺点而采用串联反馈型稳压电路。学习时应掌握比较器、基准电压源、晶体管的工作原理，在稳压电路的主回路中，工作于线性状态的调整管 T 与负载近似串联，故称为串联型稳压电路。目前虽已被集成稳压电路所取代，但其电路的稳压原理仍是集成稳压电路的基础。从电路结构出发，应该了解它的取样、基准、放大、调整四个单元的组成和作用，特别是它有一个自动稳压过程，是一个典型的反馈控制环节。

学习线性集成稳压电源要把握其组成，即将直流线性稳压电源中电源调整管、比较放大电路、基准电压电路、取样电路和过压过流保护电路等集成在一块芯片上，制成集成稳压器。

学习三端集成稳压器重点应放在其应用上，三端集成稳压器的外部只有三个端子：输入、输出和公共端。在三端集成稳压器内有过流、过热及短路保护电路。三端集成稳压器具有体积小、使用方便、工作可靠等特点，当前已被广泛应用。应重点理解三端固定集成稳压器、三端可调输出电压集成稳压器、低压差三端稳压器的特点及使用。

学习基准电压源应重点了解其高精度的特点及实际应用电路。

2．开关稳压电源

将直流电压通过半导体开关器件(调整管)转换为高频脉冲电压,经过滤波得到纹波很小的直流输出电压,这种装置称为开关稳压电源。学习开关稳压电源要理解 PWM 技术的特点,按照输入与输出间是否有电气隔离来区分两类 DC – DC 变换器,重点掌握隔离型 DC – DC 变换器的组成。了解开关电源的特点。理解串联开关式稳压电源的工作原理,它是由调整管 T、滤波电路 *LC*、续流二极管 D、脉宽调制电路(PWM)和采样电路等组成。由于调整管工作在开关状态,因而开关电源具有功耗小、效率高、体积小、质量轻等特点,得到迅速的发展和广泛的应用。读者应重点了解开关型集成稳压电源的特点、结构及稳压原理。

三、例题解析

例 7 – 1　　电路如图 7 – 1 所示。设稳压管工作电压 $U_Z = 6$ V,采样中 $R_1 = R_2 = R_P$,估算稳压电路输出电压 U_O 的调节范围。

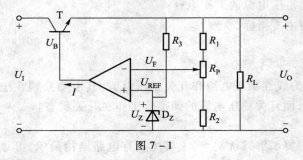

图 7 – 1

解：由理想运算放大器的"虚短"知道

$U_F = U_{REF} = U_Z = 6$ V,可估算出

$$U_{Omax} = \frac{R_1 + R_2 + R_P}{R_2}U_Z = 3 \times 6 \text{ V} = 18 \text{ V}$$

$$U_{Omin} = \frac{R_1 + R_2 + R_P}{R_2 + R_P}U_Z = \frac{3}{2} \times 6 \text{ V} = 9 \text{ V}$$

该稳压电路的输出电压能在 9 ~ 18 V 之间调节。

例 7 – 2　　图 7 – 2 所示为 CW78 × × 集成稳压器扩展输出电压的应用电路,此电路能获得一个输出稳定并且可调的直流电压,试写出扩展输出电压 U_O 的表达式并说明调输出电压的方法。

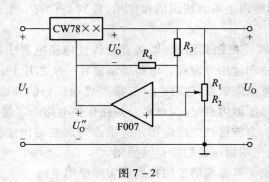

图 7 – 2

解：设集成稳压器的输出电压为 U_0'，集成运放的输出电压为 U_0''。

集成运放为差分输入方式，直接用叠加定理得出集成运放的输出为

$$U_0'' = \left(1 + \frac{R_4}{R_3}\right)\frac{R_2}{R_1 + R_2}U_0 - \frac{R_4}{R_3}U_0$$

而

$$U_0 = U_0' + U_0''$$

整理得出

$$U_0 = \left(1 + \frac{R_2}{R_1}\right)\left(\frac{R_3}{R_3 + R_4}\right)U_0'$$

因 U_0' 为稳定的输出电压，当改变 R_1 和 R_2 的滑动端子时，在输出端就能得到可调而稳定的直流电压。

例 7-3　图 7-3 所示为 CW78×× 集成稳压器扩展输出电流的应用电路。当稳压电路所需输出电流大于 2 A 时，利用电阻 R 的作用，使外接的功率管导通来扩大输出电流 I_0。若功率管 $\beta = 10$，$U_{BE} = -0.3$ V，电阻 $R = 0.5\ \Omega$，$I_3 = 1$ A，试计算扩展输出电流 I_0（设公共端的电流 $I_2 \approx 0$）。

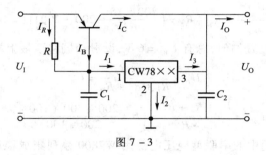

图 7-3

解：由公共端的电流 $I_2 \approx 0$，得 $I_1 \approx I_3$，所以

$$I_0 = I_3 + I_C = I_3 + \beta I_B = I_3 + \beta(I_1 - I_R)$$

$$= (1 + \beta)I_3 + \beta\frac{U_{BE}}{R} = \left[(1 + 10) \times 1 + 10 \times \frac{0.3}{0.5}\right]\text{A} = 5\ \text{A}$$

可见 I_0 比 I_3 扩大了。

四、部分习题解答

7.1.1　串联型稳压电路如题 7.1.1 图所示，稳压管 D_Z 的稳定电压为 5.3 V，电阻 $R_1 = R_2 = 200\ \Omega$，晶体管 $U_{BE} = 0.7$ V。

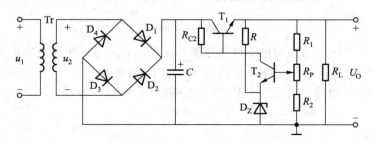

题 7.1.1 图

（1）试说明电路的如下四个部分分别由哪些元器件构成（填空）。

① 调整环节 _____。

② 放大环节 _____，_____。

③ 基准环节 _____，_____。

④ 取样环节 _____，_____，_____。

（2）当 R_P 的滑动端在最下端时 $U_O = 15$ V，求 R_P 的值。

（3）当 R_P 的滑动端移至最上端时，$U_O = ?$

解:（1）① T_1；② R_{C2}，T_2；③ R，D_Z；④ R_1，R_2，R_P

（2）基极电压

$$U_{B2} = (5.3 + 0.7) \text{V} = 6 \text{ V}$$

R_P 的滑动端在最下端时应有

$$\frac{R_2}{R_1 + R_2 + R_p} U_O = U_{B2}$$

所以

$$R_P = \frac{R_2 U_O}{U_{B2}} - R_1 - R_2 = \left(\frac{200 \times 15}{6} - 200 - 200 \right) \Omega = 100 \text{ }\Omega$$

（3）无论 R_P 滑动端位置如何，总有 $U_{B2} = 6$ V，设滑动端移至最上端时，输出电压为 U_O'，则

$$U_O' \times \frac{R_2 + R_P}{R_1 + R_2 + R_P} = U_{B2}$$

$$U_O' = U_{B2} \times \frac{R_1 + R_2 + R_P}{R_2 + R_P} = \left(6 \times \frac{200 + 200 + 100}{200 + 100} \right) \text{V} = 10 \text{ V}$$

7.1.2　试将 7.1.1 题中的串联型稳压电源用 W7800 系列集成稳压器代替，并画出电路图；若有一个具有中心抽头的变压器，一块全桥，一块 W7815，一块 W7915 和一些电容、电阻，试组成一个可输出正、负 15 V 的直流稳压电路。

解:直流稳压电路如题 7.1.2 图所示。

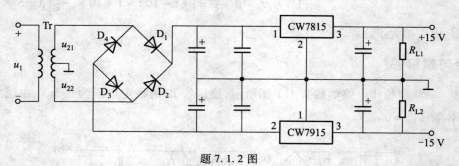

题 7.1.2 图

7.1.3　题 7.1.3 图所示是利用集成稳压器外接稳压管的方法来提高输出电压的稳压电路。若稳压管的稳定电压 $U_Z = 3$ V，试问该电路的输出电压 U_O 是多少？

解:因为 CW7809 的输出电压为 9 V，即 R 两端电压

$$U_{CW} = 9 \text{ V}$$

所以输出电压

$$U_O = U_{CW} + U_Z = (3 + 9) \text{V} = 12 \text{ V}$$

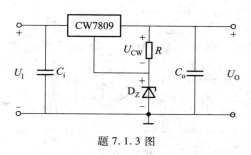

题 7.1.3 图

7.1.4　题 7.1.4 图所示三端可调式集成稳压器稳压电路中,在 $R_2 = 0$、$R_2 = R_1$、$R_2 = 10R_1$ 时输出电压 U_o 是多少?

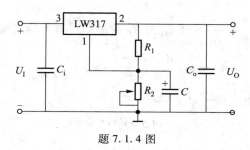

题 7.1.4 图

解: $U_o = U_{REF} \times \left(1 + \dfrac{R_2}{R_1}\right) = 1.25 \times \left(1 + \dfrac{R_2}{R_1}\right)$

(1) $R_2 = 0$ 时, $U_o = 1.25$ V

(2) $R_2 = R_1$ 时, $U_o = [1.25 \times (1 + 1)]$ V $= 2.5$ V

(3) $R_2 = 10R_1$ 时, $U_o = 1.25 \times (1 + 10)$ V $= 13.75$ V

7.1.5　题 7.1.5 图所示电路是利用集成稳压器外接晶体管来扩大输出电流的稳压电路。若集成稳压器的输出电流 $I_{CW} = 1$ A,晶体管的 $\beta = 10$, $I_B = 0.4$ A,试问该电路的输出电流 I_o 是多少?

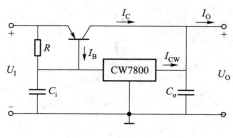

题 7.1.5 图

解: $I_o = I_C + I_{CW} = \beta I_B + I_{CW} = (10 \times 0.4 + 1)$ A $= 5$ A

7.1.6　利用三端固定式稳压器和集成运放可以组成输出电压可调的稳压电源,其电路如题 7.1.6 图所示,集成运放起电压跟随作用。已知 $R_1 = 1$ kΩ, $R_2 = 3$ kΩ, $R_P = 3$ kΩ,忽略 I_3,试计算输出电压 U_o 的可调范围。

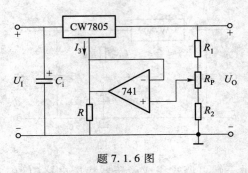

题 7.1.6 图

解：CW7805 输出电压为 5 V，由于运算放大器起电压跟随作用，所以 R_P 的滑动端与 R_1 上端之间的电压为 5 V，则

$$U_O \times \frac{R_1 + R_{P1}}{R_1 + R_2 + R_P} = 5 \quad (R_{P1} \text{为} R_P \text{的滑动端与上端之间的电阻})$$

$$U_O = 5 \times \frac{R_1 + R_2 + R_P}{R_1 + R_{P1}} = 5 \times \frac{7}{1 + R_{P1}}$$

当 $R_{P1} = 0$ 即滑动端在最上端时，U_O 最大

$$U_{O\max} = \left(5 \times \frac{7}{1}\right) \text{V} = 35 \text{ V}$$

当 $R_{P1} = 3 \text{ k}\Omega$ 即滑动端在最下端时，U_O 最小

$$U_{O\min} = \left(5 \times \frac{7}{1 + 3}\right) \text{V} = 8.75 \text{ V}$$

U_O 的范围为 8.75 ~ 35 V。

第8章 现代电力电子器件及其应用

一、基本要求

1. 了解晶闸管的基本构造、工作原理、特性曲线和主要参数;
2. 了解全控型器件的结构、工作原理和特点;
3. 了解功率集成电路的工作原理和应用;
4. 掌握单相可控整流电路的可控原理,能够计算在电阻性负载和电感性负载时的输出电压、输出电流以及各元件所通过的平均电流和承受的最大正、反向电压;
5. 了解常用逆变电路、斩波电路及变频电路的类型和工作原理。

二、阅读指导

1. 晶闸管

晶闸管是应用最为广泛的电力半导体器件。阳极加正向电压和控制极加正触发脉冲信号,这是晶闸管导通的必要条件,阳极电流应大于维持电流是晶闸管导通的充分条件。导通之后,控制极就失去控制作用。在晶闸管导通时,若减小阳极电压或阳极电流小于维持电流,晶闸管自动关断。在学习过程中必须了解晶闸管的导通和关断的条件。此外,还要了解正向转折电压 U_{BO}、反向击穿电压 U_{BR}(或称为反向转折电压)、正向重复峰值电压 U_{FRM} 及反向重复峰值电压 U_{RRM} 的意义,并了解晶闸管的型号及其几种常用特殊晶闸管的用途。

2. 全控型器件

晶闸管的无自关断能力的特点,限制了其在频率较高的电力电子电路中的应用,而全控型器件所具有的自关断能力,以及输入阻抗高、工作速度快、热稳定性好和驱动电路简单等特点,使其在电动机变频调速、汽车点火、逆变电源和数控机床伺服领域被广泛采用。在学习过程中应重点掌握其工作原理、基本特性、主要参数的选择和使用。

3. 可控整流电路

学习可控整流电路时,最好对照由二极管所组成的不可控整流电路来分析比较电路结构、电压和电流的波形、整流电压平均值和交流电压有效值之间的大小关系以及元件所承受最高反向电压等问题。特别应该注意,在可控整流电路中,晶闸管在交流电压的正半周并不一定全导通,因此晶闸管和二极管不一样,还有承受最高正向电压的问题。

难点是可控整流电路接电感性负载的情况,以及续流二极管的作用。为什么整流电压会出现负值?为什么接了续流二极管(注意其正、负极,不能接反)后,晶闸管在电源电压 u_2 过零时能及时关断?读者应认真阅读教材并仔细思考。

单相桥式半控整流是一种较常用的电路,和二极管桥式整流电路类似,分析其工作原理时,也要分别找出在交流电压的正、负半周时电流的通路,哪只管子导通,哪只管子截止。

　　4. 逆变电路、斩波电路和变频电路

　　将直流电转变为交流电称为逆变电路,其基本工作原理见教材。根据直流侧电源性质不同分为电压型逆变电路和电流型逆变电路,本章主要介绍电压型逆变电路,其工作原理按单相和三相分别描述,重点掌握逆变电路的基本工作原理和波形分析。

　　直流斩波电路的功能是将直流电变为另一种固定或可调电压的直流电,也称为直流－直流变换器。直流斩波电路包括六种基本斩波电路:降压斩波电路、升压斩波电路、升降压斩波电路、Cuk 斩波电路、Sepic 斩波电路和 Zeta 斩波电路,重点理解降压斩波电路和升压斩波电路的工作原理、特点和输入与输出的关系。

　　变频电路分为交－交变频电路和交－直－交变频电路。交－交变频电路采用晶闸管把电网频率的交流电直接变换成频率可调的交流电,由于没有中间环节,属于直接变频电路。交－直－交变频电路属于间接变频电路,与交－交变频电路相比,其优点是输出频率不受输入电源频率的影响。变频调速是应用最多的一种方式。本节难点是交－交变频电路的工作原理、波形分析。

三、例题解析

　　例 8－1　有一电阻性负载,它需要可调的直流电压 $U_0 = 0 \sim 60$ V、电流 $I_0 = 0 \sim 10$ A。现采用半控桥式整流电路,试计算变压器二次电压,并选用整流元件。

　　解:(1) 求变压器二次电压,设 $\theta = 180°$(即 $\alpha = 0$)时,$U_0 = 60$ V,$I_0 = 10$ A,由

$$U_0 = 0.9 U_2 \frac{1 + \cos \alpha}{2} = 0.9 U_2$$

　　故

$$U_2 = \frac{U_0}{0.9} = \frac{60}{0.9} \text{V} = 66.7 \text{ V}$$

　　(2) 选整流元件

　　晶闸管所承受的最高正向电压、最高反向电压和二极管所承受的最高反向电压相等,为

$$U_{FM} = U_{RM} = U_{DRM} = \sqrt{2} U_2 = (\sqrt{2} \times 66.7) \text{ V} = 94 \text{ V}$$

流过晶闸管和二极管的平均电流

$$I_T = I_D = \frac{1}{2} I_0 = \left(\frac{1}{2} \times 10 \right) \text{A} = 5 \text{ A}$$

　　根据下式选取晶闸管的 U_{FRM} 和 U_{RRM}

$$U_{FRM} \geqslant (2 \sim 3) U_{FM} = (2 \sim 3) \times 94 \text{ V} = (188 \sim 282) \text{V}$$

$$U_{RRM} \geqslant (2 \sim 3) U_{RM} = (2 \sim 3) \times 94 \text{ V} = (188 \sim 282) \text{V}$$

　　根据上面计算,晶闸管可选 10 A,200 V,二极管可选 10 A、100 V 的。因为二极管的反向工作峰值电压一般是取反向击穿电压的一半,已有较大的余量,所以选 100 V 已足够。

　　例 8－2　在上题中,如果不用变压器,而将整流电路的输入端直接接在 220 V 的交流电源上,试计算输入电流的有效值,并选用整流元件。

　　解:(1) 求输入电流的有效值

　　先求控制角 α

$$U_0 = 0.9 U_2 \frac{1 + \cos \alpha}{2}$$

$$60 = 0.9 \times 220 \times \frac{1 + \cos \alpha}{2}$$

$$\cos \alpha = \frac{60 \times 2}{0.9 \times 220} - 1 = -0.394$$

$$\alpha = 113.2°$$

于是得出输入电流的有效值

$$I = \sqrt{\frac{1}{\pi} \int_{\alpha}^{\pi} \left(\frac{\sqrt{2}U_2}{R_L} \sin \omega t \right)^2 \mathrm{d}(\omega t)}$$

$$= \frac{U_2}{R_L} \sqrt{\frac{1}{2\pi} \sin 2\alpha + \frac{\pi - \alpha}{\pi}}$$

$$= \frac{U_2}{U_0} I_0 \sqrt{\frac{1}{2\pi} \sin 2\alpha + \frac{\pi - \alpha}{\pi}}$$

$$= \frac{220}{60} \times 10 \sqrt{\frac{1}{2\pi} \sin(2 \times 113.2°) + \frac{\pi - 1.97}{\pi}} \ \mathrm{A}$$

$$= 18.5 \ \mathrm{A}$$

（2）选整流元件

$$U_{FM} = U_{RM} = U_{DRM} = \sqrt{2}U_2 = \sqrt{2} \times 220 \ \mathrm{V} = 310 \ \mathrm{V}$$

$$I_T = I_D = \frac{1}{2}I_0 = \frac{1}{2} \times 10 \ \mathrm{A} = 5 \ \mathrm{A}$$

故选用 10 A、600 V 的晶闸管,10 A、300 V 的二极管。

四、部分习题解答

1. 练习与思考解析

8 - 4 - 1　在题 8 - 4 - 1 图[见主教材图 8 - 19(a)]所示单相半波可控整流电路中,增加控制角 α 时,导通角 θ 增加还是减小? 负载直流电压如何变化?

解:导通角 $\theta = \pi - \alpha$,增加控制角 α,导通角 θ 减小。负载直流电压

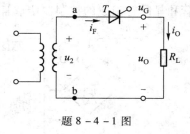

$$U_0 = 0.45 U_2 \frac{1 + \cos \alpha}{2} (其中 \ U_2 \ 为变压器二次电压有效值)$$

增加 α,$\cos \alpha$ 减小,负载直流电压 U_0 减小。

8 - 4 - 2　在题 8 - 4 - 1 图所示电路中,$\alpha = 60°$ 和 $\alpha = 120°$ 时,负载电压的最大值是否相同?

题 8 - 4 - 1 图

解:$\alpha = 60°$ 时,负载电压的最大值为 $\sqrt{2}U_2$;$\alpha = 120°$ 时,负载电压的最大值为 $\sqrt{2}U_2 \sin 120° = \frac{\sqrt{6}}{2}U_2$,显然 $\alpha = 60°$ 时负载电压的最大值大。

2. 习题解析

8.1.1　题 8.1.1 图所示的三个电路中,KP100 - 3 型晶闸管其额定正向平均电流为 100 A,额定电压为 300 V,在选用 KP100 - 3 型晶闸管时,哪个电路较合理? 哪个电路不合理? 为什么?

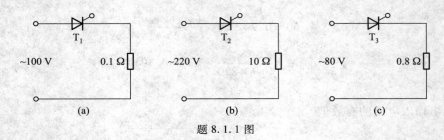

题 8.1.1 图

解: 由已知条件可知,KP100 – 3 型晶闸管用于电路中时,通过晶闸管的正向平均电流最大不超过 100 A,其承受的电压最大不超过 300 V,以控制角 $\alpha = 0$ 计算图中各电路晶闸管的最大正向平均电流。

对图(a),晶闸管的最大正向平均电流为

$$I_{Fa} = \frac{0.45 U_{2a}}{R_{La}} = \frac{0.45 \times 100}{0.1} \, A = 450 \, A > 100 \, A$$

不可用 KP100 – 3 型晶闸管,故电路不合理。

对图(b),晶闸管的最大正向平均电流为

$$I_{Fb} = \frac{0.45 U_{2b}}{R_{Lb}} = \frac{0.45 \times 220}{10} \, A = 9.9 \, A < 100 \, A$$

其承受的最大电压为 $\sqrt{2} U_{2b} = \sqrt{2} \times 220 \, V = 311.13 \, V > 300 \, V$,所以不可用 KP100 – 3 型晶闸管,故电路不合理;

对图(c),晶闸管的最大正向平均电流为

$$I_{Fc} = \frac{0.45 U_{2c}}{R_{Lc}} = \frac{0.45 \times 80}{0.8} \, A = 45 \, A < 100 \, A$$

其承受的最大电压为 $\sqrt{2} U_{2c} = \sqrt{2} \times 80 \, V = 113.14 \, V < 300 \, V$,可用 KP100 – 3 型晶闸管,故电路合理。

8.1.2 题 8.1.2 图所示是一种简单的霓虹灯及节日彩灯控制电路的原理图。其利用晶体管和晶闸管组成的控制器使节日彩灯具有动感,交替闪亮好似流水,试分析其工作原理。

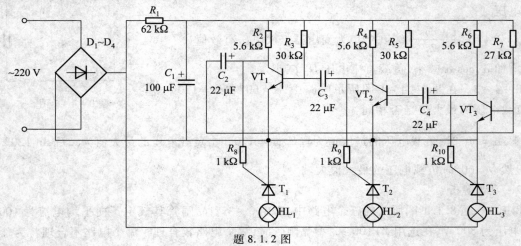

题 8.1.2 图

解:该电路的核心是一个由 3 只晶体管和外围电路组成的循环振荡器。当电源接通后,3 只晶体管争先导通,如果 3 只晶体管的参数基本相同,那么晶体管 VT$_3$ 会先导通,因为 VT$_3$ 的基极偏置电阻的阻值比其它两只晶体管的基极偏置电阻都小。当 VT$_3$ 首先导通并饱和后,其集 – 射极两端电压接近于零,由于电容 C$_4$ 两端电压不能突变,所以 VT$_2$ 的基极电位也被拉到接近于零,使 VT$_2$ 不能导通。VT$_2$ 的截止使它的集电极对地电压接近电源电压。通过 C$_3$ 的耦合作用使 VT$_1$ 的基极为高电平,VT$_1$ 因此处于饱和导通状态。上述过程很快完成。此时 VT$_1$ 和 VT$_3$ 处于饱和导通状态,而 VT$_2$ 处于截止状态。

此后,电源通过 R$_5$ 对 C$_4$ 充电,使 VT$_2$ 的基极电压不断升高,达到一定程度,VT$_2$ 开始导通,并由截止状态变为饱和导通状态。VT$_2$ 的集电极电位也下降,这样,VT$_1$ 由饱和变为截止。VT$_2$ 和 VT$_3$ 都处于饱和导通状态。

接着电源又通过 R$_3$ 对 C$_3$ 充电,使 VT$_1$ 的基极电压升高,VT$_1$ 开始导通并由截止变为饱和导通状态,利用电容两端电压不能突变的原理使 VT$_3$ 截止,如此循环下去。每一时刻,电路中总有一只晶体管处于截止状态,该晶体管的集电极为高电平,而另外两只晶体管处于饱和导通状态,它们的集电极为低电平。

与截止状态晶体管相对应的晶闸管的门极通过电阻得到电压,触发晶闸管导通,其控制的一路彩灯即点亮。4 只二极管 D$_1$ ~ D$_4$ 组成桥式整流电路,经 R$_1$ 降压、C$_1$ 滤波提供电源。

如 3 只晶闸管 T$_1$ ~ T$_3$ 采用 MCR100 – 8,则每一路彩灯功率不要超过 100 W,可用数十只低电压灯串联组成。

8.1.3　题 8.1.3 图所示电路中,当不接负载电阻 R$_L$ 时,调节触发脉冲的相位,发现电压表上的读数总是很小,而接上正常负载 R$_L$ 以后,电压表上读数增大了,试分析发生这种现象的原因。

解:在题 8.1.3 图电路中,当不接负载电阻 R$_L$ 时,由于电压表的内阻很大(几百千欧),电路中电流小于维持电流,晶闸管不能导通。由于晶闸管的漏电流在电压表上有很小的压降,所以电压表读数总是很小的。而接上正常负载 R$_L$ 以后,电路中电流大于维持电流,使晶闸管导通,所以电压表读数增大了。

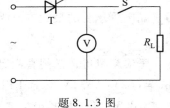

题 8.1.3 图

8.4.1　某一电阻性负载需要直流电压 60 V,电流 30 A 供电。今采用单相半波可控整流电路,直接由 220 V 电网供电。试计算晶闸管的导通角、电流的有效值,并选用晶闸管。

解:由题意知

$$U_O = 0.45 U_2 \frac{1 + \cos\alpha}{2} = 60$$

$$\cos\alpha = \frac{60 \times 2}{0.45 \times U_2} - 1 = 0.212$$

$$\alpha = 77.75° = 0.43\pi$$

导通角

$$\theta = 180° - 77.75° = 102.25°$$

正向平均电流 $I_F = I_L = 30$ A,负载

$$R_L = \frac{U_O}{I_L} = \frac{60}{30} \ \Omega = 2 \ \Omega$$

晶闸管电流的有效值 I_T 与负载电流有效值 I 相同，即

$$I_T = I = \sqrt{\frac{1}{2\pi}\int_{0.432\pi}^{\pi}\left(\frac{\sqrt{2}\times 220}{2}\sin \omega t\right)^2 \mathrm{d}\omega t} = 61.93 \text{ A}$$

晶闸管承受的最大正、反向电压均为

$$\sqrt{2}U_2 = \sqrt{2}\times 220 \text{ V} = 311.13 \text{ V}$$

考虑裕量可选额定平均电流为 $(1.5\sim 2)I_F = (45\sim 60)$ A，额定电压为 $(2\sim 3)U_{FM} = (623\sim 933)$ V 的晶闸管，可选 KP50–6。

8.4.2 有一单相半波可控整流电路，负载电阻 $R_L = 10$ Ω，直接由 220 V 电网供电，控制角 $\alpha = 60°$。试计算整流电压的平均值、整流电流的平均值和电流的有效值，并选用晶闸管。

解：负载所得平均电压

$$U_O = 0.45U_2\frac{1+\cos \alpha}{2} = 0.45\times 220\times\frac{1+\cos 60°}{2} \text{ V} = 74.25 \text{ V}$$

此即整流电压的平均值。

整流电流的平均值

$$I_O = \frac{U_O}{R_L} = \frac{74.25}{10} \text{ A} = 7.425 \text{ A}$$

晶闸管的正向平均电流

$$I_F = I_O = 7.425 \text{ A}$$

整流电流的有效值

$$I = \sqrt{\frac{1}{2\pi}\int_{\frac{\pi}{3}}^{\pi}\left(\frac{\sqrt{2}\times 220}{10}\sin \omega t\right)^2 \mathrm{d}\omega t} = 13.953 \text{ A}$$

晶闸管承受的最大电压为

$$\sqrt{2}U_2 = (\sqrt{2}\times 220) \text{ V} = 311.13 \text{ V}$$

考虑裕量可选晶闸管额定平均电流为 $(1.5\sim 2)I_F = (11.14\sim 14.85)$ A，额定电压为 $(2\sim 3)U_{FM} = (623\sim 933)$ V，可选 KP15–6。

8.4.3 单相桥式半控整流电路的电源电压 $u_2 = 141\sin \omega t$(V)，负载电阻为 18 Ω，问

（1）输出端能出现的最大平均电压及平均电流是多少？

（2）当控制角为 30° 和 120° 时，输出的平均电压和平均电流是多少？

解：（1）当控制角 $\alpha = 0°$ 时，输出端的平均电压、平均电流达最大值。

最大平均电压　　　　　$U_{Omax} = 0.9U_2 = 0.9\times\frac{141}{\sqrt{2}} \text{ V} = 90 \text{ V}$

最大平均电流　　　　　$I_{0max} = \frac{U_{0max}}{R_L} = \frac{90}{18} \text{ A} = 5 \text{ A}$

（2）当控制角 $\alpha = 30°$ 时，输出平均电压为

$$U_{O1} = 0.9U_2\frac{1+\cos 30°}{2} = 0.9\times\frac{141}{\sqrt{2}}\times\frac{1+0.866}{2} \text{ V} = 83.97 \text{ V}$$

输出平均电流

$$I_{01} = \frac{U_{01}}{R_L} = \frac{83.97}{18} \text{ A} = 4.665 \text{ A}$$

当控制角 $\alpha = 120°$ 时,输出平均电压为

$$U_{01} = 0.9 U_2 \frac{1 + \cos 120°}{2} = 0.9 \times \frac{141}{\sqrt{2}} \times \frac{1 - 0.5}{2} \text{ V} = 22.5 \text{ V}$$

输出平均电流

$$I_{02} = \frac{U_{02}}{R_L} = \frac{22.5}{18} \text{ A} = 1.25 \text{ A}$$

8.4.4　试分析比较题 8.4.4 图(a)、(b)所示的两个电路的工作情况,并分别画出负载 R_L 两端的电压波形。

解:将题 8.4.4 图(a)、(b)电路还原,得题 8.4.4 图(c)、(d)。

设电源电压为 $\sqrt{2} U_2 \sin \omega t$,认为二极管及晶闸管均是理想的。

题 8.4.4 图(a)中 R_L 两端电压 u_O 波形如题 8.4.4 图(e)所示,α 为控制角。

题 8.4.4 图(b)中 R_L 两端电压 u_O 波形如题 8.4.4 图(f)所示,α 为控制角。

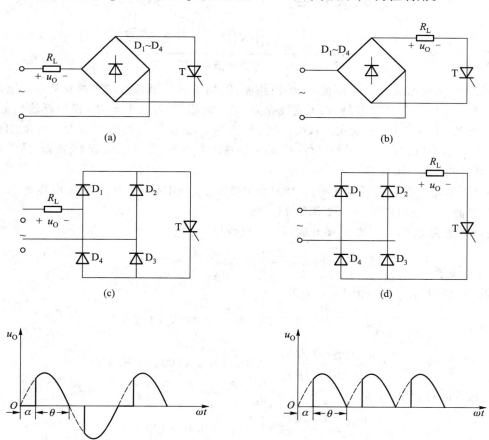

题 8.4.4 图

题 8.4.4(a)所示电路的工作情况:电源电压经二极管整流后加在晶闸管 T 两端,T 的阳极、阴极间始终加的是正向电压,又认为晶闸管是理想的,所以只要有触发脉冲,T 便导通且不会关断,而 R_L 串联在交流侧,只要 T 导通,R_L 上便有电流,其两端电压就是电源电压。

题 8.4.4(b)所示电路的工作情况:晶闸管的工作情况与题 8.4.4(a)中工作情况相同,只要有触发脉冲,T 便导通且不会关断,而 R_L 串联在电路的直流侧,所以其上的电压 u_0 是 T 导通后的整流电压波形。

8.4.5 题 8.4.5 图所示为城建施工常需在临时开挖的沟道坑穴上方设警示路障指示灯的电路原理图。这种路障指示灯,不需专人管理,白天灯灭,夜间自动点亮。试分析其工作原理(部分元件参数如下:R_C—MG4545;D_Z—2CW21;D_1—1N4001;V—2N6565;$R_0 = R_1$)。

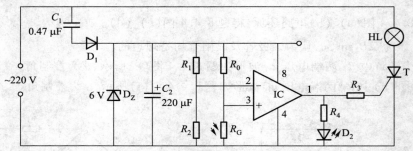

题 8.4.5 图　自动路障指示灯原理图

解:220 V 交流电经 C_1 降压限流、D_1 半波整流、D_Z 稳压和 C_2 滤波后输出约 6 V 直流电压供电路工作。IC(LM385)用作比较器,白天光线充分,光敏电阻 R_G 阻值小于 R_2,比较器输出低电平,晶闸管不导通,指示灯 HL 不发光。入夜,照在 R_G 上的自然光减弱,R_G 阻值增大。当 R_G 阻值大于 R_2 时,IC 的 3 引脚电位高于 2 引脚电位,IC 的 1 脚输出高电平,发光二极管 D_2 发光,晶闸管 T 触发导通,路障指示灯 HL 发光。

8.5.1 单相全桥电压型逆变电路 180° 导电方式,$U_d = 100$ V。试求输出电压的基波幅值 U_{o1m} 和有效值 U_{o1}、输出电压中 5 次谐波的有效值 U_{o5}。

解:把幅值为 U_d 的矩形波 u_0 展开成傅里叶级数得

$$u_o = \frac{4U_d}{\pi}\left(\sin \omega t + \frac{1}{3}\sin 3\omega t + \frac{1}{5}\sin 5\omega t + \cdots \right.$$

基波的幅值 U_{o1m} 和有效值 U_{o1} 分别为

$$U_{o1m} = \frac{4U_d}{\pi} = 1.27U_d = 1.27 \times 100 \text{ V} = 127 \text{ V}$$

$$U_{o1} = \frac{U_{o1m}}{\sqrt{2}} = \frac{2\sqrt{2}U_d}{\pi} = 0.9U_d = 0.9 \times 100 \text{ V} = 90 \text{ V}$$

5 次谐波的有效值 U_{o5} 为

$$U_{O5} = \frac{U_{o5m}}{\sqrt{2}} = \frac{0.4\sqrt{2}U_d}{\pi} = 0.18U_d = 0.18 \times 100 \text{ V} = 18 \text{ V}$$

8.6.1 题 8.6.1 图(a)所示为降压型斩波电路,已知 $U_S = 12$ V,$T_{on} = 6$ ms,$T_{off} = 2$ ms。试求负载电压的平均值 U_L。

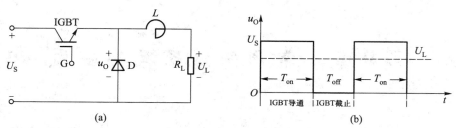

题 8.6.1 图

解：

$$U_L = \frac{T_{on}}{T_{on} + T_{off}} U_S = \frac{6}{6+2} \times 12 \text{ V} = 9 \text{ V}$$

输出电压 u_O 波形如题 8.6.1 图(b)所示。

8.6.2 题 8.6.2 图所示为升压型斩波电路，已知 $U_S = 50$ V，L 值和 C 值极大，$R_L = 25$ Ω，$T = 50$ μs，$T_{on} = 20$ μs，求负载电压的平均值 U_L。

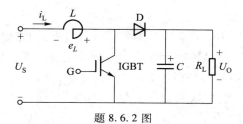

题 8.6.2 图

解：

$$U_O = \frac{T_{on} + T_{off}}{T_{off}} U_S = \frac{20 + 30}{30} \times 50 \text{ V} = 83.33 \text{ V}$$

第9章　常用传感器及其应用

一、基本要求

1. 了解常见传感器的分类方法；

2. 了解电阻式传感器、电容式传感器、磁电式传感器、压电式传感器、热电式传感器、光电式传感器、气敏和湿敏式传感器等常用传感器的基本结构、工作原理和基本应用范围。

二、阅读指导

1. 常见传感器的分类方法

① 以转换中的物理效应、化学效应等基本效应进行分类，如物理型、化学型、生物型等。

② 以构成原理进行分类，如以转换元件结构参数变化来实现信号转换的结构型和以转换元件物理特性变化实现信号转换的物性型等。

③ 按输入物理量进行分类，以被测物理量命名，如位移、压力、温度、流量、加速度等传感器。

④ 按传感器转换信号的工作原理进行分类，如电阻式、热电式、光电式等。

⑤ 按输出信号的形式进行分类，如模拟式和数字式，其输出信号分别为模拟信号和数字信号。

2. 电阻式传感器

一般来说，电阻式传感器具有以下几种基本型式：线绕电位器式电阻传感器；应变式电阻传感器；热电阻；热敏电阻和 PN 结型集成温度传感器。它们的共同特征都是把待测的物理量转换为电阻值的变化来测量。可以测量机械位移、机械变形、温度和温度变化等。

3. 电容式传感器

（1）电容式传感器的基本工作原理

一个以空气为介质，两个平行金属板组成的平板电容器，当不考虑边缘效应时，它的电容量可用下式表示：

$$C = \frac{\varepsilon A}{d}(\text{F})$$

式中 ε 是极板间介质的介电系数（F/m）；A 是两平行极板相互覆盖的面积（m^2）；d 是两极板间距离（m）。

如果将上极板固定，下极板与被测运动物体相连，当被测运动物体作上、下位移（d 变化）或左、右位移（A 变化）时，将引起电容量的变化。通过测量电路将这种电容变化转换为电压、电流、频率等电信号输出，根据输出信号的大小即可测出运动物体位移的大小。如果两极板固定不动，极板间的介质参数发生变化，使介电常数发生变化，从而引起电容量变化。利用这一点，可用来测定介质的各种状态参数，如介质在极板间的位置、介质的湿度、密度等。由此，形成了各种不同类型的电容式传感器。

（2）电容式传感器的测量电路

要把电容量的变化转变为可测量的电信号输出,必须使用测量转换电路。常用的测量转换电路有交流电桥测量电路、运算放大器式测量电路和调频放大器式测量电路等几种。

4. 磁电式传感器

常用的磁电式传感器有电磁感应式传感器和霍尔传感器。

电磁感应式传感器的工作原理是:线圈在磁场中运动时,所产生的感应电动势的大小取决于穿过线圈的磁通量的变化率。电磁感应式传感器利用电磁感应原理,将运动速度转换成线圈中的感应电动势输出。可直接用于测量线速度与角速度。由于速度与位移、加速度之间存在一定的积分或微分关系,因此,如果在感应电动势的测量电路中接入相应的微分或积分电路,还可用来测量运动的位移和加速度。

霍尔传感器是利用霍尔效应来测量电流、磁感应强度和位移、速度、加速度等。

5. 压电传感器

利用压电效应与电致伸缩效应来测量压力,也可以测量能通过其他方法变换成力的参数,如压强、加速度、位移等。

6. 热电式传感器

利用热电偶的基本工作原理来测量物体的温度。使用热电偶需要了解热电偶的基本特性。根据测量条件选择适当的热电偶材料。

7. 光电式传感器

利用光电效应来测量某些物理特性的装置就是光电式传感器。使用光电式传感器主要测量光强度、光照度等光学量,用于光度测量、光谱分析、安全保护等。

8. 气敏传感器

利用一些半导体和陶瓷材料的物理性能对某种气体的特殊敏感性对气体的浓度进行测量。用于探测某种气体的有无、浓度。由于半导体和陶瓷材料的物理性能的变化会受到多种因素的影响,气敏传感器只能做到定性或半定量的测量。主要用于危险气体的探测与报警。

三、部分习题解答

9.2.1　什么是材料的应变效应?电阻应变片式传感器由哪几部分组成?各部分的作用是什么?

解:导体或半导体材料在外界的作用(如压力、拉力等)下产生机械变形,使其阻值发生变化,这种现象称为应变效应。依据这种效应制成的应变片式传感器主要由基底、应变丝(应变片)、引线等组成。应变片是传感器的核心部分,它用于把材料的形变转变为对应的电阻值的变化;基底上附着着应变片,用于把被测材料受外界作用所产生的应变传送到应变片上;引线起导体连接作用。

9.3.1　不同形式的差动位移式电容传感器可以测量什么物理量?其测量电路有哪些不同的形式?

解:可以测量位移、角度、压力、压差、液面、料位等。

其测量电路有交流电桥式测量电路、运算放大器式测量电路和调频放大器式测量电路等。

9.4.1　霍尔式传感器有何特点?可以测量哪些对象?

解:霍尔式传感器的特点是体积小、价格便宜、稳定性高,霍尔电压与磁感应强度和工作电流成线性关系。广泛用于电流、磁感应强度、位移、压力、液位、流量、转速等测量,通过适当的变量代换,还可以进行乘积运算。

9.5.1　用压电敏感元件和电荷放大器组成的压力测量系统能否用于静态测量?为什么?

解:压电敏感元件受力时产生的电荷是束缚电荷,不能自由流动。它通过对异号电荷的吸引在外电路中产生电流。当压电敏感元件所受的力不发生变化时,束缚电荷量不变化,外电路中的电流仅在产生束缚电荷的瞬间产生,随即消失为零。所以,用压电敏感元件和电荷放大器组成的压力测量系统不能用于静态测量。

9.6.1　组成热电偶的材料比较昂贵。为了实现远程测量,需要用补偿导线将热电偶与传感器相连。要想不引入较大误差,需要对补偿导线提出什么要求?

解:选用补偿导线时,要求补偿导线价格便宜,且在室温附近的一定温度范围内,补偿导线具有和所连接的热电偶相同的热电性能。

9.7.1　光敏电阻的工作原理是什么?有何用途?

解:组成光敏电阻的半导体材料受到光照射时,吸收入射光子能量,若光子能量大于或等于半导体材料的禁带宽度,就激发出电子－空穴对,使载流子浓度增加,半导体的导电性增加,阻值降低。光敏电阻的阻值随光照度的增加而减小,当光照停止,其阻值又恢复原值。所以可测量光强的大小。

由于光照特性的非线性,不适宜于要求测量线性度高的场合,常用作开关式光电信号传感元件。

9.7.2　将光电二极管正向连接,通以较大电流,可否作为发光二极管使用?将发光二极管反向连接,加以较大电压,能否作为光电二极管使用?为什么?

解:光电二极管与发光二极管的区别在于一般发光二极管的结区面积较小,PN结厚度较厚(便于电子与空穴复合发光);而光电二极管的结区面积较大(接受光能多),PN结厚度较薄,在结区中电子与空穴复合较少,有利于光生载流子形成有效电流。所以光电二极管与发光二极管不能互换使用。

9.8.1　气敏和湿敏传感器在日常生活中有什么应用?能否举出几个例子?

解:家用可燃性气体报警器;车用酒精检测仪;汽车尾气检测传感器;锅炉烟囱排气检测传感器;气象预报用大气湿度仪等。

9.9.1　测量物体位移的有多种传感器,试把它们列举出来,并说明它们的主要特征。

解:测量物体位移的传感器有:

(1)线绕电位器式电阻传感器:其特点是结构简单、使用方便。缺点是非线性误差较大。

(2)电容式传感器:优点是结构简单,动态响应好,能实现无接触测量。它的灵敏度高,分辨力强,能测量 $0.01\ \mu m$ 甚至更小的位移。缺点是非线性误差较大。

(3)电磁感应式传感器:工作时不需要电源,直接从被测物体吸取机械能,转换为电信号输出。由于它的输出功率较大,因而大大简化了测量电路,且性能稳定,具有一定的工作带宽。由于其输出与速度成正比,测量电路中需加接一积分电路,则其输出就与位移成正比。

（4）霍尔传感器:特点是体积小、价格便宜、稳定性高,霍尔电压与磁感应强度和工作电流成线性关系。不仅可用于电流、磁感应强度、位移、压力、液位、流量、转速等测量,通过适当的变量代换,还可以进行乘积运算。

（5）光电传感器:特点是精度高,分辨力高,可靠性高,抗干扰能力强,并可进行非接触测量,能测量一切能转换为光量变化的信号。

第10章 数字电路基础

一、基本要求

1. 掌握二进制、八进制、十进制、十六进制数的组成及其相互转换，了解常用 BCD 码；

2. 掌握逻辑代数的基本定理和常用公式，并能进行逻辑函数的化简与变换；

3. 理解与门、或门、非门、与非门和异或门的逻辑功能，了解 TTL 与非门及其电压传输特性和主要参数，了解 CMOS 门电路的特点，了解三态门的概念。

二、阅读指导

1. 常用数制的表示方法

任意进制数的多项式展开式为

$$(N)_R = a_{n-1}R^{n-1} + a_{n-2}R^{n-2} + \cdots + a_iR^i + \cdots + a_1R^1 + a_0R^0$$
$$+ a_{-1}R^{-1} + a_{-2}R^{-2} + \cdots + a_{-m}R^{-m} \tag{10-1}$$

式(10-1)的普遍形式为

$$(N)_R = \sum a_iR^i \tag{10-2}$$

式(10-2)中，a_i 为第 i 位的系数；R 为计数基数，十进制数 $R=10$，二进制数 $R=2$，八进制数 $R=8$，十六进制 $R=16$；R^i 为第 i 位的权。

2. 常用数制间的转换

常用数制间的转换有二 – 十进制、八 – 十进制、十六 – 十进制、二 – 八 – 十六进制数间的转换。一般二、八、十六进制数转换为十进制数采用多项式法；十进制数转换为二、八、十六进制数采用基数除/乘法；而基数为 2^i 的各种进制间的转换采用直接转换法。

3. 编码

若所需编码的信息有 N 种，则所要用的二进制数码的位数 n 应满足

$$2^n \geqslant N$$

8421BCD 码是用 4 位二进制码表示 1 位十进制数的一种方法，它的每一位的权从左到右依次是 8、4、2、1，由于每一位都有固定的权，所以是有权码。一般情况下，有权码的十进制数与二进制代码之间的关系可用下式表示

$$(N)_{10} = b_3W_3 + b_2W_2 + b_1W_1 + b_0W_0 \tag{10-3}$$

式(10-3)中，$W_3 \sim W_0$ 为二进制代码中各位的权。

余 3 码是由 8421BCD 码加 3(**0011**)得来的，每一位没有固定的权，其编码关系不能用式(10-3)来表示，所以它是一种无权码。

4. 逻辑代数基本知识

(1) 基本逻辑运算

逻辑与:也称逻辑乘。可写成 $F = A \cdot B \cdot \cdots$。**与**逻辑关系可用简单口诀来助记:"**有 0 出 0,全 1 出 1**"。

逻辑或:也称逻辑加。可写成 $F = A + B + \cdots$。**或**逻辑关系可用简单口诀来助记:"**有 1 出 1,全 0 出 0**"。

逻辑非:也称逻辑否定。可写成 $F = \overline{A}$。**非**逻辑关系可归纳为"**非 0 则 1,非 1 则 0**",或写成 $\overline{1} = 0, \overline{0} = 1$。

（2）逻辑代数的基本定理和定律

① 基本定理　共 9 条。

$$A + 0 = A \qquad A + 1 = 1 \qquad A + A = A$$

$$A \cdot 0 = 0 \qquad A \cdot 1 = A \qquad A \cdot A = A$$

$$A \cdot \overline{A} = 0 \qquad A + \overline{A} = 1 \qquad \overline{\overline{A}} = A$$

② 基本定律　共 5 条。

（ i ）交换律　　$A + B = B + A$

$$A \cdot B = B \cdot A$$

（ ii ）结合律　　$A + (B + C) = (A + B) + C = (A + C) + B$

$$A \cdot (B \cdot C) = (A \cdot B) \cdot C = (A \cdot C) \cdot B$$

（ iii ）分配律　　$A \cdot (B + C) = A \cdot B + A \cdot C$

$$(A + B) \cdot (A + C) = A + B \cdot C$$

（ iv ）反演律　　也称摩根定理。

$$\overline{A \cdot B} = \overline{A} + \overline{B} \qquad \overline{A + B} = \overline{A} \cdot \overline{B}$$

（ v ）吸收律

$$A(A + A) = A \qquad A + AB = A$$

$$A(\overline{A} + B) = AB \qquad A + \overline{A}B = A + B$$

5. 逻辑函数的表示方法

① 状态真值表　将所有的自变量的全部不同取值组合与因变量逻辑值列成表格即为状态真值表。

② 逻辑代数表达式　最常用的逻辑代数表达式是**与或**表达式。

③ 逻辑图　用逻辑符号表示基本逻辑元件实现逻辑函数功能的电路图称为逻辑图。

6. 逻辑函数的化简方法

逻辑函数化简的目标是使函数式中**与**项最少,每个**与**项中所含变量个数之和最少,并使其运算关系符合现有逻辑元件能够实现的形式。

① 代数化简法　用逻辑代数的基本定理和定律进行化简。

② 卡诺图化简法　在卡诺图中,2^k 个几何位置相邻的 1 格具有逻辑上的相邻性,它们代表的最小项可以合并为一个乘积项,并消去 k 个取值有变化的变量,其中 k 为大于零的整数。

7. 集成逻辑门电路

TTL **与非**门是一典型的集成逻辑门电路,它的功能及电路符号同分立元件门电路相同。在实际中应用较多,其输出高电平 $U_{OH} = 3.6\text{ V}$,输出低电平 $U_{OL} = 0.3\text{ V}$,即所谓的 TTL 电平。

普通门电路的输出只有两种状态:高电平或低电平;而三态门的输出不仅有高电平、低电平,还有一种高阻状态,也称为悬浮态。TTL 三态门是在普通门的基础上,加上使能控制端(也称使能端)和控制电路构成的。

集电极开路与非门(OC 门)电路特点是:

① 输出级晶体管的集电极开路,可外接驱动继电器、信号指示灯、发光二极管等。

② 可实现线与。

在开关电路中使用的场效应管主要是绝缘栅增强型场效应管。MOS 门电路的优点是制造工艺简单,集成度高,功耗低,抗干扰能力强等。常用 MOS 门电路有 NMOS 门电路和 CMOS 门电路两类,重点掌握电路逻辑功能的分析方法。

与 NMOS 门电路比较,CMOS 门电路则由 N 沟道管及 P 沟道管共同组成,CMOS 门电路与 TTL 门电路一样,是目前使用最广泛的集成电路,两者在逻辑功能上并无本质区别,只是电气特性存在一定的区别:

① CMOS 门电路的输入阻抗很高,不需要输入电流,也没有输入负载特性。

② TTL 门电路的电源电压被严格规定在$(5 \pm 10\%)$ V 范围,而 CMOS 门电路电源电压的范围很宽,在 $3 \sim 18$ V 范围内都可以工作。

③ CMOS 门电路的功耗在 nW(10^{-9}瓦)数量级,而 TTL 门电路的功耗在 mW(10^{-3}瓦)数量级,所以在低功耗集成电路方面,CMOS 门电路比 TTL 门电路有很大的优势。

④ TTL 与非门的输入端可以悬空,而 CMOS 与非门的输入端则不可以悬空。

三、例题解析

例 10 - 1　将十六进制数$(3AF.E)_{16}$转换为十进制数。

解:利用按权展开式展开:

$$
\begin{aligned}
(3AF.E)_{16} &= (3 \times 16^2 + A \times 16^1 + F \times 16^0 + E \times 16^{-1})_{10} \\
&= (3 \times 16^2 + 10 \times 16^1 + 15 \times 16^0 + 14 \times 16^{-1})_{10} \\
&= (768 + 160 + 15 + 0.875)_{10} \\
&= (943.875)_{10}
\end{aligned}
$$

当把二进制数、八进制数、十六进制数转换为十进制数时,先按权即 2^i、8^i 或 16^i($i = -m$, $-(m-1), \cdots, 0, 1, \cdots, n-1$)展开为多项式,然后按十进制数进行计算,结果便是十进制数。

例 10 - 2　将十进制数$(87)_{10}$转换成二进制数。

解:由于只有整数部分,所以利用除基取余法即可,即用二进制的基数 2 不断去除十进制数$(87)_{10}$

2	87		…1	……b_0	最低位(LSB)
2	43		…1	……b_1	
2	21		…1	……b_2	
2	10		…0	……b_3	
	2	5	…1	……b_4	
	2	2	…0	……b_5	
	2	1	…1	……b_6	最高位(MSB)
		0			

所得余数由最高位到最低位依次排列即得转换后的二进制数,即$(87)_{10} = (\textbf{1010111})_2$。

例 10 – 3 二进制数$(\textbf{11101101.1})_2$,其对应的余 3 码是什么?

解: 首先要把二进制数转换为十进制数,然后再用余 3 码表示。

$$(\textbf{11101101.1})_2 = (1 \times 2^7 + 1 \times 2^6 + 1 \times 2^5 + 1 \times 2^3 + 1 \times 2^2 + 1 \times 2^0 + 1 \times 2^{-1})_{10}$$

$$= (128 + 64 + 32 + 8 + 4 + 1 + 0.5)_{10}$$

$$= (237.5)_{10}$$

则 $$(\textbf{11101101.1})_2 = (237.5)_{10} = (\textbf{0101 0110 1010. 1000})_{\text{余3BCD}}$$

例 10 – 4 试化简逻辑函数 $F = AC + A\bar{C} + AB + \bar{A}C + BD + ADEG + \bar{B}EG + DEGH$。

解: $F = A(C + \bar{C}) + AB + \bar{A}C + BD + ADEG + \bar{B}EG + DEGH$

$= A + AB + \bar{A}C + BD + ADEG + \bar{B}EG + DEGH$ $\quad\quad (A + AB + ADEG = A)$

$= A + \bar{A}C + BD + \bar{B}EG + DEGH$ $\quad\quad\quad\quad\quad (A + \bar{A}C = A + C)$

$= A + C + BD + \bar{B}EG + DEGH$

$= A + C + BD + \bar{B}EG$

例 10 – 5 已知逻辑函数 F 的反函数 $\bar{F} = B\bar{D}\bar{E} + \bar{B}\bar{C}E + B\bar{C}D + \bar{B}CD\bar{E}$,试求 F 的**或非**式。

解:
$$F = \bar{\bar{F}} = \overline{B\bar{D}\bar{E} + \bar{B}\bar{C}E + B\bar{C}D + \bar{B}CD\bar{E}}$$

$$= (\bar{B} + D + E)(B + C + \bar{E})(\bar{B} + C + \bar{D})(B + \bar{C} + \bar{D} + E)$$

$$= \overline{\overline{\bar{B} + D + E} + \overline{B + C + \bar{E}} + \overline{\bar{B} + C + \bar{D}} + \overline{B + \bar{C} + \bar{D} + E}}$$

例 10 – 6 试用卡诺图化简逻辑函数 $F = \bar{A}\bar{B}\bar{D} + B\bar{C}D + BC + C\bar{D} + \bar{B}C\bar{D}$。

解: 作四变量卡诺图,把逻辑函数 F 直接填入卡诺图中,如图 10 – 1 所示。根据画包围圈的原则画出包围圈如图 10 – 1(a)、(b)所示。

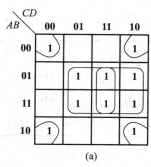
(a)

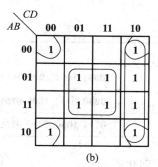
(b)

图 10 – 1

按图 10 – 1(a)写出的化简结果为

$$F = \bar{B}\bar{D} + BD + BC$$

按图 10 – 1(b)写出的化简结果为

$$F = \bar{B}\bar{D} + BD + C\bar{D}$$

两个化简结果的乘积项个数相同,每个乘积项的因子数也相同,所以都是最简表达式。此例说明,逻辑函数的卡诺图是唯一的,但其最简表达式不是唯一的。在这种情况下,只需用一种最简表达式作为化简结果即可。

四、部分习题解答

10.1.1 将下列十进制数转换成二进制数、八进制数和十六进制数。

(1) 185　　　(2) 0.625　　　(3) 8.5

解:

十进制数	二进制数	八进制数	十六进制数
185	1011 1001	271	B9
0.625	0.101	0.5	0.A
8.5	1000.1	10.4	8.8

10.1.2 将下列二进制数转换成十进制数、八进制数和十六进制数。

(1) 10 1001　　　(2) 0.011　　　(3) 1001.11

解:

二进制数	十进制数	八进制数	十六进制数
10 1001	41	51	29
0.011	0.375	0.3	0.6
1001.11	9.75	11.6	9.C

10.1.3 将下列十进制数用 8421 码和余 3 码表示。

(1) 1987　　　(2) 0.785　　　(3) 78.24

解:

十进制数	8421 码	余 3 码
1987	0001 1001 1000 0111	0100 1100 1011 1010
0.785	0000.0111 1000 0101	0011.1010 1011 1000
78.24	0111 1000.0010 0100	1010 1011.0101 0111

10.1.4 完成下列代码转换。

(1) $(0011\ 1001\ 0101)_{8421BCD} = ($　　　　　$)_{2421BCD}$

(2) $(1001\ 0111\ 1010)_{余3码} = ($　　　　$)_{8421BCD}$

解:(1) $(0011\ 1001\ 0101)_{8421BCD} = (0011\ 1111\ 0101)_{2421BCD}$

或$(0011\ 1001\ 0101)_{8421BCD} = (1001\ 1111\ 1011)_{2421BCD}$

(2) $(1001\ 0111\ 1010)_{余3码} = (0110\ 0100\ 0111)_{8421BCD}$

10.2.1 用逻辑代数的方法证明下列等式。

（1）$\overline{AB + AC} = \bar{A} + \bar{B}\bar{C}$

（2）$AB + \bar{A}C + \bar{B}D + \bar{C}D = AB + \bar{A}C + D$

（3）$\bar{A} \oplus \bar{B} = A \oplus B$

解：（1）左式 $= \overline{AB} \cdot \overline{AC} = (\bar{A} + \bar{B})(\bar{A} + \bar{C}) = \bar{A} + \bar{A}(\bar{B} + \bar{C}) + \bar{B}\bar{C} = \bar{A} + \bar{B}\bar{C}$
$\qquad\qquad$ = 右式

（2）左式 $= AB + \bar{A}C + BC + (\bar{B} + \bar{C})D = AB + \bar{A}C + BC + (\overline{BC})D$
$\qquad\qquad = AB + \bar{A}C + BC + D = AB + \bar{A}C + D =$ 右式

（3）左式 $= \bar{A}B + A\bar{B} = A \oplus B =$ 右式

10.2.2 写出下列逻辑函数的对偶函数。

（1）$F = \bar{A}\bar{B} + AB + CD$

（2）$F = A \cdot (\bar{B} + C\bar{D} + E)$

（3）$F = A + \overline{B + \bar{C} + \overline{D + E}}$

解：（1）$F' = (\bar{A} + \bar{B}) \cdot (A + B) \cdot (C + D)$

（2）$F' = A + \bar{B} \cdot (C + \bar{D}) \cdot E$

（3）$F' = A \cdot \overline{B \cdot \bar{C} \cdot \overline{D \cdot E}}$

10.2.3 写出下列逻辑函数的反函数。

（1）$F = AB + C\bar{D} + AC$

（2）$F = \bar{A}\bar{B}C + \bar{A}B\bar{C} + A\bar{B}\bar{C} + ABC$

（3）$F = \overline{(A + B) \cdot \bar{C}} + \bar{D}$

解：（1）$\bar{F} = (\bar{A} + \bar{B}) \cdot (\bar{C} + D) \cdot (\bar{A} + \bar{C})$

（2）$\bar{F} = (A + B + \bar{C}) \cdot (A + \bar{B} + C) \cdot (\bar{A} + B + C) \cdot (\bar{A} + \bar{B} + \bar{C})$

（3）$\bar{F} = \overline{\bar{A} \cdot \bar{B} + C} \cdot D$

10.2.4 将下列逻辑函数展开为最小项表达式。

（1）$F(A,B,C) = AB + AC$

（2）$F(A,B,C) = \bar{A} \cdot \overline{\bar{B} + \bar{C}}$

（3）$F(A,B,C,D) = AD + BC\bar{D} + \bar{A}\bar{B}C$

解：（1）$F(A,B,C) = AB + AC = AB(C + \bar{C}) + A(B + \bar{B})C$
$\qquad\qquad = AB\bar{C} + AB\bar{C} + ABC = \sum m(5,6,7)$

（2）$F(A,B,C) = \bar{A} \cdot \overline{\bar{B} + \bar{C}} = \bar{A}BC = \sum m(1)$

（3）$F(A,B,C,D) = AD + BC\bar{D} + \bar{A}\bar{B}C$

$$= AD(B + \overline{B})(C + \overline{C}) + (A + \overline{A})BC\overline{D} + \overline{A}BC(D + \overline{D})$$

$$= \overline{A}\overline{B}C\overline{D} + \overline{A}\overline{B}CD + \overline{A}BC\overline{D} + A\overline{B}C\overline{D} + A\overline{B}CD + ABC\overline{D} + ABC\overline{D} + ABCD$$

$$= \sum m(2,3,6,9,11,13,14,15)$$

10.2.5　试列出逻辑函数 $Y = A\overline{B} + B\overline{C} + C\overline{A}$ 的真值表。

解:真值表为:

A	B	C	Y
0	0	0	0
0	0	1	1
0	1	0	1
0	1	1	1
1	0	0	1
1	0	1	1
1	1	0	1
1	1	1	0

10.2.6　用逻辑代数法化简下列函数。

(1) $F(A,B) = A\overline{B} + B + \overline{A}B$

(2) $F(A,B,C) = \overline{A}\overline{B}\overline{C} + \overline{A}B\overline{C} + A\overline{B}\overline{C} + \overline{A}\overline{B}C$

(3) $F(A,B,C,D) = A\overline{C} + ABC + AC\overline{D} + CD$

解:(1) $F(A,B) = A\overline{B} + B + \overline{A}B = B + A + \overline{A}B = B + A$

(2) $F(A,B,C) = \overline{A}\overline{B}\overline{C} + \overline{A}B\overline{C} + A\overline{B}\overline{C} + \overline{A}\overline{B}C$

$$= \overline{A}(\overline{B} + B)\overline{C} + (\overline{A} + A)\overline{B}\overline{C} + \overline{A}\overline{B}(\overline{C} + C) = \overline{A}\overline{C} + \overline{B}\overline{C} + \overline{A}\overline{B}$$

(3) $F(A,B,C,D) = A\overline{C} + ABC + AC\overline{D} + CD$

$$= A(\overline{C} + BC) + C(A\overline{D} + D) = A(\overline{C} + B) + C(D + A)$$

$$= A\overline{C} + AB + CD + AC = A + AB + CD = A + CD$$

10.2.7　用卡诺图化简下列逻辑函数为最简**与或式**。

(1) $F(A,B,C) = \sum m(0,2,5,6,7)$

(2) $F(A,B,C,D) = \sum m(1,3,5,7,8,13,15)$

(3) $F(A,B,C,D) = \overline{A}B\overline{D} + AB\overline{C} + \overline{B}C\overline{D} + ABCD$

解:(1) 卡诺图如题 10.2.7 图(a)所示,由图得

$$F = \overline{A}\overline{C} + AC + BC\ \text{或}\ F = \overline{A}\overline{C} + AC + AB$$

(2) 卡诺图如题 10.2.7 图(b)所示,由图得

$$F = AB\overline{C}\,\overline{D} + \overline{A}D + BD$$

（3）卡诺图如题 10.2.7 图（c）所示，由图得

$$F = AB\overline{C} + B\overline{D} + C\overline{D}$$

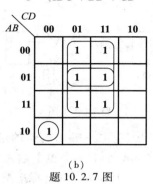
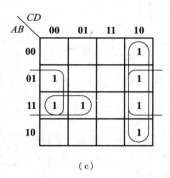
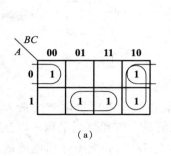

（a）　　　　　　　（b）　　　　　　　（c）

题 10.2.7 图

10.2.8　用卡诺图化简下列包含无关项的逻辑函数为最简**与或式**。

（1）$F(A,B,C) = \sum m(2,4) + \sum d(3,5,6,7)$

（2）$F(A,B,C,D) = \sum m(4,6,10,13,15) + \sum d(0,1,2,5,7,8)$

（3）$F = \overline{A}\,\overline{B}\,\overline{C} + \overline{A}BC$，无关项为 $A\overline{C} + A\overline{B} = 0$

解：（1）卡诺图如题 10.2.8 图（a）所示，由图得

$$F = A + B$$

（2）卡诺图如题 10.2.8 图（b）所示，由图得

$$F = \overline{A}\,\overline{D} + BD + \overline{B}\,\overline{D} \ 或 \ F = \overline{A}B + BD + \overline{B}\,\overline{D}$$

（3）卡诺图如题 10.2.8 图（c）所示，由图得

$$F = \overline{B}$$

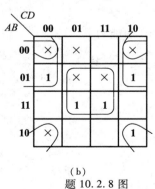
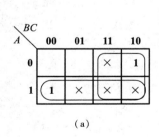
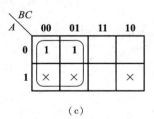

（a）　　　　　　　（b）　　　　　　　（c）

题 10.2.8 图

10.4.1　题 10.4.1 图所示各门的输出电平为何值？这里的门都为标准 TTL74 系列。

解：$F_1 = 0$；$F_2 = 1$；$F_3 = 1$，一端悬空相当于接高电平，另一端接 3 kΩ 电阻（ >2 kΩ），相当于接高电平，所以**与**门输出为高电平；$F_4 = 0$，输入端接 300 Ω 电阻（ <800 Ω），相当于接低电平，所以**与**门输出为低电平；$F_5 = 1$；$F_6 = 1$；$F_7 = 0$，接 10 kΩ 电阻的输入端相当于接高电平，所以**或非**门输出为低电平；$F_8 = 1$，接 450 Ω 电阻的输入端相当于接低电平，所以**异或**门输出为高电平。

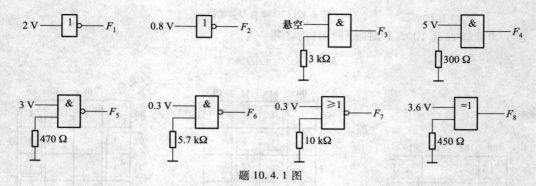

题 10.4.1 图

10.4.2 现有低功耗与非门 74L10,高电平输出电流的最大值和低电平输出电流的最大值分别为: $I_{\mathrm{OHmax}} = -200\ \mu\mathrm{A}$, $I_{\mathrm{OLmax}} = 3.6\ \mathrm{mA}$;而它的高电平输入电流的最大值和低电平输入电流的最大值分别为: $I_{\mathrm{IHmax}} = 10\ \mu\mathrm{A}$, $I_{\mathrm{ILmax}} = -0.18\ \mathrm{mA}$。现有标准型与非门 7410,高电平输出电流的最大值和低电平输出电流的最大值分别为: $I_{\mathrm{OHmax}} = -400\ \mu\mathrm{A}$, $I_{\mathrm{OLmax}} = 16\ \mathrm{mA}$;而它的高电平输入电流的最大值和低电平输入电流的最大值分别为: $I_{\mathrm{IHmax}} = 40\ \mu\mathrm{A}$, $I_{\mathrm{ILmax}} = -1.6\ \mathrm{mA}$。试计算

(1) 与非门 74L10 和与非门 7410 的扇出系数。

(2) 与非门 74L10 驱动与非门 7410 的能力。

解:(1) 与非门 74L10 的扇出系数 N

$$N_1 = \frac{I_{\mathrm{OLmax}}}{I_{\mathrm{ILmax}}} = \frac{3.6}{0.18} = 20, \quad N_2 = \frac{I_{\mathrm{OHmax}}}{I_{\mathrm{IHmax}}} = \frac{200}{10} = 20$$

所以 $N = 20$。

与非门 7410 的扇出系数 N

$$N_1 = \frac{I_{\mathrm{OLmax}}}{I_{\mathrm{ILmax}}} = \frac{16}{1.6} = 10, \quad N_2 = \frac{I_{\mathrm{OHmax}}}{I_{\mathrm{IHmax}}} = \frac{400}{40} = 10$$

所以 $N = 10$。

(2) 与非门 74L10 驱动与非门 7410 的能力

$$N_1 = \frac{I_{\mathrm{OLmax}}}{I_{\mathrm{ILmax}}} = \frac{3.6}{1.6} = 2.25, \quad N_2 = \frac{I_{\mathrm{OHmax}}}{I_{\mathrm{IHmax}}} = \frac{200}{40} = 5$$

所以取 $N = 2$。

第 11 章　组合逻辑电路

一、基本要求

1. 掌握组合逻辑电路的特点及其分析和设计方法；
2. 理解几种常用的组合逻辑电路构成原理及几种中规模器件的功能并掌握使用方法；
3. 了解组合逻辑电路中的不稳定因素：竞争－冒险现象及其消除方法。

二、阅读指导

1. 组合逻辑电路的特点

组合逻辑电路在逻辑功能上的特点是：电路任意时刻的输出状态只取决于该时刻的输入状态，而与该时刻之前的电路输入状态和输出状态无关。可以由逻辑门或者由集成组合逻辑单元电路组成，从输出到各级门的输入无任何反馈线。

组合逻辑电路的输出信号是输入信号的逻辑函数。这样，逻辑函数的四种表示方法都可以用来表示组合逻辑电路的功能。

2. 组合逻辑电路的分析

组合逻辑电路的分析就是根据给定的逻辑电路，通过分析找出电路的逻辑功能，或是检验所设计的电路是否能实现预定的逻辑功能，并对功能进行描述。

3. 组合逻辑电路的设计

根据给定的逻辑功能要求，设计出能实现这一功能要求的最简组合逻辑电路，就是设计组合逻辑电路的任务。

在设计组合逻辑电路时，电路的最简是我们追求的目标之一。电路的"最简"含意是指所用器件数最少、器件的品种最少、器件间的连线也最少。

4. 常用组合逻辑电路

（1）译码器

译码和编码是互逆过程。在电路中，译码是指按一定的规则将一个组合信号，转换成一个对应输出线的有效电平输出，该组合信号可以理解为对应输出线的地址编码，此时每个数字代表一个输出线。译码器可以对一组信号按地址编码单独选中其中一个线输出。

（2）编码器

编码：在电路中将多个信号中的一个信号，用电路按一定的规则转换成一组信号输出的过程称为编码。

优先编码器：在使用普通二进制编码器和二－十进制编码器中，当两个以上信号同时输入编码器时将产生错误码输出，而优先编码器则对输入信号依照规定的先后顺序进行编码。

（3）数据选择器

　　在多个输入数据源中选择其中一个作为输出的部件称为数据选择器或多路选择器。该输出值由数据源的值决定,随数据源的变化而变化。

　　(4)加法器

　　半加器是实现一位二进制数相加的组合逻辑电路,实际为两变量相加。

　　全加器是考虑低位进位的二进制加法组合逻辑电路,实际为三变量同时相加。

　　(5)竞争与冒险

　　竞争是指电路中在一个门电路输入端出现互补输入信号,此时由于互补信号各自通过电路路径不同,信号的延迟时间不同,门电路的输出就有可能出现不可预料的情况。

　　由于竞争的出现,在输出信号上产生尖峰脉冲的现象称为竞争 – 冒险。

三、例题解析

　　例 11 – 1　用 8 选 1 数据选择器 74LS151 实现的电路如图 11 – 1 所示,写出输出 F 的逻辑表达式,列出真值表并说明电路功能。

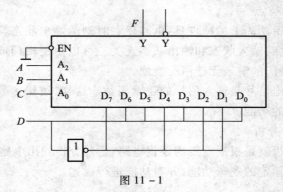

图 11 – 1

　　解:根据 8 选 1 数据选择器 74LS151 的功能可知,其输出表达式为

$$Y = \bar{A}_2\bar{A}_1\bar{A}_0D_0 + \bar{A}_2\bar{A}_1A_0D_1 + \bar{A}_2A_1\bar{A}_0D_2 + \bar{A}_2A_1A_0D_3 + A_2\bar{A}_1\bar{A}_0D_4 + A_2\bar{A}_1A_0D_5 + A_2A_1\bar{A}_0D_6 + A_2A_1A_0D_7$$

$$(11 – 1)$$

　　按照图 11 – 1 所示电路的连接方式,将 A、B、C 代入式(11 – 1)的 A_2、A_1、A_0,将 D 代替 D_6、D_5、D_3、D_0,$\bar{D}$ 代替 D_7、D_4、D_2、D_1,得到

$$Y = \bar{A}\,\bar{B}\,\bar{C}D + \bar{A}\,\bar{B}C\bar{D} + \bar{A}B\bar{C}\bar{D} + \bar{A}BCD + A\bar{B}\,\bar{C}\bar{D} + A\bar{B}CD + AB\bar{C}D + ABC\bar{D} \qquad (11 – 2)$$

　　根据式(11 – 2)得到电路的真值表如表 11 – 1 所示,由表可见,该电路是 4 位奇校验器,即当 4 位输入 A、B、C、D 中 **1** 的个数为奇数时,输出 $F = \mathbf{1}$,为偶数时 $F = \mathbf{0}$。该电路可作为串行通信收发电路中产生奇偶校验码使用。

表 11 – 1　例 11 – 1 真值表

$A\,B\,C\,D$	F	$A\,B\,C\,D$	F
0000	0	0010	1
0001	1	0011	0

续表

$A\ B\ C\ D$	F	$A\ B\ C\ D$	F
0 1 0 0	1	1 0 1 0	0
0 1 0 1	0	1 0 1 1	1
0 1 1 0	0	1 1 0 0	0
0 1 1 1	1	1 1 0 1	1
1 0 0 0	1	1 1 1 0	1
1 0 0 1	0	1 1 1 1	0

例 11 - 2 判断函数 $F = \overline{A}B + AD + \overline{BCD}$ 对应的组合逻辑电路是否存在竞争 - 冒险。

解: 由于函数表达式中存在 $\overline{A}$ 和 A,因此需要分析变量 A 在其他变量定值时所构成的表达式,具体如表 11 - 2 所示。

表 11 - 2 例 11 - 2 真值表

B	C	D	F
0	0	0	1
0	0	1	1
0	1	0	1
0	1	1	1
1	0	0	1
1	0	1	1
1	1	0	1
1	1	1	$\overline{A} + A$

由于表达式在 B、C、D 为 1 时,只有 $\overline{A} + A$,当 $\overline{A}$ 和 A 出现的时间不一致时,就可能产生临界竞争,导致 0 型险象,由此可见该逻辑电路存在竞争 - 冒险。

例 11 - 3 试用 4 位先行进位加法器 74LS283 和门电路,将 4 位二进制码转换为 1 位 8421BCD 码,写出设计过程,画出逻辑电路图。

解: 设 4 位二进制码为 $A_3A_2A_1A_0$,1 位 8421BCD 码为 $S_3S_2S_1S_0$。我们知道,8421BCD 码是十进制,逢十进一,而 4 位二进制码是逢十六进一,因此必须进行判 9,当 4 位二进制码小于等于 9 时,直接转换,大于 9 时加 6(**0110**)进行校正,由此可列出 4 位二进制码 $A_3A_2A_1A_0$ 与校正信号 F 的真值表如表 11 - 3 所示。

这样通过写逻辑函数表达式并化简,最后得出

$$F = A_1A_3 + A_2A_3$$

表 11 –3　例 11 –3 真值表

A_3	A_2	A_1	A_0	F
0	0	0	0	0
0	0	0	1	0
0	0	1	0	0
0	0	1	1	0
0	1	0	0	0
0	1	0	1	0
0	1	1	0	0
0	1	1	1	0
1	0	0	0	0
1	0	0	1	0
1	0	1	0	1
1	0	1	1	1
1	1	0	0	1
1	1	0	1	1
1	1	1	0	1
1	1	1	1	1

根据要求可画出逻辑电路图如图 11 –2 所示。

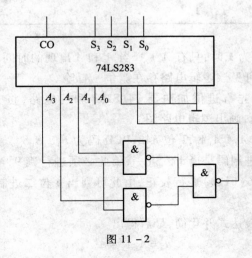

图 11 –2

例 11 - 4　试用一个 74LS138 型 3 线 - 8 线译码器和与非门组成实现逻辑函数 $F = \overline{A}B + \overline{B}C + \overline{C}A$ 的电路。

解： 画出该函数 F 的卡诺图，如图 11 - 3 所示。由此可写出函数的最小项表达式为

$$F = \overline{A}\overline{B}C + \overline{A}B\overline{C} + \overline{A}BC + A\overline{B}\overline{C} + A\overline{B}C + AB\overline{C} = \overline{\overline{\overline{A}\overline{B}C} \cdot \overline{\overline{A}B\overline{C}} \cdot \overline{\overline{A}BC} \cdot \overline{A\overline{B}\overline{C}} \cdot \overline{A\overline{B}C} \cdot \overline{AB\overline{C}}}$$

74LS138 的 3 个输入端分别为 A,B,C，8 个输出端分别为 $\overline{Y}_0,\cdots,\overline{Y}_7$，使能控制端 G_1 高电平有效，使能控制端 $\overline{G}_{2A}$，$\overline{G}_{2B}$ 低电平有效。今将输入 A、B、C 分别与 74LS138 的 C、B、A 相连，则有

$$F = \overline{\overline{Y}_1 \cdot \overline{Y}_2 \cdot \overline{Y}_3 \cdot \overline{Y}_4 \cdot \overline{Y}_5 \cdot \overline{Y}_6}$$

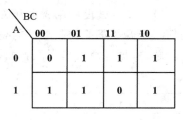

图 11 - 3

用一个 74LS138 和一个 6 输入端**与非**门即可实现上述函数的逻辑功能，其电路如图 11 - 4(a) 所示。

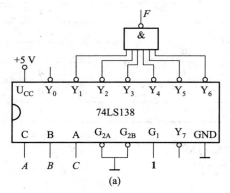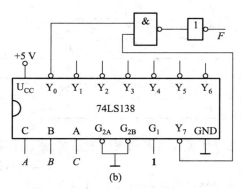

(a)　　　　　(b)

图 11 - 4

又根据卡诺图可写出反函数为

$$\overline{F} = \overline{A}\,\overline{B}\,\overline{C} + ABC = \overline{\overline{Y}_0 \cdot \overline{Y}_7}$$

$$F = \overline{\overline{\overline{Y}_0 \cdot \overline{Y}_7}}$$

另一种实现电路如图 11 - 4(b) 所示。

四、部分习题解答

11.1.1　分析题 11.1.1 图所示的电路，写出 Y 的逻辑表达式。

解： 如题 11.1.1 图所示，先在图上标出中间变量 C、D、E、F，再写出对应关系式，**与非**门的输出

$$C = \overline{A},\ D = \overline{B},\ E = \overline{BC},\ F = \overline{AD}$$

所以

$$Y = \overline{EF} = \overline{\overline{BC}\,\overline{AD}} = \overline{\overline{B}\overline{A}\,\overline{AB}} = A\overline{B} + B\overline{A}$$

即实现**异或**逻辑功能，该电路为**异或**逻辑的**与非**实现。

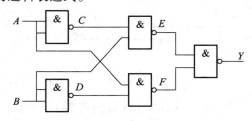

题 11.1.1 图

11.1.2　分析题 11.1.2 图所示的电路,写出 Y 的逻辑表达式。

解:如题 11.1.2 图所示,**同或门**输出

$$C = D = AB + \overline{A}\,\overline{B}$$

所以

$$Y = C\overline{D} + \overline{C}D = \overline{C}C = 0$$

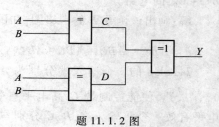
题 11.1.2 图

11.1.3　试设计用 3 个开关控制一个电灯的电路,要求任何一个开关都能控制电灯的亮灭(试用 74151 实现)。

解:根据题意列出真值表如题 11.1.3 的真值表所示。

题 **11.1.3** 的真值表

A	B	C	F
0	0	0	0
0	0	1	1
0	1	0	1
0	1	1	0
1	0	0	1
1	0	1	0
1	1	0	0
1	1	1	1

根据真值表写出 F 的逻辑表达式,通过卡诺图化简得到

$$F = \sum m(1,2,4,7)$$

开关控制逻辑电路如题 11.1.3 图所示。

11.2.1　一个由 3 线 – 8 线译码器和**与非门**组成的电路如题 11.2.1 图所示,试写出当片选信号有效时,Y_1 和 Y_2 的逻辑表达式。

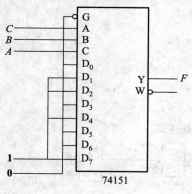

74151

题 11.1.3 图

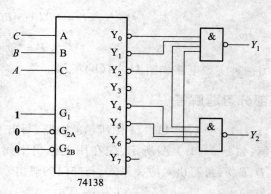

74138

题 11.2.1 图

解:对于 3 线 – 8 线译码器 74138,当它的控制端 G_1、$\overline{G}_{2A}$、$\overline{G}_{2B}$ 同时置为有效状态 **1**、**0**、**0** 时,它的有效输出端 y_i 随地址选择输入端 A、B 和 C 的变化关系为

$$y_i = \overline{m_i(G_1\overline{G_{2A}}\,\overline{G_{2B}})} = \overline{m_i}$$，所以，经过与非门的输出 Y_1 和 Y_2 分别为

$$Y_1(A,B,C) = \overline{\overline{y_0} \cdot \overline{y_1} \cdot \overline{y_2} \cdot \overline{y_6}} = \overline{y_0} + \overline{y_1} + \overline{y_2} + \overline{y_6}$$
$$= m_0 + m_1 + m_2 + m_6 = \sum m(0,1,2,6)$$
$$Y_2(A,B,C) = \overline{\overline{y_2} \cdot \overline{y_4} \cdot \overline{y_5} \cdot \overline{y_6}} = \overline{y_2} + \overline{y_4} + \overline{y_5} + \overline{y_6}$$
$$= m_2 + m_4 + m_5 + m_6 = \sum m(2,4,5,6)$$

11.2.2 画出用 3 线 -8 线译码器 74138 和门电路实现如下多输出函数的逻辑电路图。

$$Y_1 = AC$$
$$Y_2 = \overline{A}\,\overline{B}C + A\overline{B}\,\overline{C} + BC$$
$$Y_3 = \overline{B}\,\overline{C} + AB\overline{C}$$

解：$Y_1 = AC = A(B + \overline{B})C = \sum m(5,7)$

$Y_2 = \overline{A}\,\overline{B}C + A\overline{B}\,\overline{C} + BC = \overline{A}\,\overline{B}C + A\overline{B}\,\overline{C} + (A + \overline{A})BC$
$= \sum m(1,3,4,7)$

$Y_3 = \overline{B}\,\overline{C} + AB\overline{C} = (A + \overline{A})\overline{B}\,\overline{C} + AB\overline{C} = \sum m(0,4,6)$

输出函数的逻辑电路图如题 11.2.2 图所示。

11.2.3 试利用 4 线 -16 线译码器 74154 和门电路设计如下函数的逻辑电路图。

$$Y = \overline{A}BCD + A\overline{B}CD + ABC\overline{D} + ABC\overline{D}$$

解：$Y = \overline{A}BCD + A\overline{B}CD + ABC\overline{D} + ABC\overline{D}$
$= \sum m(7,11,13,14)$

4 线 -16 线译码器 74154 的 $\overline{S_A}$、$\overline{S_B}$ 使能（片选）端工作时处于低电平,则所要求的逻辑电路图如题 11.2.3 图所示。

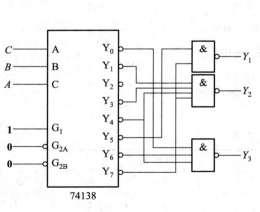

74138

题 11.2.2 图

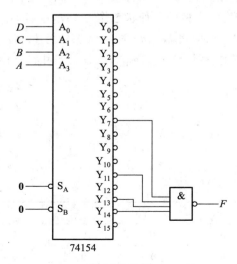

74154

题 11.2.3 图

11.3.1 某医院有 8 间病房,各个房间按病人病情严重程度不同分类,8 号房间病人病情最重,1 号房间病情最轻。试设计一个病人呼叫装置,该装置按病人的病情严重程度呼叫大夫,就是若两个或两个以上病人同时呼叫大夫,则只显示病情重病人的呼叫。

解: 根据题意,选择优先编码器 74LS148,对病房进行编码,然后用译码器 74LS46 对编码进行译码,当有按扭按下时 74148 的 G_s 端输出低电平,经过反相器推动晶体管使蜂鸣器发声,以提醒护士有病人按下了按扭。具体逻辑电路如题 11.3.1 图所示。

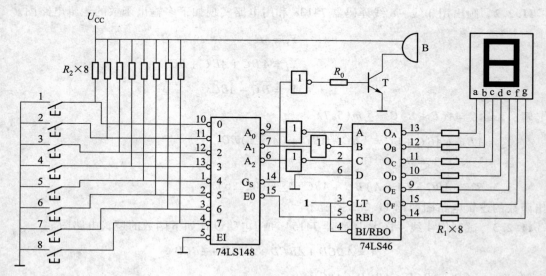

题 11.3.1 图

11.3.2 试用门电路实现 8421 码转换成余三码。

解: 根据题意列出真值表如题 11.3.2 表。根据真值表写出 F_1、F_2、F_3、F_4 的逻辑表达式,通过卡诺图化简(利用四变量卡诺图,并将后六种状态作为无关项,然后根据需要将其视为 **1** 或 **0** 处理:F_1 中将后六种状态作为 **1**;F_2 中将 m_{10}、m_{11}、m_{12} 三种状态作为 **1**,将 m_{13}、m_{14}、m_{15} 三种状态作为 **0**;F_3 中将 m_{11},m_{12} 两种状态作为 **1**,将 m_{10},m_{13},m_{14},m_{15} 四种状态作为 **0**;F_4 中将 m_{12},m_{14} 两种状态作为 **1**,将 m_{10},m_{11},m_{13},m_{15} 四种状态作为 **0**)得到

$$F_1 = A + BC + BD$$

$$F_2 = B\overline{C}\,\overline{D} + \overline{B}D + \overline{B}C$$

$$F_3 = \overline{C}\,\overline{D} + CD$$

$$F_4 = \overline{D}$$

题 11.3.2 表

输		入		输		出	
A	B	C	D	F_1	F_2	F_3	F_4
0	0	0	0	0	0	1	1
0	0	0	1	0	1	0	0

续表

输　　入				输　　出			
A	B	C	D	F_1	F_2	F_3	F_4
0	0	1	0	0	1	0	1
0	0	1	1	0	1	1	0
0	1	0	0	0	1	1	1
0	1	0	1	1	0	0	0
0	1	1	0	1	0	0	1
0	1	1	1	1	0	1	0
1	0	0	0	1	0	1	1
1	0	0	1	1	1	0	0

逻辑电路图如题 11.3.2 图所示。

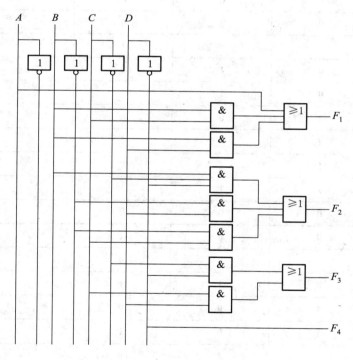

题 11.3.2 图

11.4.1　8 选 1 数据选择器电路如题 11.4.1 图所示,其中 A、B、C 为地址,$D_0 \sim D_7$ 为数据输入,试写出输出 Y 的逻辑表达式。

　　解:集成多路选择器 74LS151,当它的使能信号 $\overline{G}$ 为有效状态 **0** 时,则它的输出端 Y 随通道选择信号 A、B 和 C 与通道输入信号 D 的关系为

$$Y = \left(\sum_{i=0}^{7} m_i D_i \right) \overline{(\overline{G})} = \left(\sum_{i=0}^{7} m_i D_i \right)$$

因为输入信号中,D_1、D_4和D_5为1,其余为零,所以

$$Y(A,B,C) = m_1 + m_4 + m_5 = \sum m(1,4,5)$$

11.4.2 试设计四变量的多数表决电路,当输入变量A、B、C、D中有3个或3个以上为1时,输出为1。

解: 用A、B、C、D表示输入,**0**代表不同意,**1**代表同意;Y表示输出,$Y=0$代表未通过,$Y=1$代表通过,根据题意可列出真值表见题11.4.2表。由真值表得出$Y=1$的逻辑表达式为

$$Y = \overline{A}BCD + A\overline{B}CD + AB\overline{C}D + ABC\overline{D} + ABCD$$

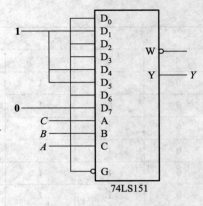

74LS151

题 11.4.1 图

题 11.4.2 表

输　　　入				输　　出
A	B	C	D	Y
0	0	0	0	0
0	0	0	1	0
0	0	1	0	0
0	0	1	1	0
0	1	0	0	0
0	1	0	1	0
0	1	1	0	0
0	1	1	1	1
1	0	0	0	0
1	0	0	1	0
1	0	1	0	0
1	0	1	1	1
1	1	0	0	0
1	1	0	1	1
1	1	1	0	1
1	1	1	1	1

化简后得到

$$Y = BCD + ACD + ABD + ABC$$
$$= \overline{\overline{BCD} + \overline{ACD} + \overline{ABD} + \overline{ABC}}$$

$$= \overline{\overline{BCD} \cdot \overline{ACD} \cdot \overline{ABD} \cdot \overline{ABC}}$$

由逻辑表达式可画出如题 11.4.2 图所示的逻辑电路图。

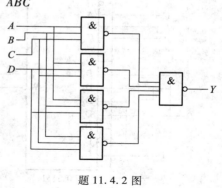

题 11.4.2 图

11.4.3　试用 8 选 1 数据选择器 74LS151 实现如下
函数的逻辑电路图。

$$Y = A\overline{C}D + \overline{A}\,\overline{B}CD + BC + B\overline{C}\,\overline{D}$$

解：使用 74LS151 的 3 个数据选择端输入变量 A、B
和 C，使用数据端输入变量 D，但并不是所有数据端都接
D，只有输出互补结果的数据端才连接到 D。根据表达
式化成最小项表达式，再列出真值表如题 11.4.3 表
所示。

题 11.4.3 表

m_i	C A	B B	A C	D	输出 Y	数据端
0	0	0	0	0	0	$D_0 = 0$
	0	0	0	1	0	
1	0	0	1	0	0	$D_1 = D$
	0	0	1	1	1	
2	0	1	0	0	1	$D_2 = \overline{D}$
	0	1	0	1	0	
3	0	1	1	0	1	$D_3 = 1$
	0	1	1	1	1	
4	1	0	0	0	0	$D_4 = D$
	1	0	0	1	1	
5	1	0	1	0	0	$D_5 = 0$
	1	0	1	1	0	
6	1	1	0	0	1	$D_6 = 1$
	1	1	0	1	1	
7	1	1	1	0	1	$D_7 = 1$
	1	1	1	1	1	

由真值表可以得到如题 11.4.3 图所示的逻辑电路图。

11.4.4　利用 8 选 1 数据选择器接成的多功能组合逻辑电路如题 11.4.4 图所示，其中 G_1，
G_0 为功能输入选择信号，X, Z 为输入逻辑变量，Y 为输出信号。试分析该电路在不同的选择信号
时，可获得哪几种逻辑功能。

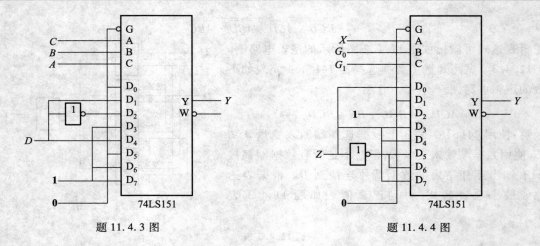

题 11.4.3 图 　　　　　　　　　　　　　　 题 11.4.4 图

解:集成多路选择器 74LS151,当它的使能信号 $\overline{G}$ 为有效状态 **0** 时,它的输出端 Y 随通道选择信号 A、B、C 与输入信号 D_i 的关系为

$$Y = \left(\sum_{i=0}^{7} m_i D_i \right) \overline{(\overline{G})} = \left(\sum_{i=0}^{7} m_i D_i \right)$$

根据题 11.4.4 图,通道选择信号分别为

$$A = X, B = G_0, C = G_1$$

通道输入信号中 $D_1 = \mathbf{0}, D_0$、D_3、D_4、$D_7 = Z, D_2 = \mathbf{1}, D_5$、$D_6 = \overline{Z}$,当它的使能信号 $\overline{G}$ 为有效状态 **0** 时,输出为

$$Y = (\overline{G}_1 \overline{G}_0 \overline{X} + \overline{G}_1 G_0 X + G_1 \overline{G}_0 \overline{X} + G_1 G_0 X) Z + \overline{G}_1 G_0 \overline{X} + (G_1 \overline{G}_0 X + G_1 G_0 \overline{X}) \overline{Z}$$

当 $G_1 G_0$ 取不同组合值时,输出 Y 与输入变量 X、Z 之间的关系为

$$G_1 G_0 = \mathbf{00}, Y = \overline{X} Z$$

$$G_1 G_0 = \mathbf{01}, Y = XZ + \overline{X}$$

$$G_1 G_0 = \mathbf{10}, Y = X \oplus Z$$

$$G_1 G_0 = \mathbf{11}, Y = \overline{X \oplus Z}$$

第 12 章　触发器与时序逻辑电路

一、基本要求

1. 掌握 JK 触发器和 D 触发器的逻辑功能;
2. 会分析由触发器构成的时序逻辑电路,并了解其设计方法;
3. 了解计数器和寄存器的逻辑功能及使用方法。

二、阅读指导

1. 时序逻辑电路的特点

时序逻辑电路在逻辑功能上的特点:任一时刻输出信号的状态,不仅取决于该时刻输入信号的状态,还与该时刻之前电路的原状态有关。

时序逻辑电路在电路结构上的特点:由具有记忆功能的触发器构成。

2. 触发器

触发器是一种能够存储(或记忆)1 位二值信号(0 或 1)的基本单元电路。它具有两个基本特点:① 根据不同的输入信号可以置 1 或置 0;② 能够保持 1 和 0 两种稳定状态。

触发器按照电路结构的不同,分为基本 RS 触发器、门控触发器、主从触发器、维持阻塞触发器和边沿触发器等。这些触发器在状态变化过程中各有不同的特点,掌握这些特点对正确使用触发器非常必要。如果按照逻辑功能的不同,触发器分为 RS 触发器、JK 触发器、D 触发器、T 触发器等。

同一种逻辑功能的触发器,可以由不同的电路结构构成。某一种电路结构,可以做成不同功能的触发器。不可把电路结构和逻辑功能混同起来。

3. 时序逻辑电路的分析方法

时序逻辑电路的分析,是指已知时序逻辑电路图,通过分析确定其逻辑功能。首先由已知逻辑电路图写出触发器的驱动方程及电路的输出方程;然后把驱动方程代入触发器的特性方程求出电路的状态方程;进而由状态方程列写状态转换表,或画出时序图(也可做状态转换图);最后通过对状态转换规律的分析,确定电路的逻辑功能。

上述分析方法具有通用性,它既适用于同步时序逻辑电路,又适用于异步时序逻辑电路;既可用于分析计数器电路,又可用于分析寄存器电路。

4. 常用的时序逻辑电路

常用时序逻辑电路有计数器和寄存器两种。寄存器分为数据寄存器和移位寄存器。计数器种类较多。按计数器中的触发器是否同时翻转分为同步计数器、异步计数器;按计数器中的数字的编码方式分为二进制计数器、十进制计数器和循环码计数器;按计数过程中数字的增减分为加法计数器、减法计数器和可逆计数器等。

（1）寄存器

数字电路中用来存放数码或指令的部件称为寄存器。寄存器具有以下逻辑功能：可在时钟脉冲作用下将数码或指令存入寄存器（称为写入），或从寄存器中将数码或指令取出（称为读出）。由于一个触发器只能寄存 1 位二进制数，要存多位数时，就得用多个触发器。常用的有 4 位、8 位、16 位等。

寄存器存放和取出数码的方式有并行和串行两种。并行方式就是将数码同时从各对应位输入端输入到寄存器中，或同时出现在输出端；串行方式就是将数码逐位从一个输入端输入到寄存器中，或由一个输出端输出。

寄存器根据功能的不同可分为数码寄存器和移位寄存器两种。

① 数码寄存器　　这种寄存器只有寄存数码和清除数码的功能。

② 移位寄存器　　移位寄存器不仅能存放数码而且有移位功能。根据数码在寄存器内移动的方向又可分为左移移位寄存器和右移移位寄存器两种。

在移位寄存器中，数码的存入或取出也有并行和串行两种方式。

（2）计数器

因为计数器是最常用的典型时序逻辑电路，所以可用一般时序逻辑电路的分析方法分析。计数器种类繁多，重点掌握二进制计数器、十进制计数器和集成计数器。

用集成计数器（如 N 进制）组成任意进制（如 M 进制）计数器，有两种情况，即 $M < N$ 和 $M > N$。

当 $M < N$ 时，用一片集成计数器即可实现。通常有两种方法：

① 清零法　　首先让计数器处于计数状态，当计数到 M 进制进位要求时，形成清零脉冲，将此脉冲反馈到集成计数器的清零端（$\overline{CLR}$ 或 $\overline{CR}$），使计数器清零（又称复位），实现 N 进制计数功能。

② 预置数法　　通过给计数器重复置入某个数值，使其跳过 $N - M$ 个状态，从而获得 M 进制计数器，这种方法称为预置数法。

需要注意的是：集成计数器有异步清零（或预置）和同步清零（或预置）之分。当异步清零（或预置）时，在 M 状态下进行；当同步清零（或预置）时，在 $M - 1$ 状态下进行。

当 $M > N$ 时，用两片以上集成计数器实现。也有两种方法：

① 将几片 N 进制计数器串联起来，使 $N_1 N_2 \cdots N_n > M$，然后用整体清零或整体预置的方法，形成 M 进制计数器。

② 假如 M 可分解成两个因数相乘，即 $M = N_1 \times N_2$ 则可采用同步或异步方式将一个 N_1 进制计数器和一个 N_2 进制计数器连接起来，构成 M 进制计数器。

所谓同步方式连接是指两个计数器的时钟端连接到一起，低位进位控制高位的计数使能端。异步方式连接是指低位计数器的进位信号连接到高位计数器的时钟端。

5. 触发器的触发方式

所谓触发器的触发方式是指在时钟脉冲 CP 的什么时刻使触发器的状态发生变化。触发器的触发方式分为电平触发和边沿触发。电平触发有高电平触发和低电平触发之分；边沿触发有上升沿触发和下降沿触发之分。可以通过触发器逻辑符号 CP 端标注的不同标记，来识别触发器的触发方式。如图 12 - 1 所示，图（a）为高电平触发；图（b）为低电平触发；图（c）为上升沿触发；图（d）为下降沿触发。

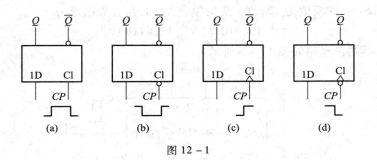

图 12 – 1

三、例题解析

例 12 – 1　电路如图 12 – 2(a)所示,设初态为 **000**。要求

(1) 列出各触发器输入端的逻辑表达式;

(2) 画出 Q_1, Q_2, Q_3 的波形图,说明它是几进制计数器;

(3) 计算第 3 个 CP 脉冲后第 4 个 CP 脉冲前 u_0 的值。已知触发器 **1** 态为 3 V,**0** 态为 0 V。

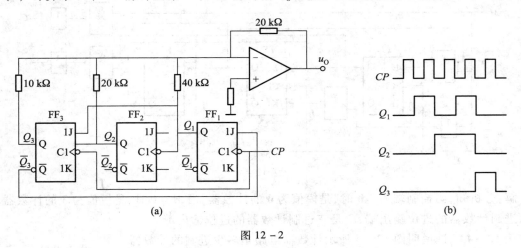

图 12 – 2

解:(1) 逻辑表达式为

$$J_1 = \overline{Q}_3 \qquad\qquad K_1 = 1$$

$$J_2 = 1 \qquad\qquad K_2 = 1$$

$$J_3 = Q_1 Q_2 \qquad\qquad K_3 = 1$$

$$C_1 = C_3 = C \qquad\qquad C_2 = Q_1$$

(2) 波形图如图 12 – 2(b)所示,可见该电路为异步五进制加法计数器。

(3) 第 3 ~ 4 个 CP 脉冲间计数器状态为 $Q_3 Q_2 Q_1 = \mathbf{011}$,运算放大器构成加法运算电路,故输出为

$$u_0 = -\left(\frac{20}{40} \times 3 + \frac{20}{20} \times 3\right) \text{ V} = -4.5 \text{ V}$$

例 12 – 2　用进位输出 RCO 预置法改变 74LS161 计数器的模值,实现十进制计数器。

解:已知 74LS161 的模值是 16,改变后的模值是 10,预置数据值为

$$16 - 10 = (6)_{10} = (0110)_2$$

由此得出的计数器逻辑电路如图 12 -3 所示。

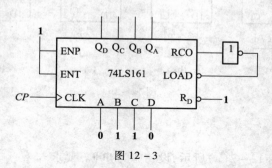

图 12 -3

例 12 -3 图 12 -4 所示电路是一个可控计数器,试分析在 $M = 1$ 和 $M = 0$ 时该电路是几进制计数器,C_1 和 C_2 各是什么输出端?

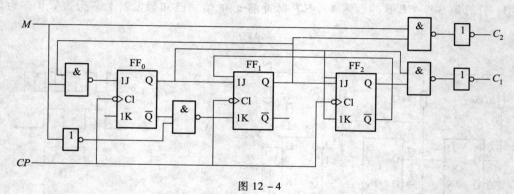

图 12 -4

解:分析知,当控制端 $M = 0$ 时,是模值为 6 的计数器,当 $M = 1$ 时,是模值为 3 的计数器。C_1 是六进制计数器的进位输出端,C_2 是三进制计数器的进位输出端。

例 12 -4 试说明图 12 -5 所示计数器电路是多少进制的计数器。

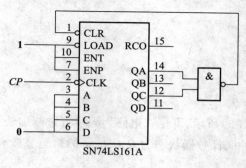

图 12 -5

解:由图 12 -5 知,输出状态由 **0000** 记数到 **0101** 后复位,又因为是异步清零,**0101** 这一状态不计入,故为五进制计数器。

例 12 - 5　图 12 - 6(a)和(b)是用集成二 - 八 - 十六进制计数器 74LS293 组成的计数器电路。试分析它们各为几进制计数器？能否用 74LS293 和相应的门电路组成七进制或十一进制计数器？若能，请画出其逻辑电路图。

解：集成 74LS293 计数器由两部分组成。时钟脉冲由 C_0 输入，Q_0 输出为二进制计数器；时钟脉冲由 C_1 输入，$Q_3 Q_2 Q_1$ 输出为八进制计数器；当时钟脉冲由 C_0 输入，Q_0 与 C_1 相连时，$Q_3 Q_2 Q_1 Q_0$ 输出为十六进制计数器。$R = R_{0(1)} R_{0(2)}$ 为 **1** 时异步清零，$R = R_{0(1)} R_{0(2)}$ 为 **0** 时，清零控制端处于无效状态。

分析如图 12 - 6(a)，由电路的连接关系可见，$C_1 = Q_0$，$C_0 = CP$，电路连接成 4 位二进制计数器形式，通过反馈清零来实现十六进制以内的任一进制计数。具体为几进制计数器，由下述分析确定：

$$R = R_{0(1)} R_{0(2)} = Q_2 Q_0 = \begin{cases} \mathbf{0} & 计数 \\ \mathbf{1} & 清零 \end{cases}$$

设初态为 $Q_3 Q_2 Q_1 Q_0 = \mathbf{0000}$，则电路转换如图 12 - 6(c)所示。由于当电路出现 $Q_3 Q_2 Q_1 Q_0 = \mathbf{0101}$ 时，$R = 1$，电路异步清零，立即使 $Q_3 Q_2 Q_1 Q_0 = \mathbf{0000}$，因此，电路有五个稳定的计数状态，所以图 12 - 6(a)为五进制计数器。

分析图 12 - 6(b)，$C_1 = Q_0$，$C_0 = CP$，电路也连接成 4 位二进制计数器形式。其状态转换图如图 12 - 6(d)所示。设电路初始状态为 **0000**，每来一个 CP 脉冲，电路计数值加 1，当 $Q_3 Q_2 Q_1 Q_0 = \mathbf{1100}$ 时，由于 $R = 1$，电路立即清零，使状态返回到 **0000**。这样，共有十二个稳定状态，所以图 12.6(b)为十二进制计数器。

若想实现七进制计数器，则电路应该满足如图 12 - 6(e)所示的状态转换图的要求。反馈清零信号应为 $R = Q_2 Q_1 Q_0$，由于 74LS293 器件清零输入端仅有两个，因此，单独使用 74LS293 无法实现七进制计数，但若另外增加一个**与**门，则可实现。电路如图 12 - 6(f)所示。另一种实现七进制计数器的方法如图 12 - 6(g)所示。这种方法是利用内部八进制计数器通过反馈清零法实现的，时钟脉冲由 C_1 输入。

若实现十一进制计数器，则应满足如图 12 - 6(h)所示的状态转换关系。反馈清零信号 $R = Q_3 Q_1 Q_0$，74LS293 必须附加门电路。图 12 - 6(i)所示就是利用**与**门和 74LS293 实现十一进制计数器的电路连接形式之一。

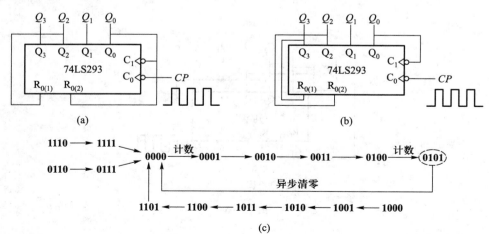

(c)

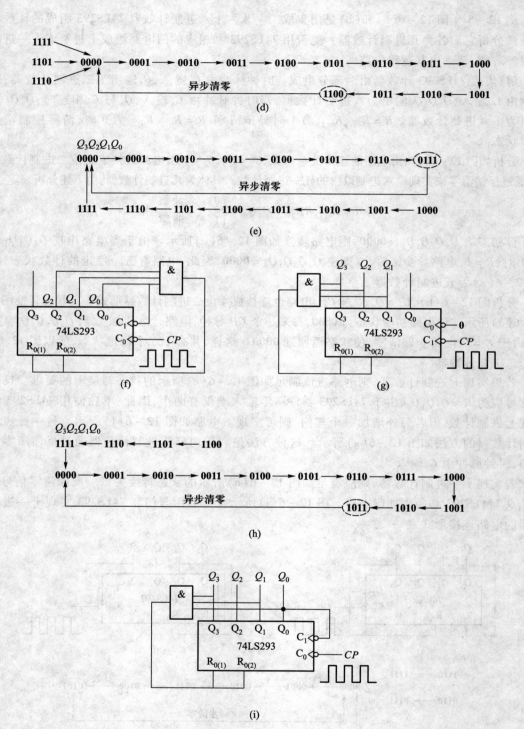

$$1101 \rightarrow 0000 \rightarrow 0001 \rightarrow 0010 \rightarrow 0011 \rightarrow 0100 \rightarrow 0101 \rightarrow 0110 \rightarrow 0111 \rightarrow 1000$$

1111 →

1110 →

异步清零   (1100) ← 1011 ← 1010 ← 1001

(d)

$Q_3Q_2Q_1Q_0$

$$0000 \rightarrow 0001 \rightarrow 0010 \rightarrow 0011 \rightarrow 0100 \rightarrow 0101 \rightarrow 0110 \rightarrow (0111)$$

异步清零

$$1111 \leftarrow 1110 \leftarrow 1101 \leftarrow 1100 \leftarrow 1011 \leftarrow 1010 \leftarrow 1001 \leftarrow 1000$$

(e)

(f)

(g)

$Q_3Q_2Q_1Q_0$

$$1111 \leftarrow 1110 \leftarrow 1101 \leftarrow 1100$$

$$0000 \rightarrow 0001 \rightarrow 0010 \rightarrow 0011 \rightarrow 0100 \rightarrow 0101 \rightarrow 0110 \rightarrow 0111 \rightarrow 1000$$

异步清零   (1011) ← 1010 ← 1001

(h)

(i)

图 12 – 6

四、部分习题解答

12.1.1　画出由**与非门**组成的如题 12.1.1 图(a)所示的基本 RS 触发器输出端 Q 和 $\overline{Q}$ 的电压波形。输入端 $\overline{S}$、$\overline{R}$ 端的电压波形如题 12.1.1 图(b)所示。

解：Q 和 $\overline{Q}$ 端的电压波形如题 12.1.1 图(b)所示。

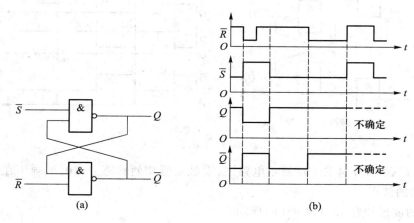

题 12.1.1 图

12.1.2　画出由**或非门**组成的如题 12.1.2 图(a)所示的基本 RS 触发器输出端 Q 和 $\overline{Q}$ 的电压波形。输入端 R、S 的电压波形如题 12.1.2 图(b)所示。

解：Q 和 $\overline{Q}$ 端的电压波形如题 12.1.2 图(b)所示。

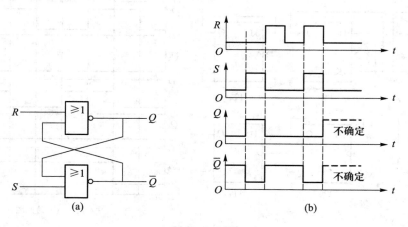

题 12.1.2 图

12.1.3　在题 12.1.3 图(a)所示电路中,已知 CP、S、R 的波形,试画出 Q 和 $\overline{Q}$ 端的电压波形。

解：Q 和 $\overline{Q}$ 端的电压波形如题 12.1.3 图(b)所示。

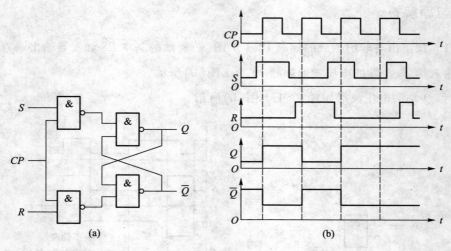

题 12.1.3 图

12.1.4 在题 12.1.4 图(a)所示电路中,设触发器初始状态 $Q=0$,试画出在时钟脉冲 CP 的作用下 Q 端的波形。

解: Q 端的波形如题 12.1.4 图(b)所示。

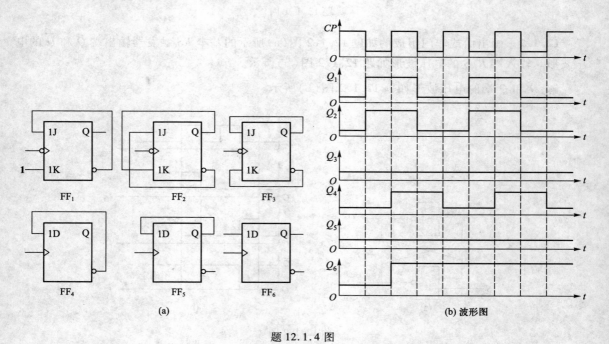

题 12.1.4 图

12.2.1 试画出题 12.2.1 图(a)所示触发器电路在 CP 作用下输出 Q_1、Q_2 的波形。

解: 状态方程

$$Q_1^{n+1} = D_1 = Q_2$$

$$Q_2^{n+1} = D_2 = \overline{Q_1}$$

输出 Q_1、Q_2 的波形如题 12.2.1 图(b)所示。

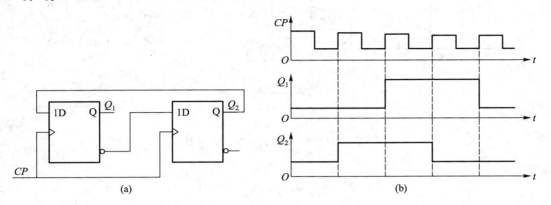

题 12.2.1 图

12.2.2　电路和输入信号波形如题 12.2.2 图(a)所示,试画出触发器输出端 Q_1、Q_2 和输出 Y 的波形。

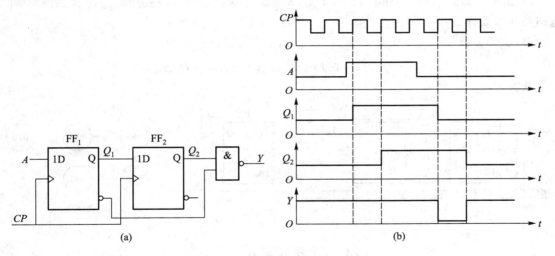

题 12.2.2 图

解:状态方程

$$Q_1^{n+1} = D_1 = A$$
$$Q_2^{n+1} = D_2 = Q_1$$

输出方程

$$Y = \overline{Q_2 \overline{Q_1}}$$

触发器输出 Q_1、Q_2 和输出 Y 的波形如题 12.2.2 图(b)所示。

12.2.3　时序逻辑电路如题 12.2.3 图(a)所示,试写驱动方程、状态方程,画出状态图,并指出电路是几进制计数器。

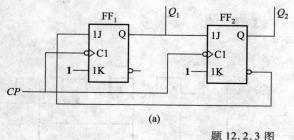 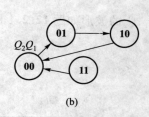

（a）　　　　　　　　　　　　　　（b）

题 12.2.3 图

解：驱动方程

$$J_1 = \overline{Q_2}, K_1 = 1, J_2 = Q_1, K_2 = 1$$

状态方程

$$Q_1^{n+1} = J_1 \overline{Q_1} + \overline{K_1} Q_1 = \overline{Q_2}\ \overline{Q_1}$$

$$Q_2^{n+1} = J_2 \overline{Q_2} + \overline{K_2} Q_2 = \overline{Q_2} Q_1$$

状态图如题 12.2.3 图(b)所示。

该电路为三进制计数器。

12.2.4　时序逻辑电路如题 12.2.4 图(a)，试写驱动方程、状态方程，画出状态图，并指出电路是几进制计数器。

解：驱动方程

$$J_1 = \overline{Q_3}, K_1 = 1, J_2 = Q_1, K_2 = Q_1, J_3 = Q_1 Q_2, K_3 = 1$$

状态方程

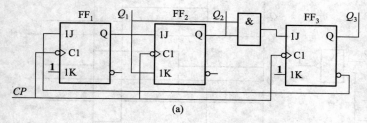 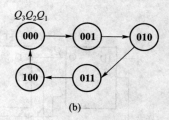

（a）　　　　　　　　　　　　　　（b）

题 12.2.4 图

$$Q_1^{n+1} = J_1 \overline{Q_1} + \overline{K_1} Q_1 = \overline{Q_3}\ \overline{Q_1}$$

$$Q_2^{n+1} = J_2 \overline{Q_2} + \overline{K_2} Q_2 = \overline{Q_2} Q_1 + Q_2 \overline{Q_1}$$

$$Q_3^{n+1} = J_3 \overline{Q_3} + \overline{K_3} Q_3 = \overline{Q_3} Q_2 Q_1$$

状态图如图 12.2.4 图(b)所示。

该电路为五进制计数器。

12.2.5　分析题 12.2.5 图(a)所示电路，试写驱动方程、状态方程和输出方程，画出状态图。其中 X 为输入变量。

解：驱动方程

$$J_1 = 1, K_1 = 1, J_2 = K_2 = Q_1 \oplus X$$

状态方程

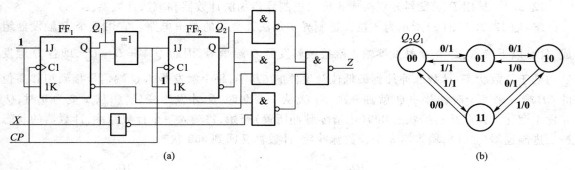

题 12.2.5 图

$$Q_1^{n+1} = J_1 \overline{Q_1} + \overline{K_1} Q_1 = \overline{Q_1}$$

$$Q_2^{n+1} = J_2 \overline{Q_2} + \overline{K_2} Q_2 = (Q_1 \oplus X) \overline{Q_2} + (\overline{Q_1 \oplus X}) Q_2$$

输出方程

$$Z = \overline{\overline{Q_2 Q_1} \cdot \overline{Q_2 X} \cdot \overline{Q_1 \overline{X}}} = \overline{\overline{Q_2 Q_1 + Q_2 X}} = \overline{Q_2} + \overline{Q_1 \overline{X}}$$

状态图如题 12.2.5 图(b)所示。

12.2.6　分析题 12.2.6 图(a)所示电路,写出驱动方程、状态方程和输出方程,画出状态图。其中 X 是输入变量,画出 $X = \mathbf{101101}$ 时的时序图。

解:驱动方程

$$D_1 = X \oplus Q_1$$

状态方程

$$Q_1^{n+1} = D_1 = X \oplus Q_1$$

输出方程

$$Y = \overline{Q_1 X}$$

状态图如题 12.2.6 图(b)所示。

时序图如题 12.2.6 图(c)所示。

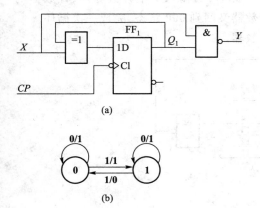

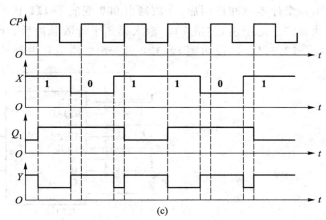

题 12.2.6 图

12.2.7　试用 D 触发器分别构成 3 位二进制异步加法计数器和减法计数器。

解：题 12.2.7 图(a)所示为 3 位二进制异步加法计数器的逻辑电路。它由 3 个 D 触发器组成，具有以下特点：每个 D 触发器输入端接该触发器 $\bar{Q}$ 端信号，因而 $Q^{n+1} = D = \bar{Q}^n$，即各 D 触发器均处于计数状态；计数脉冲加到最低位触发器的 CP 端，每个触发器的 $\bar{Q}$ 端信号接到相邻高位的 CP 端。来一个时钟脉冲 Q_0 就翻一次，而 Q_0 从 **1** 变 **0** 时，Q_1 才发生变化，Q_1 从 **1** 变为 **0** 时，Q_2 才发生变化。因此从初始状态 **000**（由清零脉冲所置）开始，每输入一个计数脉冲，计数器的状态按二进制递增（加 1），输入第 8 个计数脉冲后，计数器又回到 **000** 状态。

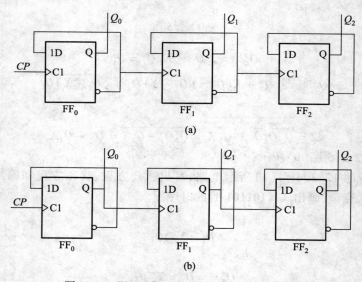

(a)

(b)

题 12.2.7 图　3 位二进制异步加、减法计数器

　　题 12.2.7 图(b)所示是 3 位二进制异步减法计数器的逻辑图。具有以下特点：每个 D 触发器输入端接该触发器 $\bar{Q}$ 端信号，因而 $Q^{n+1} = D = \bar{Q}^n$，即各 D 触发器均处于计数状态；计数脉冲加到最低位触发器的 CP 端，每个触发器的 Q 端信号接到相邻高位的 CP 端。从初态 **000** 开始，在第一个计数脉冲作用后，计数器由 **000** 变成了 **111** 状态。此后，每输入 1 个计数脉冲，计数器的状态按二进制递减（减 1）。输入第 8 个计数脉冲后，计数器又回到 **000** 状态，完成一次循环。

12.3.1　试说明题 12.3.1 图所示电路为几进制计数器。

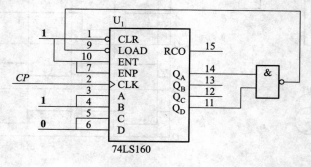

题 12.3.1 图

解：74LS160 为十进制计数器，同步置数。$Q_D Q_C Q_B Q_A = 1001$，$\overline{LOAD} = 0$，在下一个 CP 到达时给计数器预置数 **0011**，即

$$0011 \longrightarrow 0100 \longrightarrow 0101 \longrightarrow 0110 \longrightarrow 0111 \longrightarrow 1000 \longrightarrow 1001$$

可见，题 12.3.1 图所示电路为七进制计数器。

12.3.2　试说明题 12.3.2 图所示电路为几进制计数器。

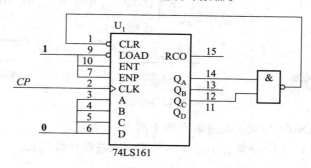

题 12.3.2 图

解：74LS161 为十六进制计数器，由题 12.3.2 图知，输出状态由 **0000** 计数到 **0101** 后复位，又因为 74LS161 是异步清零，**0101** 这一状态不计入，故题 12.3.2 图所示电路为五进制计数器。

12.3.4　试说明题 12.3.4 图所示计数器电路，当 $A = 0$ 或 $A = 1$ 时各为几进制计数器。

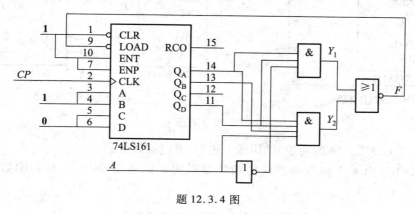

题 12.3.4 图

解：
$$F = \overline{Y_1 + Y_2} = \overline{Y_1} \cdot \overline{Y_2} = \overline{\overline{A Q_D Q_A}} \cdot \overline{\overline{A Q_D Q_B Q_A}}$$

当 $A = 1$ 时，$F = \overline{Q_D Q_B Q_A}$，$F$ 为 74LS161 的同步置数信号，在 **1011** 时，使 $\overline{LOAD} = 0$，所以为十二进制计数器。

当 $A = 0$ 时，$F = \overline{Q_D Q_A}$，F 为 74LS161 的同步置数信号，在 **1001** 时，使 $\overline{LOAD} = 0$，所以为十进制计数器。

12.3.5　试用 74LS160 构成七进制和二十四进制计数器。

解：题 12.3.5 图（a）、（b）分别为七进制和二十四进制计数器。

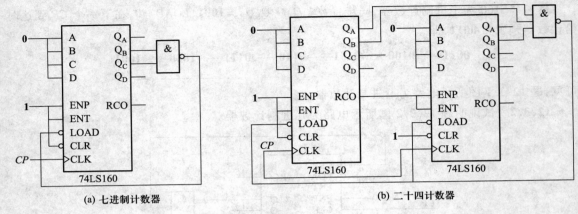

(a) 七进制计数器　　　　　　　　　　　(b) 二十四计数器

题 12.3.5 图

12.3.6 试用 74LS161 构成十二进制和四十八进制计数器。

解:题 12.3.6 图(a)、(b)分别为十二进制和四十八进制计数器。

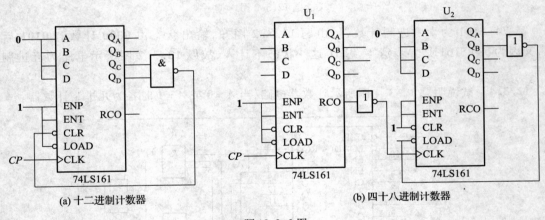

(a) 十二进制计数器　　　　　　　　　　(b) 四十八进制计数器

题 12.3.6 图

12.3.7 查阅 74LS194 的功能,试构成七进制、五进制计数器。

解:74LS194 是由 4 个触发器组成的功能很强的 4 位移位寄存器,其功能如题 12.3.7 表所示。

题 12.3.7 表　74LS194 的功能表

输　入						输　出				工作模式
清零	控制	串行输入		时钟	并行输入					
R_{D}	$S_1 S_0$	D_{SL} D_{SR}		CP	D_0　D_1　D_2　D_3		Q_0　Q_1　Q_2　Q_3			
0	××	×	×	×	×　×　×　×		**0　0　0　0**			异步清零
1	**0　0**	×	×	×	×　×　×　×		Q_0^n　Q_1^n　Q_2^n　Q_3^n			保持

续表

输入									输出				工作模式
清零	控制	串行输入		时钟	并行输入				输出				
R_D	$S_1 S_0$	D_{SL}	D_{SR}	CP	D_0	D_1	D_2	D_3	Q_0	Q_1	Q_2	Q_3	
1	0　1	×　1		↑	×　×　×　×				1　Q_0^n　Q_1^n　Q_2^n				右移,D_{SR} 为 串行输入,Q_3 为串行输出
		×　0		↑	×　×　×　×				0　Q_0^n　Q_1^n　Q_2^n				
1	1　0	1　×		↑	×　×　×　×				Q_1^n　Q_2^n　Q_3^n　1				左移,D_{SL} 为 串行输入,Q_0 为串行输出
		0　×		↑	×　×　×　×				Q_1^n　Q_2^n　Q_3^n　0				
1	1　1	×　×		↑	D_0　D_1　D_2　D_3				D_0　D_1　D_2　D_3				并行置数

D_{SL} 和 D_{SR} 分别是左移和右移串行输入端。D_0、D_1、D_2 和 D_3 是并行输入端。Q_0 和 Q_3 分别是左移和右移时的串行输出端,Q_0、Q_1、Q_2 和 Q_3 为并行输出端。

（1）异步清零

当 $R_D = 0$ 时即刻清零,与其他输入状态及 CP 无关。

（2）S_1、S_0 是控制输入

当 $R_D = 1$ 时有如下 4 种工作方式:

① 当 $S_1 S_0 = 00$ 时,不论有无 CP 到来,各触发器状态不变,为保持工作状态。

② 当 $S_1 S_0 = 01$ 时,在 CP 的上升沿作用下,实现右移(上移)操作,流向是 $S_R \rightarrow Q_0 \rightarrow Q_1 \rightarrow Q_2 \rightarrow Q_3$。

③ 当 $S_1 S_0 = 10$ 时,在 CP 的上升沿作用下,实现左移(下移)操作,流向是 $S_L \rightarrow Q_3 \rightarrow Q_2 \rightarrow Q_1 \rightarrow Q_0$。

④ 当 $S_1 S_0 = 11$ 时,在 CP 的上升沿作用下,实现置数操作:$D_0 \rightarrow Q_0, D_1 \rightarrow Q_1, D_2 \rightarrow Q_2, D_3 \rightarrow Q_3$。

题 12.3.7 图(a)所示是用 74LS194 构成的五进制计数器的逻辑图。当正脉冲预置信号到来时,使 $S_1 S_0 = 11$,从而不论移位寄存器 74LS194 的原状态如何,在 CP 作用下总是执行置数操作使 $Q_0 Q_1 Q_2 Q_3 = 1110$。当预置由 1 变 0 之后,$S_1 S_0 = 01$,在 CP 作用下移位寄存器进行右移操作。由题 12.3.7 图(b)所示状态图可知,该计数器共有 5 个状态,为模 5 计数器。

题 12.3.7 图(c)是用 74LS194 构成的七进制计数器的逻辑图。当正脉冲预置信号到来时,使 $S_1 S_0 = 11$,从而不论移位寄存器 74LS194 的原状态如何,在 CP 作用下总是执行置数操作使 $Q_0 Q_1 Q_2 Q_3 = 1000$。当预置由 1 变 0 之后,$S_1 S_0 = 01$,在 CP 作用下移位寄存器进行右移操作。由题 12.3.7 图(d)所示状态图可知,该计数器共有 7 个状态,为模 7 计数器。

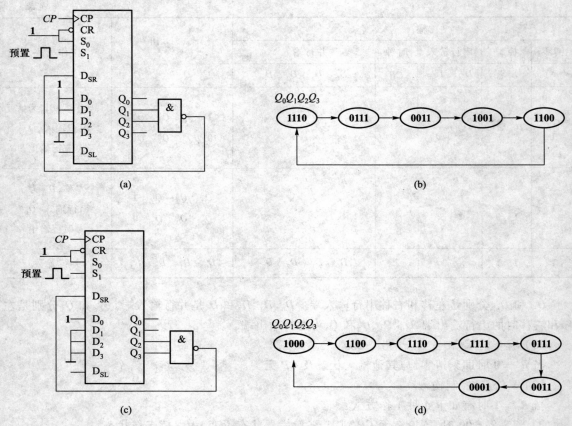

(a)

(b)

(c)

(d)

题 12.3.7 图

第 13 章　脉冲波形的产生与整形

一、基本要求

1. 理解 555 定时器的基本功能及电路特点；

2. 掌握由 555 定时器外接少量电阻、电容等元件构成的施密特触发器、单稳态触发器，多谐振荡器及其应用。

二、阅读指导

555 定时器是一种将模拟电路与数字电路相结合的中规模集成电路芯片，它在信号产生、整形、延时（定时）、控制等方面获得了广泛的应用。虽说 555 定时器应用领域十分广泛，但其可组成的电路结构归纳起来有三种基本形式，即施密特触发器、单稳态触发器和多谐振荡器。

1. 用 555 定时器组成的施密特触发器

施密特触发器是一种整形电路，它的最重要应用是能够把变换非常缓慢的输入波形，整形成为适合于数字电路需要的矩形脉冲。由于具有回差电压，因此抗干扰能力较强。

2. 用 555 定时器组成单稳态触发器

图 13-1(a) 所示是由 555 定时器组成的单稳态触发器，R 和 C 是外接元件，触发脉冲由 2 端输入，图 13-1(b) 所示是单稳态电路的波形图。单稳态触发器输出矩形脉冲的宽度为 $t_P = RC\ln 3 = 1.1RC$，可见，改变 RC 值可改变脉宽 t_P，可进行定时控制或用于脉冲的整形。

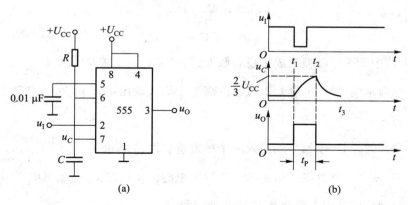

(a)　　　　　　　　　　　(b)

图 13-1

3. 用 555 定时器组成多谐振荡器

多谐振荡器也称无稳态触发器，由 555 定时器组成的多谐振荡器如图 13-2(a) 所示，其波形如图 13-2(b) 所示。

该电路的振荡周期为

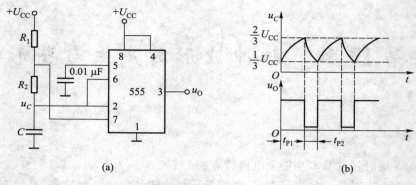

(a)   (b)

图 13 - 2

$$T = t_{p1} + t_{p2} \approx 0.7(R_1 + 2R_2)C$$

三、例题解析

例 13 - 1　图 13 - 3 所示是一简易触摸开关电路。当手摸金属片时,发光二极管亮,经过一定时间,发光二极管熄灭。试说明其工作原理,并求发光二极管能亮多长时间?

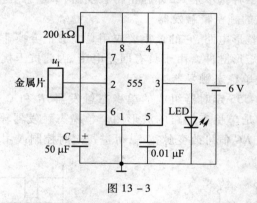

图 13 - 3

解:在该电路中 555 定时器组成单稳态触发器,触发脉冲由 2 端输入。

当触发脉冲尚未输入时,u_I 为 **1**,2 端电位高于 $\frac{1}{3}U_{CC}$,输出电压 u_O 为 **0**,电路处于稳定状态,发光二极管不亮。

当手摸金属片时,相当于给 2 端输入一个触发负脉冲,2 端电位低于 $\frac{1}{3}U_{CC}$,u_O 由 **0** 变为 **1**,电路进入暂稳状态,发光二极管亮。由于 555 定时器中的晶体管截止,电源对电容 C 充电,当 u_C 上升到略高于 $\frac{2}{3}U_{CC}$ 时,u_O 又由 **1** 变为 **0**,电路又处于稳态。

电容 C 的充电时间,就是发光二极管持续发亮的时间。其值为

$$t_P = RC\ln3 = 1.1RC = 1.1 \times 200 \times 10^3 \times 50 \times 10^{-6} \text{ s} = 11 \text{ s}$$

例 13 - 2　图 13 - 4(a)所示是一个防盗报警器电路,A、B 两端被一个细导线连通,此细导线置于认为盗窃者必经之处,当盗窃者闯入将导线碰断后,扬声器即发出报警声。

（1）试问 555 定时器接成何种电路？

（2）说明该报警器电路的工作原理。

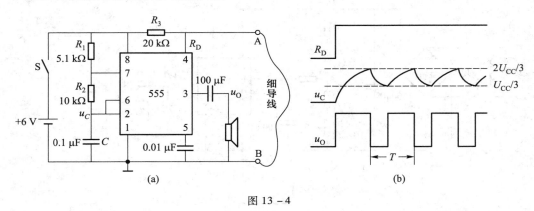

图 13 - 4

解：（1）从图 13 - 4（a）中 555 定时器及其外围电路组成来看，电路接成一个可控多谐振荡器。

（2）工作原理　当电源开关 S 闭合后，由于细导线使 555 定时器复位端管脚 4 处于低电平，清零有效，因此 555 定时器输出为低电平，此时 555 内部的晶体管 T 处于导通状态，

R_2 通过管脚 7 接电源负极，电容 C 上电压近似于 0，只要 A、B 两端一直连接，多谐振荡器停止振荡，就不会产生报警信号。当有人碰断细导线使 A、B 两端断开时，555 定时器复位输入端通过 R_3 接电源正极，使复位端处于无效状态。电路作为多谐振荡器工作，扬声器发出声响，产生报警信号。只有断开开关 S，才能停止报警。电路工作过程中 R_D、u_C、u_O 的波形如图 13 - 4（b）所示。

由图中元件参数可计算出振荡周期和频率如下

$$T = 0.7(R_1 + 2R_2)C = 0.7 \times (5.1 + 2 \times 10) \times 10^3 \times 0.1 \times 10^{-6}\ \text{s} = 1.76\ \text{ms}$$

$$f = \frac{1}{T} = 568\ \text{Hz}$$

例 13 - 3　图 13 - 5（a）所示电路是照明灯自动开关电路，白天让照明灯自动熄灭，晚上自动点亮。图中 2CU2B 是光敏电阻，当受光照射时，电阻变小；当无光照或光照微弱时，电阻增大，试说明该电路的工作原理。

解：图 13 - 5（a）所示电路由四个部分组成。

（1）电源部分　变压器把 220 V 交流电降为 12 V 交流电，桥式整流电容滤波电路为 555 定时器及相应电路提供直流电源。1 000 μF 电容上电压约为 12 × 1.2 V = 14.4 V。

（2）光敏电阻测光及分压电路　由光敏电阻 R 及 R_1、R_2、R_P 组成。当无光照或光照微弱时，R 阻值很大，电源电压 U_{CC} 经 R、R_1、R_2、R_P 分压，使 A 点电位低于 $U_{CC}/3$，电路调试时通过调节 R_P 阻值来实现。当有光照时，R 阻值减小，使 A 点分压值提高。

$$V_A = \frac{R_2 + R_P}{R + R_1 + R_P} U_{CC}$$

通过调节 R_P 保证在光照条件下 $V_A \geqslant \dfrac{2}{3} U_{CC}$。

（3）555 定时器组成施密特触发器　其电压传输特性如图 13 - 5(b)所示。

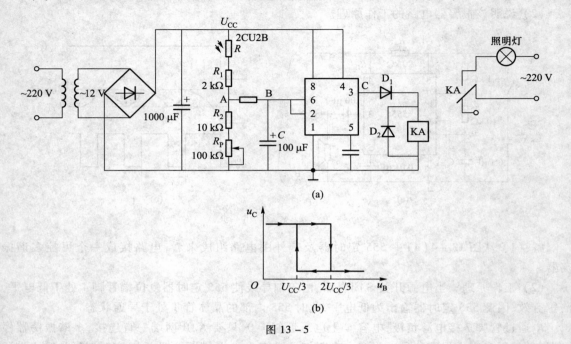

图 13 - 5

（4）继电器及控制照明灯电路　当 V_c 为高电位时,继电器 KA 的线圈通电,其动合触点闭合,接通照明灯电源使照明灯亮。当 V_c 为低电位时,继电器 KA 线圈断电,其动合触点断开,照明灯不亮。D_2 作续流二极管,以防止 KA 线圈断电时产生的感生电动势损坏定时器。

认识了电路结构及各部分的作用,则可综合考虑整个电路的工作原理。当天黑时,光敏电阻 R 无光照而使其阻值增大,A 点电压小于 $\frac{1}{3}U_{cc}$,电容 $C(100\ \mu F)$ 放电使 B 点电压与 A 点相同,这时 555 定时器 3 端输出高电平,继电器 KA 线圈通电吸合,使 KA 动合触点闭合,照明灯接通电源而发亮。注意光敏电阻安装位置应避开照明灯光源照射。当天亮后,自然光照射光敏电阻,使其阻值变小,使 A 点电压大于 $\frac{2}{3}U_{cc}$,555 定时器 3 端输出低电平,继电器 KA 线圈断电而控制照明灯自动熄灭。

例 13 - 4　图 13 - 6 所示是由 555 定时器构成的门铃电路,试分析其工作原理。

解:工作原理分析:当按下按钮 SB 后,电路作为多谐振荡器工作,门铃发出声响。当松开按钮 SB 后,电路没有电源,门铃不发声。

四、部分习题解答

13.2.1　由 555 定时器构成的施密特触发器中,试问:

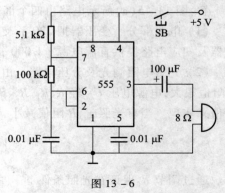

图 13 - 6

（1）若电源 $U_{CC} = 12$ V，U_M 不加电压时，正、负向阈值电平 U_{T+}、U_{T-} 及回差 ΔU 各为何值？

（2）若电源 $U_{CC} = 9$ V，U_M 加 5 V 电压，正、负向阈值电平 U_{T+}、U_{T-} 及回差 ΔU 又各为何值？

解：（1）$U_{T+} = 8$ V，$U_{T-} = 4$ V，$\Delta U = 4$ V。

（2）$U_{T+} = 5$ V，$U_{T-} = 2.5$ V，$\Delta U = 2.5$ V。

13.2.2 由 555 定时器构成的施密特触发器中，若电源 $U_{CC} = 12$ V，已知 $u_i = 10\sin \omega t$ V，试画出输出电压 u_O 的波形。

解：若 $U_{CC} = 12$ V，可知 $U_{T+} = 8$ V，$U_{T-} = 4$ V。

输出电压 u_O 的波形如题 13.2.2 图所示。

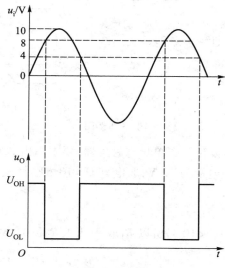

题 13.2.2 图

13.3.1 试推导单稳态触发器的输出脉冲宽度。

解：输出脉冲宽度就是暂稳态维持时间，也就是定时电容的充电时间。

$$u_C(0_+) = 0 \text{ V}, u_C(\infty) = U_{CC}, u_C(t_W) = \frac{2}{3}U_{CC}$$

代入 RC 瞬态过程计算公式，可得

$$
\begin{aligned}
t_W &= RC\ln \frac{u_C(\infty) - u_C(0_+)}{u_C(\infty) - u_C(t_W)} \\
&= RC\ln \frac{U_{CC} - 0}{U_{CC} - \frac{2}{3}U_{CC}} \\
&= RC\ln 3 \\
&= 1.1RC
\end{aligned}
$$

13.3.2 555 定时器构成的单稳态触发器如题 13.3.2 图（a）所示，若 $U_{CC} = 5$ V，$R_L = 16$ kΩ，$R = 10$ kΩ，$C = 10$ μF，则在题 13.3.2 图（b）所示输入脉冲 u_I 作用下，其电容上电压 u_C 及输出电压 u_O 的波形是怎样的？请画出波形图，并计算出这个单稳态触发器的输出脉冲宽度 t_{PO}。

解：电容上电压 u_C 及输出电压 u_O 的波形如题 13.3.2 图（b）所示。

单稳态触发器的输出脉冲宽度

$$t_{PO} = 1.1RC = 1.1 \times 10 \times 10^3 \times 10 \times 10^{-6} \text{ s} = 0.11 \text{ s}$$

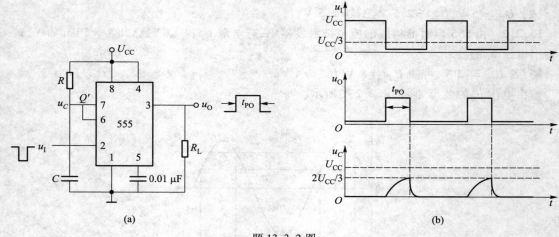

题 13.3.2 图

13.3.3 试用 555 定时器设计一个单稳态触发器,要求输出脉冲宽度在 1~10 s 的范围内可手动调节。给定 555 定时器的电源为 12 V,取电容 $C = 10 \text{ μF}$,触发信号来自 TTL 电路,高、低电平分别为 3.4 V 和 0.3 V。

解:设计电路如题 13.3.3 图所示。

因为 $1 \text{ s} < t = 1.1(R + R_1)C < 10 \text{ s}$,所以 R_1 取 91 kΩ,R 取 0~808 kΩ。

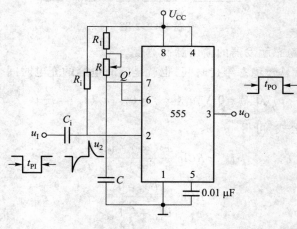

题 13.3.3 图

13.4.1 555 定时器构成的多谐振荡器如题 13.4.1 图所示,若 $R_A = 18 \text{ kΩ}, R_B = 56 \text{ kΩ}, C = 0.022 \text{ μF}$,电源电压 $U_{CC} = 12 \text{ V}$,试求所产生矩形波的周期 T 和频率 f。

解:周期

$$T = 0.7(R_A + 2R_B)C$$
$$= 0.7 \times (18 + 2 \times 56) \times 10^3 \times 0.022 \times 10^{-6} \text{ s} \approx 2 \text{ ms}$$

频率

$$f = \frac{1}{T} = \frac{1}{0.7(R_A + 2R_B)C} \approx 500 \text{ Hz}$$

13.4.2　试用 555 定时器设计一个脉冲电路,该电路振动 10 s,停 5 s,如此循环下去。该电路输出脉冲振荡周期 $T = 1$ s,占空比为 1/2,取所有电容为 10 μF,画出电路图。

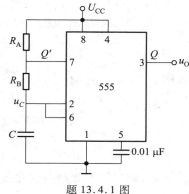

题 13.4.1 图

解:用两个多谐振荡器构成,如题 13.4.2 图所示。如果调节定时组件 R_{A1}、R_{B1} 和 C_1,使 $R_{A1} = 2R_{B1}$,第 1 片振荡器的占空比为 2/3,该电路振动 10 s,停 5 s,即 $T = 0.7(R_A + R_B)C = 0.7(2R_{B1} + R_{B1})C_1 = 15$ s,电容 $C_1 = 10$ μF,所以 $R_{B1} = 714$ kΩ。调节 R_{A2}、R_{B2} 和 C_2 使第 2 片振荡器的频率为 $f = 1$ Hz,且它的占空比为 1/2,据此可得到 $R_{B2} = 41.6$ kΩ。由于 u_{O1} 与第 2 片的复位端 $\overline{R}_D$ 相连接,因此,当 $u_{O1} = 1$ 时,允许第 2 片振荡;$u_{O1} = 0$ 时,第 2 片振荡器被复位($u_{O2} = 0$),停止振荡。

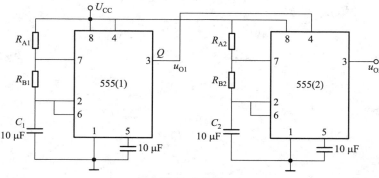

图 13.4.2 图

13.4.3　用 555 定时器组成的光控报警器如题 13.4.3 图所示,试说明其工作原理。设光电晶体管的饱和压降为 0,已知 $R_1 = 18$ kΩ,$R_2 = 2$ kΩ,电位器 $R_P = 100$ kΩ,$C = 0.01$ μF。当调节电位器时,求 555 输出脉冲频率的变化范围。

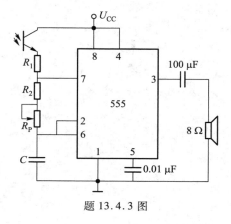

题 13.4.3 图

解:工作原理:555 连接成多谐振荡器,光电晶体管被挡住光线时,振荡器停止工作;而被光线照射时,光电晶体管饱和导通,振荡器开始工作,扬声器发出报警声。

周期 $T = 0.7(R_1 + 2R_2 + 2R_P)C$,频率 $f = \dfrac{1}{T}$。

当 $R_P = 0$ 时

$$T = 0.7(R_1 + 2R_2)C = 0.7 \times (18 + 2 \times 2) \times 10^3 \times 0.01 \times 10^{-6} \text{ s} = 0.154 \text{ ms}$$

$$f = \frac{1}{T} \approx 6.5 \text{ kHz}$$

当 $R_P = 100 \text{ k}\Omega$ 时

$$T = 0.7(R_1 + 2R_2 + 2R_P)C$$

$$= 0.7 \times (18 + 2 \times 2 + 2 \times 100) \times 10^3 \times 0.01 \times 10^{-6} \text{ s} = 1.554 \text{ ms}$$

$$f = \frac{1}{T} \approx 0.64 \text{ kHz}$$

所以,输出脉冲频率的变化范围为 $0.64 \sim 6.5 \text{ kHz}$。

第 14 章 数模和模数转换技术

一、基本要求

1. 了解数模和模数转换的基本原理;
2. 理解常见的数模和模数转换器电路特点及其主要参数及应用。

二、阅读指导

1. 模数转换和数模转换

在自动检测和自动控制系统中,计算机检测和控制的对象一般都是模拟信号,而数字计算机只能识别数字信号,为了把检测到的模拟信号送入计算机,首先必须把该模拟信号转换成相应的数字信号,然后再把数字信号送入计算机,以便计算机进行处理和运算。通常把模拟量转换成相应的数字量的过程称为模数转换,其相应的转换电路称为模数转换器(ADC 或 A/D 转换器)。而控制系统控制的信号通常也是模拟信号,需将处理过的数字信号再转换为模拟信号,然后送到被控制系统中,这种把数字量转换成相应的模拟量的过程称为数模转换,其相应的转换电路称为数模转换器(DAC 或 D/A 转换器)。

目前,数模转换器常采用权电阻网络、R-2R 型电阻网络以及权电流三种类型的电路。

D/A 转换器的主要性能指标有:转换速度、转换精度、抗干扰能力等。在选用 D/A 转换器时,一般应根据上述几个性能指标综合进行考虑。

2. 二进制权电组 DAC 的工作原理

二进制权电阻 DAC 电路实质上就是一个求和运算放大器。每位数字量通过一个电阻并联到运放输入端。由于各位数字量所连电阻与该位数字量的权值成反比,所以送到运放的电流与输入的数字量成正比,经运放的反馈电阻转换成与数字量成正比的模拟电压输出,完成了 D/A 转换的工作。

权电阻 DAC 结构简单,所用电阻元件较少,但电阻值相差很大,位数较多时很难保证精度。

3. R-2R 型电阻网络 DAC 的工作原理

R-2R 型电阻网络 DAC 电路有两个特点:一是无论模拟开关接地还是接运放的虚地端,流入每条 2R 支路的电流都是不变的;二是从同一结点流出到两条支路的电流是相等的,都等于流入该结点电流的一半。

R-2R 型电阻网络 DAC 由于只用 R 和 2R 两种阻值的电阻,克服了二进制权电阻 DAC 阻值范围宽的缺点。

4. 权电流型 DAC 的工作原理

在分析 R-2R 型电阻网络 DAC 的工作原理时,是把其中的模拟开关当做理想的开关来讨论的,没有考虑其导通时的电阻,但实际中的模拟开关在导通时是有一定的导通电阻的,使流过各位 2R 电阻网络的电流与理想状态所分析的产生误差,最终会影响 DAC 的精度。权电流型 DAC 的工作原理就是在 R－2R 型电阻网络的基础上更进一步改进的,在模拟开关与 2R 网络之间各位分别加入具有各自权值的理想电流源,通过精确控制理想电流源的精度,可以克服模拟开关导通电阻对支路电流的影响,进一步提升 DAC 的精度,这种技术目前已经广泛应用在 DAC 产品的芯片中。

5. DAC 的主要技术指标

DAC 主要技术指标,一是决定 DAC 精度的两个指标:分辨率和转换误差;二是衡量 DAC 转换速度的指标:建立时间。

分辨率是指 DAC 能分辨最小输出电压与满刻度输出电压之比,对于 n 位 DAC,其分辨率为 $\dfrac{1}{2^n-1}$。分辨率的大小是决定 DAC 精度的一个重要因素,另外由于参考电压 U_{REF} 的波动、运放零漂、电阻网络阻值偏差等也会影响 DAC 的精度。

建立时间是指数字信号由全 **0** 变为全 **1**,或由全 **1** 变为全 **0** 时,模拟信号达到稳态值所需要的时间。建立时间短说明 DAC 的转换速度快。

6. 模数转换中常用的几个基本概念

① 取样与保持　在模数转换中,输入的是模拟信号,而输出的则是数字信号,为把模拟信号变成离散的数字信号,首先应对输入的模拟信号在一系列特定的时间上进行取样。由于取样时间极短,取样输出为一串断续的窄脉冲,而要把每一个取样所得到的窄脉冲信号数字化是需要一定时间的,因此在两次取样之间,应将这些样值保存下来,将每次取样所得到的样值保存到下一个取样脉冲到来之前称为保持。

② 取样定理　只有当取样频率大于模拟信号最高频率分量两倍时,所采集的信号样值才能正确地反映原来模拟信号的变化规律。若将取来的样值恢复成原来的模拟信号,可利用适当的滤波器来实现。若取样频率小于模拟信号最高频率两倍时,所取样值是无法恢复原来模拟信号的,从样值恢复模拟信号的角度讲,取样频率越高越好,但取样频率提高就意味着转换电路必须具备更高的转换速度,所以不能无限制提高取样频率,通常取 $f_S=(3\sim5)f_{imax}$,其中 f_S 为取样频率,f_{imax} 是模拟信号的最高频率分量。

③ 量化与编码　量化就是把取样所得样值电压表示成某个规定的最小单位的整数倍;编码则是将量化所得结果用代码表示出来。这些代码就是 A/D 转换的输出结果。

7. 并行比较 ADC 的工作原理

并行比较 ADC 是由电阻分压器、电压比较器和编码器三部分组成,经分压器分压所得到的不同电压值分别接到各比较器的某一输入端(同相端或反相端),被转换信号接到各比较器的另一个输入端,比较器输出的信号经编码器编码后,就得到了用代码表示的数字信号。

并行比较 ADC 的优点是转换速度快;缺点是当 ADC 位数较多时所用比较器也多,使线路变得复杂。

8. 反馈比较式 ADC

反馈比较式 ADC 分为计数型 ADC 和逐次逼近型 ADC 两种。与逐次逼近型 ADC 相比,计数型 ADC 速度慢,而且被转换电压值越大,所需转换时间越长。

逐次逼近型 ADC 工作原理与天平称量重物类似。逐次逼近型 ADC 工作速度较快,n 位逐次逼近型 ADC 完成一次转换的时间为 $t=(n+2)T_C$,其中 T_C 为时钟周期。

9. 双积分 ADC 的工作原理

双积分 ADC 是一种间接的转换方法,将模拟信号首先转换成时间间隔,然后通过计数器转换成数字量。

双积分 ADC 主要由积分器、比较器、计数器和控制逻辑组成。整个转换过程需要两次积分完成。第一次积分为取样阶段,积分器接被转换模拟电压并进行积分,积分时间 t_1 是固定的,$t_1=2^nT_C$。第二次积分时,积分器接固定值的参考电压。由于参考电压与被转换电压的极性相反,所以第二次积分与第一次积分方向相反。当 $t=t_2$ 时刻,积分器输出为 **0**,计数器停止计数,转换过程结束。由于第二次积分曲线的斜率是固定的,所以 t_2-t_1(第二次积分时间)与 t_1 时刻积分器的输出电压成正比,即 t_2-t_1 与被转换电压成正比。第二次积分时间 t_2-t_1 转换成脉冲个数即为被转换成的数字量。

双积分 ADC 有较强的抗干扰能力,工作性能稳定,电阻、电容这些元件参数即使发生变化,只要在转换过程中保持相对稳定,对转换精度就不会有影响。双积分 ADC 的缺点是工作速度慢,完成一次转换需要 (2^n+D) 个 T_C 时间,其中 n 为计数器的位数,D 为第二次积分计数器所计脉冲个数,T_C 为时钟脉冲的周期。

10. $\Sigma-\Delta$ 型 ADC

在前面讨论的几种 ADC 电路中,每种电路的内部几乎都是由模拟与数字两部分组成的,而影响 ADC 性能及技术指标的主要是模拟电路部分,模拟电路中元件参数的失配和非线性、温漂与老化、噪声和寄生参数等影响,使 ADC 的精度很难提高到 16 位或更高。因此,降低 ADC 中模拟电路的复杂性,增强数字部分的功能,是提高 ADC 精度的有效途径。$\Sigma-\Delta$ 型 ADC 就是采用简单的模拟闭环系统,将输入电压与参考电压之比转换成相应的脉宽数字信号,使输入的电压大小与输出的数字信号脉宽占空比成正比例,这个电路也称为 $\Sigma-\Delta$ 调制器。通过对该数字信号的脉冲宽度进行高速取样,可以获得与输入电压成比例的高精度数字信号,这里的高速取样为区别前面取样定理中提到的取样概念,称为"过采样",其频率可达几十或上百兆赫。

11. ADC 的主要技术指标

① 转换时间　完成一次 A/D 转换所需时间。

② 分解度　分解度又称分辨率,是指输出数字量最低有效位为 **1** 所需的模拟电压输入值。

③ 精度　指产生一个给定数字量所需模拟电压的理想值与实际值之间的误差。

④ 输入模拟电压范围　指 ADC 允许输入的电压范围。

三、例题解析

例 14-1　一个 8 位 DAC,当最低位为 **1**,其他各位为 **0** 时,输出电压 $U_{Omin}=0.02$ V,当数字量为 **01010101** 时,输出电压 U_0 为多少?

解:$U_0=U_{Omin}\times\sum\limits_{i=0}^{7}a_i\cdot2^i=0.02\times85$ V $=1.7$ V

例 14-2　一个 10 位 R-2R 型 DAC 的 $U_{REF}=5$ V,$R_F=R$,试分别求出数字量为 **0000000001** 和 **1111111111** 时,输出 U_0 为多少?

解:输入数字量为 **0000000001** 时的输出电压为

$$U_{Omin} = \frac{U_{REF}R_F}{2^{10}R} = 0.004\,9\ V$$

输入数字量为 **1111111111** 时的输出电压为

$$U_{Omax} = \frac{5R_F}{2^{10}R} \times 1\,023 = 4.995\ V$$

例 14 – 3　某系统中有一个 DAC,若该系统要求 DAC 的转换误差小于 0.5%,试回答至少应选多少位的 DAC?

解:若 DAC 的分辨率大于 0.5%,其转换误差不可能小于 0.5%,所以若转换误差小于 0.5%,则分辨率必须小于 0.5% 才行,要使分辨率小于 0.5%,至少应选 8 位 DAC。

例 14 – 4　在图 14 – 1 中,计数器 74LS290 已接成 8421BCD 码十进制计数状态,Q_A 为低电位,Q_D 为高电位。设计数器输出的高电平为 3.5 V,低电平为 0 V。

(1) 用图示元器件连接成一个以计数器输出作为 D/A 转换器输入的 4 位 D/A 转换器。

(2) 当 $Q_D Q_C Q_B Q_A = 1001$ 时,求输出电压 U_O 值。

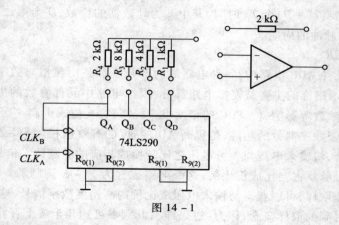

图 14 – 1

解:(1) D/A 转换器如图 14 – 2 所示。

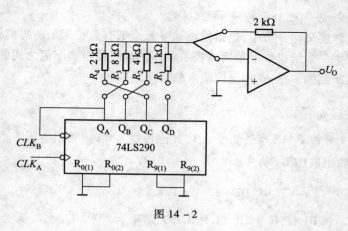

图 14 – 2

(2) 当 $Q_D Q_C Q_B Q_A = 1001$ 时,根据 $\dfrac{3.5}{1} + \dfrac{3.5}{8} = -\dfrac{u_O}{2}$,输出电压 $U_O = -7.875\ V$。

四、部分习题解答

14.1.1　题 14.1.1 图所示的电路中，输入信号 D_0、D_1、D_2、D_3 的电压幅值为 5 V，试用电压表测量输出电压 U_0 在 $D_0 = 5$ V、$D_1 = 0$ V、$D_2 = 5$ V、$D_3 = 0$ V 时的值。用电流表观察各个电流之间的关系。

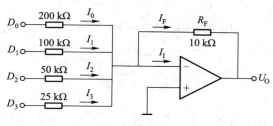

题 14.1.1 图

解：$I_0 = \dfrac{5}{200} \times 10^{-3}\ \text{A} = 25\ \mu\text{A}$，$I_1 = 0\ \mu\text{A}$，$I_2 = \dfrac{5}{50} \times 10^{-3}\ \text{A} = 100\ \mu\text{A}$，$I_3 = 0\ \mu\text{A}$

$I_F = I_0 + I_1 + I_2 + I_3 = (25 + 0 + 100 + 0)\ \mu\text{A} = 125\ \mu\text{A}$

$U_0 = -R_F I_F = -10\ \text{k}\Omega \times 125\ \mu\text{A} = -1.25\ \text{V}$

14.1.2　题 14.1.2 图所示的电路中，输入信号 D_0、D_1、D_2、D_3 的电压幅值为 5 V，试用电压表测量输出电压 U_0 在 $D_0 = 5$ V、$D_1 = 0$ V、$D_2 = 5$ V、$D_3 = 5$ V 时的值。图中 $R = 1$ kΩ。用电流表观察各个电流之间的关系。

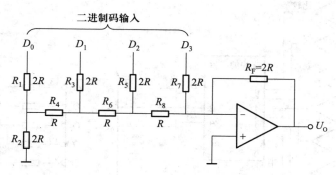

题 14.1.2 图

解：$I_F = \dfrac{5}{2^4 R}\left(D_3 \times 2^3 + D_2 \times 2^2 + D_1 \times 2^1 + D_0 \times 2^0\right)$

$\qquad = \dfrac{5}{2^4}\left(2^3 + 2^2 + 2^0\right)\ \text{mA} = 4.062\ 5\ \text{mA}$

$U_0 = -R_F I_F = -2\ \text{k}\Omega \times 4.062\ 5\ \text{mA} = -8.125\ \text{V}$

14.1.3　题 14.1.3 图所示的电路中，若是输入 D_0、D_1、D_2、D_3 的值为 1 就相当于开关动触点接通运放反相端，为 0 相当于连接运放同相端。试用电压表测量输出电压 U_0 在 $D_0 = 1$、$D_1 = 0$、$D_2 = 1$、$D_3 = 0$ 的值。图中 $R = 1$ kΩ，参考电压为 5 V。用电流表观察各个电流之间的关系。

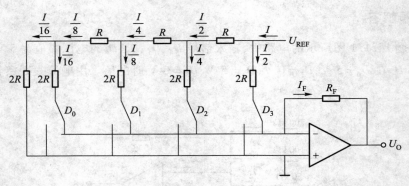

题 14.1.3 图

解：$I_F = \left(D_3 \times \dfrac{I}{2} + D_2 \times \dfrac{I}{4} + D_1 \times \dfrac{I}{8} + D_0 \times \dfrac{I}{16} \right) = \dfrac{5}{R}(0.25 + 0.0625) = 1.5625 \text{ mA}$

$U_O = -R_F I_F = -1 \text{ k}\Omega \times 1.5625 \text{ mA} = -1.5625 \text{ V}$

14.2.1　试用电阻、比较器、8 线 –3 线优先编码器和译码显示电路设计一个 3 位并行 A/D 转换器。要求画出电路图并仿真。

解：用电阻、比较器、8 线 –3 线优先编码器和译码显示电路设计 3 位并行 A/D 转换器如题 14.2.1 图所示。

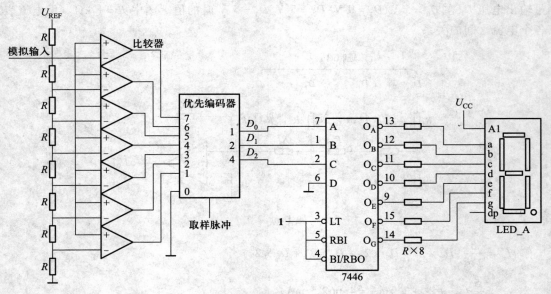

题 14.2.1 图

第15章 存储器与可编程逻辑器件

一、基本要求

1. 了解存储器分类;
2. 了解 ROM 存储器的结构;
3. 了解 ROM 存储矩阵、单元的基本结构;
4. 熟悉存储单元、字、位、地址、地址单元等基本概念;
5. 了解存储器读写控制;
6. 掌握存储器容量扩展的一般方法;
7. 了解 FPGA 与 CPLD 的基本工作原理与结构。

二、阅读指导

1. 存储器分类

存储器分为易失和非易失两类,所谓易失存储器就是断电后数据容易丢失的存储器,有时,人们又称易失存储器为数据挥发存储器。非易失存储器是断电后数据不丢失的存储器,非易失存储器又称为数据不挥发存储器。过去教科书将存储器分类为 RAM 与 ROM,一般认为 RAM 是易失存储器,ROM 是非易失存储器,但是随着电子技术的发展,具有 RAM 特点的 ROM 存储器的出现,模糊了 RAM 与 ROM 之间的区别,因此应该将存储器分为易失与非易失两类。存储器的发展趋势是易失与非易存储器的统一,将来可能只有非易失存储器一种存储器。

易失(Volatile)存储器包含如下 4 种常见的存储器:

① 静态随机存储器(SRAM,Static Random Access Memory)。

② 动态随机存储器(DRAM,Dynamic Random Access Memory)。

这两种存储器具有数据随机写入与读出、只要不断电数据就不丢失的特点,因此广泛用于 PC 机中的存储器与单片机系统中的存储器。

③ 先入先出存储器(FIFO,First In First Out)。

④ 后入先出存储器(LIFO,Last In First Out)。

这两种存储器广泛用于高速数据采集系统中的数据缓冲,例如高速模数转换装置中。

非易失(Non - Volatile)存储器包含如下几种存储器:

① 掩膜存储器(MROM,Mask ROM) 这类存储器中的数据是存储器制作工厂制造存储器时就制作进存储器的。因此在大量使用情况下具有造价非常低的特点。

② 一次编程存储器(PROM, Programmable ROM) 这类存储器在工厂制作时,存储器中没有数据,用户使用编程设备可以对存储器一次编程,在一定量使用时,具有成本低的特点,例如,

在单片机系统开发初期,人们使用可以多次读写的存储器保存程序代码,而一旦程序调试成功,需要批量生产时,就采用一次编程存储器(OTP),以减少成本。

③ 可擦除存储器(EPROM,Erasable Programable ROM)　这是早期使用紫外线擦写的存储器,该类存储器用电写入,但是必须用紫外线擦除,因为擦除不方便,现在已经不使用了,只有在一些老电子装置中还在使用。

④ 电擦除存储器(E^2PROM,Electrical Erasable Programmable)　该类存储器是紫外线擦除存储器的替代品,采用电擦除与电写入操作,曾大量使用在单片机系统,用于保存程序代码、重要数据等。由于 Flash 的出现,现在用量已经减少了很多。

⑤ 快闪存储器(FLASH ROM)　该类存储器是读写速度更快、容量更大的电可擦除电写入存储器,大量用于单片机系统中。

⑥ SRAM + 后备电池(BAKBAT)　这种非易失 RAM,把低功耗 SRAM 与供电电池集成到1个封装中,具有 RAM 的读写速度,又具有非易失的特点。

⑦ SRAM + EEPROM　这种非易失存储器在电压降低到一定值时,数据会保存到 EEPROM 中,当电压升到一定值时,会自动将数据返回 SRAM 中。

⑧ 铁电随机存取存储器(FeRAM,Ferroelectric RAM)　铁电随机存取存储器,是以铁电物质为原材料的存储器,不仅具有动态随机存取存储器(DRAM)及静态随机存取存储器(SRAM)的高速特性,还能在掉电情况下存储信息,即具有非易失性。

上述 8 类存储器中的后 3 类存储器可以像 RAM 一样的使用而不需要考虑断电的问题,因此可以简化单片机系统设计。

2. 存储器容量扩展

(1) 位扩展

如果存储器的位宽不够用时,就需要位扩展,将多片存储器组合成位数更多的存储器。位扩展法也称为位并联法,采用这种方法构成存储器时,各存储芯片连接的地址、控制信号是相同的。而存储芯片的数据线则分别连接到各个存储器的数据总线上。例如,可以用 2 片 1 K × 4 位存储器组成 1 K × 8 位(1 KB)存储器。

(2) 字扩展

字容量扩展就是扩展存储器地址,通过扩展地址使总地址数满足需求。在扩展地址时,与单片存储器地址相同的低位地址,连接到每一片存储器,而高位地址经过译码输出后控制每一片存储器的片选。例如 1 K × 8 存储器,可以扩展成 4 K × 8 存储器,扩展时使用 2 - 4 译码器对高位地址线 A_{10}、A_{11} 进行译码,译码器的 4 个输出分别与各个存储器的片选端相连。

3. 现场可编程门阵列 FPGA 的基本工作原理与结构

目前实现数字系统采用两种方式:

① 采用单片机实现,该种方法使用单片机作为硬件,采用软件设计使单片机实现所需数字系统功能。该方式是用 1 套硬件,分时实现数字系统的功能,可以满足一般需求,但不适合高速数据处理的场合。

② 采用现场可编程门阵列(FPGA)或是复杂可编程逻辑器件(CPLD)实现数字系统。该方式主要具有可靠性好,速度快的特点,主要用于高速数据采集与处理,以及多位处理器芯片(SOPC)设计方面。

三、部分习题解答

15.1.1　若存储器位宽 16 位,地址线 20 根,试计算该存储器的容量。

解:$2^{20} \times 16$ bit = 2 MB

15.1.2　若存储器存储容量为 512 KB,位宽 8 位,试计算该存储器的地址线数。

解:9 根

15.2.1　试用 1 K×8 存储器组成容量为 4 K×8 存储器。

解:1 K×8 存储器,组成容量为 4 K×8 的存储器如题 15.2.1 图所示。

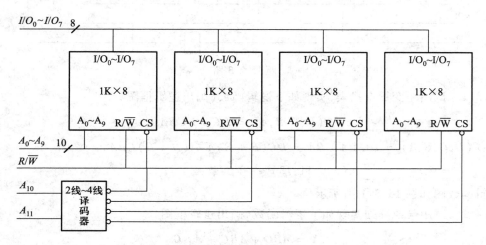

题 15.2.1 图

15.2.2　试用 1 K×8 存储器组成容量为 1 K×16 存储器。

解:1 K×8 存储器组成容量为 1 K×16 的存储器如题 15.2.2 图所示。

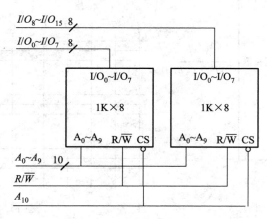

题 15.2.2 图

15.2.3　试用 2 K×8 存储器组成容量为 4 K×16 存储器。

解:2 K×8 存储器组成容量为 4 K×16 的存储器如题 15.2.3 图所示。

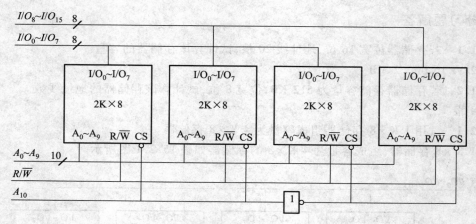

题 15.2.3 图

15.3.1　试用 4 变量查找表,实现如下逻辑函数(画出逻辑框图)

$$F(D,C,B,A) = D\overline{C}A + C\overline{B}A$$

解:$F(D,C,B,A) = D\overline{C}A + C\overline{B}A = D\overline{C}(B + \overline{B})A + (D + \overline{D})C\overline{B}A$

$$= \sum m(5,9,11,13)$$

逻辑函数图如题 15.3.1 图所示。

15.4.1　试用与或阵列实现如下逻辑函数(画出逻辑框图)

$$X = ABC + A\overline{B}C + \overline{A}\,\overline{B}\,\overline{C}$$

解:逻辑函数图如题 15.4.1 图所示。

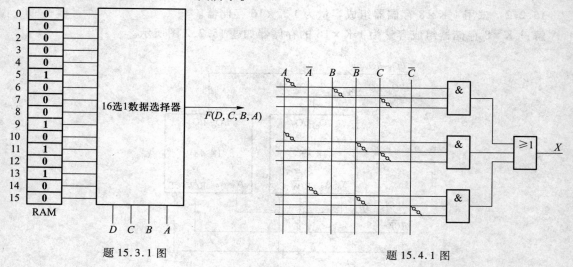

题 15.3.1 图　　　　　　　　　　题 15.4.1 图

第16章 变压器和电动机

一、基本要求

1. 了解磁路的概念,了解电磁铁的吸力以及交流电磁铁与直流电磁铁的异同;

2. 理解分析磁路的基本定律,理解铁心线圈电路中的电磁关系、电压电流关系以及功率与能量问题,特别要掌握 $U \approx 4.44fN\Phi_{\mathrm{m}}$ 这一关系式;

3. 了解变压器的基本构造、工作原理、铭牌数据、外特性,掌握其电压、电流、阻抗变换功能;

4. 理解变压器同名端的概念,掌握变压器绕组的正确连接方法;

5. 了解三相异步电动机的基本构造、转动原理、机械特性和经济运行,掌握起动和反转的方法,了解调速和制动的方法,并理解三相异步电动机的铭牌数据的意义。

二、阅读指导

1. 基本知识

在学习本章时,要注意磁路与电路、直流励磁铁心线圈电路与交流励磁铁心线圈电路、交流铁心线圈电路与交流空心线圈电路、直流铁心线圈电路与直流空心线圈电路等之间的联系与区别,以便理解与掌握。

在电机、变压器、电磁铁、电磁测量仪表以及其他各种铁磁元件中,不仅有电路的问题,同时还有磁路的问题,两者往往是相关联的,只有同时掌握了电路和磁路的基本理论,才能对上述的各种铁磁元件做全面的分析。

当线圈中有磁性物质存在时(设磁路由相同截面的单一材料构成),磁感应强度 B 与磁场强度 H 不成正比,由于磁通 Φ 与 B 成正比($\Phi = SB$),励磁电流 I 与 H 成正比($IN = Hl$),因此 Φ 与 I 也不成正比。于是由下式

$$\mu = \frac{B}{H}, L = \frac{N\Phi}{I}$$

可见,在存在磁性物质的情况下,磁导率 μ 和线圈的电感 L 都不是常数,它们随线圈中的励磁电流而变,铁心线圈是一个非线性电感元件。这个非线性关系如图 16 – 1 所示,两者是对应的。

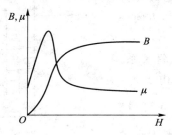

图 16 – 1

安培环路定律

$$\oint \bar{H}\mathrm{d}\bar{l} = \sum I$$

是确定磁场与电流之间关系的一个基本定律,它是分析与计算磁路的基础,由它可得出下面两个关系式:

① $\Phi = \dfrac{IN}{\dfrac{l}{\mu A}} = \dfrac{F}{R_{\mathrm{m}}}$

由上式所示,由于 μ 不是常数,不能用此式作定量计算,它只能用于定性分析。

② $IN = H_1 l_1 + H_2 l_2 + \cdots = \sum Hl$

式中 $H_1 l_1$、$H_2 l_2$ 是磁路各段的磁压降,此式在形式上与基尔霍夫电压定律相似。

在实际应用中:

① 如果要得到相等的磁感应强度,采用磁导率高的铁心材料,可使线圈的用铜量大为降低。

② 如果线圈中通有同样大小的励磁电流,要得到相等的磁通,采用磁导率高的铁心材料,可使铁心的用铁量大为降低。

③ 当磁路中含有空气隙时,由于其磁阻较大,要得到相等的磁感应强度,必须增大励磁电流(设线圈匝数一定)。

此外,通过磁路计算,要学会查用磁化曲线。

2. 交流铁心线圈电路

交流铁心线圈电路很重要,它是学习交流电机、变压器及各种交流铁磁元件的基础。

下面从电磁关系、电压电流关系及功率损耗三个方面来分析交流铁心线圈电路,并与交流非铁心线圈电路(即第 3 章的 RL 交流电路)比较。

交流铁心线圈电路中的电磁关系表示如下

$$u \rightarrow i\,(iN) \begin{cases} \Phi \rightarrow e = -N\dfrac{\mathrm{d}\Phi}{\mathrm{d}t} \\ \Phi_\sigma \rightarrow e_\sigma = -L_\sigma \dfrac{\mathrm{d}\Phi_\sigma}{\mathrm{d}t} \end{cases}$$

上面各物理量在图 16-2 所示的电路图上的参考方向是这样规定标出的:电源电压 u 的参考方向可以任意选定;电流 i 的参考方向与电压的参考方向一致,磁动势 iN 所产生的主磁通 Φ 和漏磁通 Φ_σ 的参考方向根据电流的参考方向用右手螺旋定则确定;规定感应电动势 e 和 e_σ 的参考方向与相应磁通的参考方向之间符合右手螺旋定则。因此,e、e_σ 及 i 三者的参考方向一致。

在非铁心线圈电路中,电流 i 与磁通 Φ 之间成线性关系,线圈的电感 L 为常数。通常电源电压 u 是正弦量,由于 $e = -N\dfrac{\mathrm{d}\Phi}{\mathrm{d}t}$,而一般 $u \approx -e$,所以磁通 Φ 可以认为也是正弦量。

设 $\Phi = \Phi_{\mathrm{m}}\sin \omega t$,则电流 $i = I_{\mathrm{m}}\sin \omega t$ 也是正弦量,两者大小成

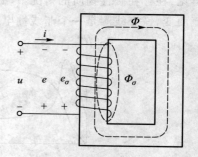

图 16-2

正比,并且是同相的。

在铁心线圈电路中,线圈中通过两个磁通:主磁通 Φ 和漏磁通 Φ_σ。因为 Φ_σ 不经过铁心,所以励磁电流 i 与 Φ_σ 之间成线性关系,铁心线圈的漏磁电感 L_σ 为常数。但 i 与主磁通 Φ 之间不存在线性关系,铁心线圈的主磁电感不是一个常数,电流 i 和主磁通 Φ 的波形不相似,并且是不同相的。

电流 i 虽非正弦量,但在分析计算时可根据非正弦周期信号分解的方法用一等效的正弦基波电流来代替,因而可用相量 $\dot{I}$ 表示。

此外,对电路中发生的某些现象,如前面讲的串联谐振和电路的瞬态过程等,以及本章讲的剩磁、磁滞和涡流等,有有利的一面,但在另外某些场合下也有有害的一面。对其有害的一面应尽可能地加以限制或避免发生,而对其有利的一面则应充分加以利用。

3. 电磁铁

电磁铁分直流电磁铁和交流电磁铁两种。

直流电磁铁的励磁电流仅与线圈电阻有关,不因气隙的大小而变。在吸合过程中随着气隙的减小,磁阻 R_m 减小、铁心中磁通 Φ 增大。直流铁心线圈的功率损耗(铜损耗)$\Delta P_{Cu} = I^2 R$,由线圈中的电流和电阻决定。因磁通恒定,在铁心中不会产生功率损耗。

交流电磁铁中磁场是交变的,因而吸力在零与最大值之间脉动,并且衔铁以两倍电源频率在颤动,引起噪音,同时触头容易损坏。为了消除这种现象,在磁极的部分端面上套一个分磁铜环,于是在分磁环中便产生感应电流,以阻碍磁通的变化,使在磁极两部分中的磁通 Φ_1 与 Φ_2 之间产生一相位差,因而磁极各部分的吸力也就不会同时降为零,这就消除了衔铁的颤动,当然也就除去了噪音。

交流电磁铁在吸合过程中,如果由于某种机械障碍,衔铁或机械可动部分被卡住,通电后衔铁吸合不上,线圈中就流过较大电流而使线圈严重发热,甚至烧毁。这是因为交流电磁铁的电流不仅与线圈电阻有关,还与线圈感抗有关,在吸合过程中,随着气隙的减小,磁阻减小,线圈的电感增大,因而电流逐渐减小。因此,当交流电磁铁通电后,它的衔铁由于某种原因吸合不上时.线圈中的电流降不下来,就要烧毁线圈。

在构造上交流电磁铁和直流电磁铁也有异同。

4. 变压器

变压器是在交流铁心线圈电路的基础上来讨论的,其中也有电磁关系、电压电流关系和功率与效率等方面的问题。

变压器是由一个作为电磁铁的铁心和绕在铁心柱上的两个或两个以上的绕组组成,它比交流铁心线圈多了一个二次绕组,其原理图如图 16-3 所示。其中的电动势 e_2 也是由主磁通 Φ 产生的。二次侧接有负载时,由 e_2 产生二次电流 i_2,从而在负载上得出电压 u_2。二次磁动势 $i_2 N_2$ 除和一次磁动势 $i_1 N_1$ 共同作用产生主磁通外,还在二次侧产生漏磁通 $\Phi_{\sigma 2}$。$\Phi_{\sigma 2}$ 也要在二次绕组中感应出漏磁电动势 $e_{\sigma 2}$。各个量的方向确定同交流铁心线圈。

变压器中的电压电流关系表示在一次电压方程

$$\dot{U} = \dot{I}_1 R_1 + j \dot{I}_1 X_1 + (-\dot{E}_1)$$

和二次电压方程

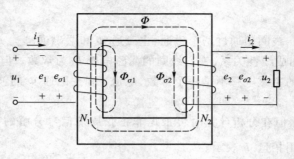

图 16 - 3

$$\dot{E}_2 = \dot{I}_2 R_2 + j\dot{I}_2 X_2 + \dot{U}_2$$

上。这两个方程是根据电压、电流及电动势的参考方向,由基尔霍夫电压定律得出的。$\dot{E}_1$ 和 $\dot{E}_2$ 虽然都是由主磁通产生的,但两者作用不一样。$\dot{E}_2$ 和 $\dot{U}_1$ 是相对应的,都起电源电压的作用,而 $\dot{E}_1$ 具有阻碍电流变化的物理性质,所以电源电压 $\dot{U}_1$ 必须有一部分($-\dot{E}_1$)来平衡它。

变压器铭牌上标出的额定容量是多少伏安或千伏安,而不是瓦或千瓦。这是因为变压器输出的有功功率与负载的功率因数有关。在额定电压和额定电流下,当负载的功率因数为 1 时,100 kV·A 的变压器能输出 100 kW 的功率,而 $\cos\varphi = 0.5$ 时,则只能输出 50 kW 的功率。

变压器的功率损耗也包括铜损耗和铁损耗两部分。相对于容量讲,变压器的功率损耗很小,所以效率很高,通常在 95% 以上。值得注意的是,负载不是在额定负载时,而是当负载为额定负载的 50~75% 时,效率最高。

变压器的作用有三个:

电压变换 $\quad \dfrac{U_1}{U_{20}} \approx \dfrac{E_1}{E_2} = \dfrac{N_1}{N_2}$

电流变换 $\quad \dfrac{I_1}{I_2} \approx \dfrac{N_2}{N_1}$

阻抗变换 $\quad |Z'| = \left(\dfrac{N_1}{N_2}\right)^2 |Z|$

要从 $U_1 \approx E_1 = 4.44 f N_1 \Phi_m$ 这个式子建立起当 U_1 和 f 不变时 Φ_m 近于常数的概念。就是说,变压器铁心中主磁通的最大值在它空载或有负载时是差不多恒定的。这是一个重要概念,由此得出下面两点:

① 可以写出 $\dot{I}_1 N_1 + \dot{I}_2 N_2 \approx \dot{I}_0 N_1$ 这个磁动势平衡式,在忽略空载电流 I_0 时,即得出一、二次绕组的电流变换式。

② 可以理解为什么二次绕组电流 I_2 增大时一次绕组电流 I_1 随着增大的道理,也就是变压器电能转换的过程。

5. 三相异步电动机

三相异步电动机在生产上的应用极为广泛,是本课程的重要内容之一。

(1)三相异步电动机的基本结构和工作原理

定子铁心中对称放置着对称三相绕组 $U_1 U_2$、$V_1 V_2$、$W_1 W_2$,U_1、V_1、W_1 为首端,U_2、V_2、W_2 为末

端。星形联结时,三个末端连在一起,三个首端接三相电源;三角形联结时,首末端首末相连,连成闭合的三角形,三个连接端接三相电源。注意,首末端不能连反。另外,三相异步电动机有不同的磁极数(极对数为 p):两个极的,如每相定子绕组一个线圈,绕组的首端之间相差 120°空间角;四个极的,如每相绕组有两个线圈串联,绕组的首端之间相差 60°空间角。同理,如果是 $2p$ 个极(即 p 对极)的三相异步电动机,绕组的首端之间应相差 $\dfrac{120°}{p}$ 空间角。

笼型的转子绕组用导条做成鼠笼状,易于识别。绕线型的转子绕组也是三相的,连接成星形,每相首端连接在三个固定在转轴上的铜滑环上,也易于识别。

定子三相绕组通入频率为 f_1 三相电流后产生旋转磁场,旋转磁场以 n_1 旋转,切割转子导条时便在其中感应出电动势和电流,转子电流与旋转磁场相互作用而产生电磁转矩,电磁转矩使转子转动。由于旋转磁场与转子的相对切割使转子转动,因此转子的转速永远低于旋转磁场转速(同步转速),异步由此而得名。

旋转磁场是由定子绕组三相电流共同产生的合成磁场,它在空间旋转着,磁场的磁感线通过定子铁心、转子铁心和两者之间的空气隙而闭合。根据三相电流的参考方向和电流的波形图,要求能理解旋转磁场的形成。

旋转磁场有转向、极数和转速三个问题。旋转磁场的转动方向与通入绕组的三相电流的相序 $U_1 - V_1 - W_1$ 有关(三相电源有相序,电动机本身没有什么相序的,接在 U_1 就是 U_1,接在 V_1 就是 V_1);旋转磁场的极数与三相绕组的安排布置有关,如上所述;旋转磁场的转速 $n_1 = \dfrac{60f_1}{p}$ 与电流频率和磁极对数有关。

实际上三相异步电动机中的旋转磁场是由定子电流和转子电流共同产生的。这与变压器中的情况相似(变压器铁心中的主磁通是由一次绕组磁动势和二次绕组磁动势共同产生的)。

转差率

$$s = \frac{n_1 - n}{n_1}$$

是异步电动机的一个很重要的物理量,在分析电动机的转子电路、机械特性和运行情况时都要用到,对它应很好理解。

电动机转子的转速 n 总是比旋转磁场的转速 n_1 要低些,这样才能保证转子的旋转。但两者很相近。例如某异步电动机的额定转速为 1 470 r/min,则磁场的转速必定为 1 500 r/min,是 4 个极的。

由上式可得出

$$n = (1 - s)n_1$$

当 $n = 0$ 时,$s = 1$;$n = n_1$ 时,$s = 0$。

(2)三相异步电动机的定子电路与转子电路

图 16 - 4 是三相异步电动机的每相电路图。

① 定子电路　三相异步电动机的每相定子绕组相当于变压器的每相一次绕组,两者电路的电压方程也是相当的,即

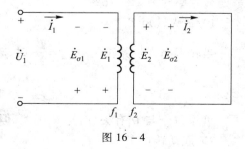

图 16 - 4

$$\dot{U}_1 = \dot{I}_1 R_1 + j \dot{I}_1 X_1 + (-\dot{E}_1) \approx -\dot{E}_1$$

而 $U_1 \approx E_1 = 4.44 f N \Phi$ 的关系式仍成立。

② 转子电路　三相异步电动机的转子绕组相当于变压器的二次绕组,但两者有不同之处:后者是带负载的、静止的、电动势的频率与一次绕组相同;前者是短接的、转动的、电动势的频率 f_2 与定子绕组电动势的频率 f_1(即为电源频率)不相等。电动机转子每相电路的电压方程为

$$\dot{E}_2 = \dot{I}_2 R_2 + j \dot{I}_2 X_2$$

与变压器二次绕组电路的电压方程不一样,少了 $\dot{U}_2$ 一项(因为转子绕组一般是短接的)。

必须注意到,因为转子在转动,转子电路的各个物理量与转速 n 即与转差率 s 有关

$$f_2 = s f_1$$

$$E_2 = s E_{20}$$

$$X_2 = s X_{20}$$

$$I_2 = \frac{s E_{20}}{\sqrt{R_2^2 + (s X_{20})^2}}$$

$$\cos \varphi_2 = \frac{R_2}{\sqrt{R_2^2 + (s X_{20})^2}}$$

特别要注意 I_2 和 $\cos \varphi_2$ 与转差率 s 的关系曲线。

(3) 三相异步电动机的转矩与机械特性

① 转矩公式

$$T = K_T \Phi I_2 \cos \varphi_2$$

$$T = K \frac{s R_2 U_1^2}{R_2^2 + (s X_{20})^2}$$

要了解 I_2、$\cos \varphi_2$、U_1 及 R_2 对转矩的影响。

② 机械特性　由转矩公式 $T = K_T \Phi I_2 \cos \varphi_2$ 和 $I_2 = f(s)$ 与 $\cos \varphi_2 = f(s)$ 两条曲线得 $T = f(s)$ 特性曲线,并由此转换为机械特性曲线 $n = f(T)$,如图 16-5 所示。从机械特性曲线上看到一般负载工作在 ab 段是稳定的,并且当负载变化时,电动机的转速变化不大。这说明三相异步电动机具有硬的机械特性。

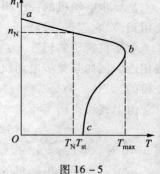

③ 三个重要转矩　在机械特性曲线上要注意额定转矩、最大转矩和起动转矩。额定转矩时的工作点大约在 ab 段的中间部分,额定转差率约为 2% ~ 6%。

1)最大转矩 T_{max}

当转差率为临界转差率 $s_m = \dfrac{R_2}{X_{20}}$ 时,转矩最大,其计算公式为

图 16-5

$$T_{max} = K \frac{U_1^2}{2 X_{20}}$$

可见,T_{max} 与 U_1 有关,而与 R_2 无关,但 s_m 与 R_2 有关。此外,还要理解过载系数 λ 的意义。

2)起动转矩 T_{st}

当 $s=1$ 时可得起动转矩公式

$$T_{st} = K \frac{R_2 U_1^2}{R_2^2 + X_{20}^2}$$

可见,它与 U_1 和 R_2 有关。当电压 U_1 降低时,T_{st} 减小。当转子电阻 R_2 适当增大时,T_{st} 也会增大。由上两式可推出,当 $R_2 = X_{20}$ 时,$T_{st} = T_{max}$,$s_m = 1$。但继续增大 R_2,T_{st} 就要随着减小,这时 $s_m > 1$。

3）额定转矩 T_N

$$T_N = 9\,550 \frac{P_N}{n_N}$$

要会用该式进行计算,式中 P_N 是电动机的额定功率(单位为 kW),指的是轴上输出的机械功率,不是输入的电功率 P_{1N},P_N 与 P_{1N} 以效率 η 传输。

（4）三相异步电动机的起动、反转、调速和制动

由于三相异步电动机在直接起动时,起动电流较大,起动转矩较小,因此通常采用 Y–Δ、自耦降压等降压起动方法,对绕线式电动机常采用串接电阻起动。起动电流与负载大小无关,与电动机的起动特性有关。

改变电流通入的相序,就是将同三相电源连接的三根导线中的任意两根的一端对调位置,旋转磁场和电动机的转动方向也就改变。

笼型电动机通常采用变极调速,但这种调速是有级的,笼型电动机一般不能无级调速,这是它的一个最大的缺点,所以当前正在大力研究无级变频调速。

绕线型电动机是改变转子电路中的调速电阻来进行调速的(实质上是改变转差率的调速方法),可获得平滑调速。

电动机的制动就是要产生一个与转动方向相反的制动转矩。主要了解能耗制动和反接制动的原理。

（5）三相异步电动机的铭牌数据

本节对正确和合理使用电动机具有实际意义。必须要看懂铭牌数据,了解各个数据的意义,根据三相绕组的首末端能正确连接成星形或三角形。此外,从经济意义上讲,必须了解电动机的工作特性曲线和正确选择电动机的容量,防止"大马拉小车",并力求缩短空载时间,以提高效率和功率因数。

铭牌上的电动机额定功率是指在额定运行时输出的机械功率 P_N,不是输入的电功率 P_{1N},两者之比是电动机的效率,即

$$\eta_N = \frac{P_N}{P_{1N}}$$

$P_N = \sqrt{3} U_N I_N \cos \varphi_N \eta_N$ 是一个重要的计算公式,式中的额定电压 U_N 指其定子绕组线电压,额定电流 I_N 指定子绕组线电流,所以它们都与定子绕组的接法有关。

三相异步电动机中的损耗有定子绕组和转子绕组的铜损耗、定子铁心的铁损耗(转子铁心的铁损耗常忽略不计,因为转子电流的频率 f_2 是很低的)及机械损耗等。

6. 单相异步电动机

单相异步电动机中的磁场是交变脉动磁场,为了利用三相异步电动机的转动原理来分析,将

脉动磁场分成两个转向相反的旋转磁场,这是一种分析方法。由此得出,在电动机静止时正反两个转矩相等,即 $T' = T''$,因此起动转矩为零,不能自行起动。为此,在起动时可采用电容分相式起动绕组(或其他方法)而得出两相电流,从而产生两相旋转磁场,使电动机的转子转动起来。一旦转子转动后,$T' \gg T''$,转子得以继续转动。当转速接近额定值时,起动绕组自行切断。而罩极式是在磁极上加短路铜环使磁通分相形成旋转磁场产生起动转矩的。

这里难点较多,例如:

① 什么是交变脉动磁场,在交变脉动磁场中,每一瞬间空气隙中各点的磁感应强度按正弦规律分布,同时随电流在时间上作正弦交变。

② 交变脉动磁场为什么可以分成两个转向相反的旋转磁场,以及由此得出的单相异步电动机的 $T = f(s)$ 曲线。

③ 单相异步电动机的起动转矩为零,即 $T' = T''$,但当转子一旦转动后,为什么 $T' \gg T''$,因而转子得以继续转动。

三、例题解析

例 16 – 1　将铁心线圈接于电压 $U = 100$ V,频率 $f = 50$ Hz 的正弦电源上,其电流 $I_1 = 5$ A,功率因数 $\cos \varphi_1 = 0.7$。若将此线圈中的铁心抽出,再接于上述电源上,则线圈中电流 $I_2 = 10$ A,功率因数 $\cos \varphi_2 = 0.05$。

(1)试求此线圈在其有铁心时的铜损耗与铁损耗。

(2)试求铁心线圈的铁损耗电阻 R_{Fe}(忽略线圈的铜损耗)。

解:(1)线圈在其有铁心时的损耗(铜损耗与铁损耗)为

$$P = \Delta P_{Cu} + \Delta P_{Fe} = UI_1 \cos \varphi_1 = 100 \times 5 \times 0.7 \text{ W} = 350 \text{ W}$$

线圈中的铁心抽出后

$$\Delta P_{Cu} = UI_2 \cos \varphi_2 = I_2^2 R_{Cu}$$

其线圈的电阻

$$R_{Cu} = \frac{UI_2 \cos \varphi_2}{I_2^2} = \frac{100 \times 10 \times 0.05}{10^2} \ \Omega = 0.5 \ \Omega$$

线圈在其有铁心时的铜损耗

$$\Delta P_{Cu} = I_1^2 R_{Cu} = 5^2 \times 0.5 \text{ W} = 12.5 \text{ W}$$

线圈在其有铁心时的铁损耗

$$\Delta P_{Fe} = P - \Delta P_{Cu} = (350 - 12.5) \text{ W} = 337.5 \text{ W}$$

(2)由 $\Delta P_{Fe} = I_1^2 R_{Fe}$,其线圈的铁损耗电阻

$$R_{Fe} = \frac{\Delta P_{Fe}}{I_1^2} = \frac{337.5}{5^2} \ \Omega = 13.5 \ \Omega$$

例 16 – 2　一台进口配电变压器,其电压为 $10/0.4$ kV,额定频率 $f = 60$ Hz,能否使用在我国相同电压等级的电网上($f = 50$ Hz),为什么?

解:不可以,由 $U_1 \approx 4.44 f N_1 \Phi_m$ 可知,由于频率降低($f = 50$ Hz),但电压不变,则使 Φ_m 增加。因工作点一般在磁化曲线的直线段,H 与 B 成正比,故 H_m 也增加。由 $\sqrt{2} IN = H_m l$ 可知,线圈中电流 I 增加,同时使磁路进入饱和状态而加大了变压器损耗。

例 16 - 3　如图 16 - 6 所示的变压器二次绕组有中间抽头,为使 8 Ω、3.5 Ω 的扬声器都能达到阻抗匹配,试求二次绕组两部分的匝数之比 N_2/N_3。

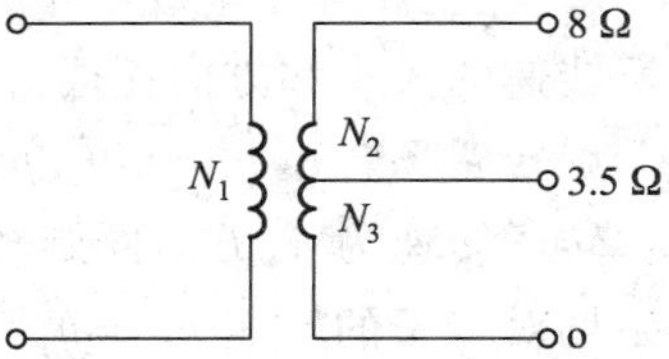

解:接 8 Ω 和 3.5 Ω 的扬声器都能阻抗匹配,说明两种情况从一次侧看进去的等效阻抗相等,即

$$\left(\frac{N_1}{N_2+N_3}\right)^2 \times 8 = \left(\frac{N_1}{N_3}\right)^2 \times 3.5$$

$$\frac{N_2+N_3}{N_3} = \sqrt{\frac{8}{3.5}} \approx 1.5$$

解得

$$\frac{N_2}{N_3} = 1.5 - 1 = 0.5$$

图 16 - 6

例 16 - 4　判断下列叙述是否正确

(1) 对称的三相交流电流通入对称的三相定子绕组中,便能产生一个在空间旋转的、恒速的、幅度按正弦规律变化的合成磁场。

(2) 三相异步电动机的转子电路中,感应电动势和电流的频率是随转速而改变的,转速越高,则频率越高;转速越低,则频率越低。

(3) 三相异步电动机在空载下起动,起动电流小,而在满载下起动,起动电流大。

(4) 当绕线型三相异步电动机运行时,在转子绕组中串联电阻,是为了限制电动机的起动电流,防止电动机被烧毁。

解:(1) 错误。合成磁场的幅度恒定不变,并不按正弦规律变化。

(2) 错误。转速越高,则转差率越低;转子感应电动势和电流频率越低,反之则越高。

(3) 错误。起动电流仅与转差率 s 有关,而与负载转矩无关,起动时转差率 $s=1$,故起动电流不变。

(4) 错误。绕线型三相异步电动机在运行中,如果在转子绕组中串联电阻,可以提高转子绕组的功率因数,目的是为了提高起动转矩,降低转速(调速)。

例 16 - 5　三相异步电动机电磁转矩与哪些因素有关?三相异步电动机带动额定负载工作时,若电源电压下降过多,往往会使电动机发热,甚至烧毁,试说明原因。

解:三相异步电动机电磁转矩

$$T = K\frac{sR_2U_1^2}{R_2^2+(sX_{20})^2}$$

与转差率 s、转子电阻 R_2、电源电压 U_1 和转子感抗 X_{20} 有关。转子电阻 R_2、转子感抗 X_{20} 为电动机的固有参数而保持不变;当电源电压 U_1 下降时,为了保持电动机的输出转矩 T 与负载转矩平衡,必须增加转差率 s,导致转子电流增加,使电动机发热而损坏。

例 16 - 6　已知一台三相异步电动机,其额定转速为 1 470 r/min,电源频率为 50 Hz。在 (1) 起动瞬间;(2) 转子转速为同步转速的 2/3;(3) 转差率为 0.02 三种情况下,试求:

(a) 定子旋转磁场对定子的转速。

(b) 定子旋转磁场对转子的转速。

(c) 转子旋转磁场对转子的转速。

(d) 转子旋转磁场对定子的转速。

（e）转子旋转磁场对定子旋转磁场的转速。

解：在三相异步电动机中，旋转磁场是由定子和转子共同形成的，定子旋转磁场和转子旋转磁场转速的大小和方向相同。

旋转磁场转速 $n_1 = 60f_1/p$，由定子电流频率 f_1 及磁极对数 p 决定，与转子转速无关。

转子转速为 n，方向同旋转磁场方向，且 $n < n_1$；定子旋转磁场对定子的转速 $n_{11} = n_1$；定子旋转磁场对转子的转速 $n_{12} = n_1 - n$；转子旋转磁场对定子的转速 $n_{21} = n_1$；转子旋转磁场对定子旋转磁场的转速为 0；转子旋转磁场对转子的转速 $n_{22} = n_1 - n$。

（1）起动瞬间，$n = 0$，$s = 1$ 时

（a）定子旋转磁场对定子的转速 $n_{11} = 1\,500$ r/min

（b）定子旋转磁场对转子的转速 $n_{12} = (1\,500 - 0)$ r/min $= 1\,500$ r/min

（c）转子旋转磁场对转子的转速 $n_{22} = (1\,500 - 0)$ r/min $= 1\,500$ r/min

（d）转子旋转磁场对定子的转速 $n_{21} = 1\,500$ r/min

（e）转子旋转磁场对定子旋转磁场的转速 0

（2）$n = \dfrac{2}{3} \times 1\,500$ r/min $= 1\,000$ r/min，$s = \dfrac{1\,500 - 1\,000}{1\,500} = \dfrac{1}{3}$ 时

（a）定子旋转磁场对定子的转速 $n_{11} = 1\,500$ r/min

（b）定子旋转磁场对转子的转速 $n_{12} = (1\,500 - 1\,000)$ r/min $= 500$ r/min

（c）转子旋转磁场对转子的转速 $n_{22} = (1\,500 - 1\,000)$ r/min $= 500$ r/min

（d）转子旋转磁场对定子的转速 $n_{21} = 1\,500$ r/min

（e）转子旋转磁场对定子旋转磁场的转速 0

（3）$s = 0.02$，$n = (1 - s)n_1 = 0.98 \times 1\,500$ r/min $= 1\,470$ r/min 时

（a）定子旋转磁场对定子的转速 $n_{11} = 1\,500$ r/min

（b）定子旋转磁场对转子的转速 $n_{12} = (1\,500 - 1\,470)$ r/min $= 30$ r/min

（c）转子旋转磁场对转子的转速 $n_{22} = (1\,500 - 1\,470)$ r/min $= 30$ r/min

（d）转子旋转磁场对定子的转速 $n_{21} = 1\,500$ r/min

（e）转子旋转磁场对定子旋转磁场的转速 0

例 16 - 7　Y112M - 4 绕线型异步电动机的技术数据如下：

28.8 kW　　　380 V　　　△ 联结　　　1 440 r/min　　　$\cos\varphi = 0.82$　　　$\eta = 84.5\%$

$I_{st}/I_N = 7.0$　　　$T_{st}/T_N = 1.8$　　　$T_{max}/T_N = 2.2$　　　50 Hz

试求：（1）额定电流和起动电流。

（2）起动转矩和最大转矩。

（3）转矩为 288 N·m 时，电动机的转速。

（4）若负载转矩同（3），电网电压突然降低了 20%，电动机能否正常转动；若立即重新起动，电动机能否转动？

（5）情况同（4）若采用转子串接电阻使电动机起动，电动机能否正常转动。

解：根据电动机的机械特性曲线可分析出所提问题。

（1）因为

$$P_N = P_{1N}\eta_N = \sqrt{3}\,U_N I_N \cos\varphi_N \eta_N$$

所以，额定电流为　$I_N = \dfrac{P_N}{\sqrt{3}\,U_N\cos\varphi_N\eta_N} = \dfrac{28\,800}{\sqrt{3}\times380\times0.82\times0.845}\ \text{A} = 63.15\ \text{A}$

起动电流为　　$I_{st} = 7.0\,I_N = 7.0\times63.15\ \text{A} = 442.05\ \text{A}$

（2）额定转矩　　$T_N = 9\,550\,\dfrac{P_N}{n_N} = 9\,550\,\dfrac{28.8}{1\,440}\ \text{N}\cdot\text{m} = 191\ \text{N}\cdot\text{m}$

起动转矩　　$T_{st} = \dfrac{T_{st}}{T_N}T_N = 1.8\times191\ \text{N}\cdot\text{m} = 343.8\ \text{N}\cdot\text{m}$

最大转矩　　$T_{max} = \dfrac{T_{max}}{T_N}T_N = 2.2\times191\ \text{N}\cdot\text{m} = 420.2\ \text{N}\cdot\text{m}$

（3）在电动机匀速转动时，根据转矩平衡方程式 $T = T_0 + T_2 \approx T_2$ 知，当负载转矩为 288 N·m 时，电动机的电磁转矩约为 288 N·m。

所以电动机的转速 $n = 9\,550\,\dfrac{P_N}{T} = 9\,550\,\dfrac{28.8}{288}\ \text{r/min} = 955\ \text{r/min}$

（4）起动转矩和最大转矩与电压的平方成正比，因此有

$$\frac{T'_{max}}{T_{max}} = \left(\frac{U'}{U_N}\right)^2 = \left(\frac{0.8U_N}{U_N}\right)^2 = 0.64$$

$$T'_{max} = 0.64\,T_{max} = 0.64\times420.2\ \text{N}\cdot\text{m} = 268.9\ \text{N}\cdot\text{m} < 288\ \text{N}\cdot\text{m}$$

最大转矩小于负载转矩，电动机会因带不动负载而停止转动，出现闷车现象，电动机的工作状态和起动瞬间相同，工作电流很大，电动机发热，以致烧坏。

$$\frac{T'_{st}}{T_{st}} = \left(\frac{U'}{U_N}\right)^2 = \left(\frac{0.8U_N}{U_N}\right)^2 = 0.64$$

$$T'_{st} = 0.64\,T_{st} = 0.64\times343.8 = 220\ \text{N}\cdot\text{m} < 288\ \text{N}\cdot\text{m}$$

若立即重新起动，因起动转矩小于负载转矩，所以电动机不能起动。

（5）由于电网电压降低了 20%，虽然转子串接电阻能提高起动转矩，但是不能提高最大转矩，所以，电动机仍不能正常转动。

四、部分习题解答

1. 练习与思考解析

16 - 1 - 1　试列表写出磁路与电路相对应的基本物理量和对应的基本定律。

解： 磁路与电路相对应的基本物理量和对应的基本定律如题 16 - 1 - 1 表所示。

题 16 - 1 - 1 表　磁路与电路相对应的基本物理量和对应的基本定律

磁　　　路	电　　　路
磁动势 $F = NI$	电动势 E
磁通 Φ	电流 I
磁感应强度 B	电流密度 J
磁阻 $R_m = \dfrac{l}{\mu A}$	电阻 $R = \dfrac{l}{\gamma S}$

磁　路	电　路
磁路欧姆定律 $\Phi = \dfrac{F}{R_{\mathrm{m}}}$	电路欧姆定律 $I = \dfrac{E}{R}$
磁路基尔霍夫第一定律 $\sum \Phi = 0$	电路基尔霍夫电流定律 $\sum I = 0$
磁路基尔霍夫第二定律 $IN = \sum Hl$	电路基尔霍夫电压定律 $\sum E = \sum IR$

16 - 1 - 2　有 a、b、c 三个几何尺寸相同的环形线圈,均有 N 匝,线圈通入相同电流。磁路 a 用非铁磁性材料构成,磁路 b 用铁磁性材料构成,磁路 c 是留有气隙 δ 的铁心磁路。试问:

(1) 磁路 a 与磁路 b 中的磁感应强度是否相等? 磁场强度是否相等?

(2) 磁路 c 铁心中的磁场强度与气隙中的磁场强度是否相等? 磁感应强度是否相等?

解:(1) 磁路 a 的 μ_a 与磁路 b 的 μ_b 比较,$\mu_a \ll \mu_b$,所以 $B_a \ll B_b$。而 $H_a = H_b$。

(2) 磁路 c 铁心中的磁场强度远小于气隙中的磁场强度。而磁感应强度近似相等。

16 - 1 - 3　若将交流铁心线圈接到与其额定电压相等的直流电压上,或将直流铁心线圈接在有效值与额定电压相同的交流电压上,各会产生什么问题,为什么?

解:线圈相当于一个 RL 串联电路。在直流作用下,$I = \dfrac{U}{R}$;在交流作用下,$I =$

$\dfrac{U}{\sqrt{(R + R_0)^2 + (X_\sigma + X_0)^2}} \approx \dfrac{U}{\sqrt{R_0^2 + X_0^2}}$。可见,直流铁心线圈接在有效值与额定电压相同的交流

电压上,电流必然很小,不能吸动衔铁。交流铁心线圈接到与其额定电压相等的直流电压上,则电流将大大增加,甚至烧损线圈。故不能互换。

16 - 1 - 4　试叙述交流电磁铁和直流电磁铁在接通电源,衔铁吸合前后,其励磁电流和磁通的变化规律。

解:在直流电磁铁的吸合过程中,因线圈电阻不变,所以衔铁吸合前后励磁电流不变。在衔铁吸合过程中,随着气隙的减小,磁阻减小,磁通逐渐增大。

在交流电磁铁的吸合过程中,因电源电压不变,所以衔铁吸合前后磁通不变。在吸合过程中,随着气隙的减小,磁阻减小,线圈的电感增大(感抗增大),电流逐渐减小。

16 - 1 - 5　在交流电磁铁运行时,制造厂家对其每小时的最高通、断次数,都作了一定的规定,不得超过,这是为什么? 若交流电磁铁接入电源后,其衔铁被卡住不能吸合,试问后果将会如何?

解:如果每小时的通、断次数太高,由于交流电磁铁中磁滞和剩磁等因素会使动作失灵。若交流电磁铁接入电源后,其衔铁被卡住不能吸合(磁阻很大),由于磁通不变,所以线圈中电流很大使线圈严重发热,甚至烧毁。

16 - 1 - 6　有一铁心线圈,试分析铁心中的磁感应强度,线圈中的电流和铜损耗 $I^2 R$ 在下列几种情况下将如何变化?

(1) 直流励磁——铁心截面加倍,线圈的电阻、匝数及电源电压不变。

(2) 交流励磁——铁心截面加倍,线圈的电阻、匝数及电源电压不变。

（3）直流励磁——线圈匝数加倍,线圈的电阻与电源电压不变。

（4）交流励磁——线圈匝数加倍,线圈的电阻与电源电压不变。

（5）交流励磁——电流频率减半,电源电压的大小保持不变。

假设上述各种情况下,工作点均在磁化曲线的直线段。交流励磁时,设电源电压与感应电动势近似相等,铁心是闭合的,截面均匀,忽略磁滞与涡流。

解: (1) 电流 $I = \dfrac{U}{R}$ 和铜损耗 $\Delta P_{Cu} = I^2R$ 不变,由 $R_m = \dfrac{l}{\mu S}$ 可知,磁阻 R_m 减半,而磁动势 IN 不变,故磁通加倍,磁感应强度 $B = \dfrac{\Phi}{S}$ 不变。

（2）由 $U \approx 4.44fN\Phi_m = 4.44fNB_mS$ 可知,铁心中的磁感应强度的最大值 B_m 减半。因工作点在磁化曲线的直线段,H 与 B 成正比,故 H_m 也减半。由 $\sqrt{2}IN = H_m l$ 可知,线圈中电流 I 减半,而铜损耗 I^2R 则减小到原来的 1/4。

（3）如果线圈的电阻不变,则电流 $I = \dfrac{U}{R}$ 和铜损耗 $\Delta P_{Cu} = I^2R$ 不变,当线圈匝数 N 加倍时,则磁动势 IN 加倍,磁通加倍,磁感应强度 B 加倍,H 与 B 成正比,故 H 也加倍。

（4）由 $U \approx 4.44fN\Phi_m = 4.44fNB_mS$ 可知,铁心中的磁感应强度的最大值 B_m 减半。因工作点在磁化曲线的直线段,H 与 B 成正比,故 H_m 也减半。由 $\sqrt{2}IN = H_m l$ 可知,线圈中电流 I 减半,而铜损耗 I^2R 则减小到原来的 1/4。

（5）由 $U \approx 4.44fN\Phi_m = 4.44fNB_mS$ 可知,铁心中的磁感应强度的最大值 B_m 加倍。因工作点在磁化曲线的直线段,H 与 B 成正比,故 H_m 也加倍。由 $\sqrt{2}IN = H_m l$ 可知,线圈中电流 I 加倍,而铜损耗 I^2R 则增加到原来的 4 倍。

16-2-1　在分析单相变压器时,一、二次绕组的绕向与题 16-2-1 图所示的变压器的情况正好相反,若 $N_1/N_2 = 3$, $i_1 = 300\sqrt{2}\sin(\omega t - 30°)$ mA,试写出 i_2 的表达式（励磁电流 i_{10} 忽略不计）。

解: 由于 $i_1 N_1 \approx -i_2 N_2$, $I_2 \approx kI_1 = 3 \times 300$ mA $= 900$ mA,所以

$$i_2 = 900\sqrt{2}\sin(\omega t + 150°)\ \text{mA}$$

16-2-2　试判断题 16-2-2 图所示的多绕组变压器最多可以输出几种电压? 分别为多少伏?

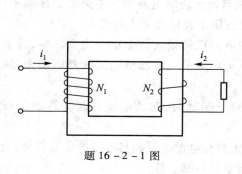

题 16-2-1 图

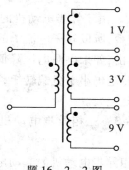

题 16-2-2 图

解:根据二次绕组不同的连接方式(绕组顺串或逆串),可得共 13 种不同的电压值:

(1) 1 V;　　　　　　　　　(2) $(3-1)V=2$ V;　　　　　　　(3) 3 V;

(4) $(1+3)V=4$ V;　　　　(5) $(9-3-1)V=5$ V;　　　　(6) $(9-3)V=6$ V;

(7) $(9+1-3)V=7$ V;　　　(8) $(9-1)V=8$ V;　　　　　(9) 9 V;

(10) $(1+9)V=10$ V;　　　(11) $(9+3-1)V=11$ V;　　　(12) $(3+9)V=12$ V;

(13) $(1+3+9)V=13$ V。

16 – 2 – 3　利用直流法可以测定绕组的同名端。试述若开关 S 原来是闭合的,在打开之瞬,是否也可以判定同名端,并说明原因。

解:可以,如题 16 – 2 – 3 图所示,打开 S 之瞬间,若电流表的表针反摆,则 1、3 同名;若电流表的表针正摆,则 1、4 同名。

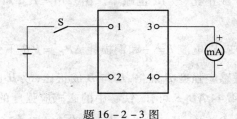

题 16 – 2 – 3 图

16 – 2 – 4　为什么在运行时,电压互感器二次侧不允许短路?而电流互感器二次侧不允许开路?

解:电压互感器二次侧不允许短路,否则会造成很大的短路电流,使互感器绕组严重发热,损坏设备甚至危及人身安全。电流互感器二次侧开路,除会有危险高压外,负载电流 I_1 将使互感器铁心严重发热,导致退磁并烧毁。

16 – 3 – 1　三相异步电动机起动瞬间,为什么转子电流 I_2 大,而转子电路的 $\cos\varphi_2$ 小?

解:在起动瞬间,$n=0$,$s=1$,旋转磁场以同步转速 n_1 切割转子导体,在转子导体中产生很大的电动势 E_2 和电流 I_2,转子的感抗大($X_2=X_{20}$),其功率因数 $\cos\varphi_2$ 就低。

16 – 3 – 2　负载转矩一定时,若三相异步电动机的电源电压降低,试分析定子绕组中电流的变化趋势。

解:负载转矩一定时,若三相异步电动机的电源电压降低,由异步电动机的机械特性可知,电动机在低电压的特性上电磁转矩与负载转矩达到新的平衡,转速降低,由转子电流 I_2 与 s 的关系可见,I_2 增大。由于异步电动机的定子绕组电流与转子绕组电流的关系类似变压器一次、二次绕组电流的关系,所以转子电流 I_2 的增大,必然导致定子绕组电流 I_1 的增大。

还应指出,如果电源电压降低过多,以致使电动机的最大转矩小于负载转矩,转子的转速减小,但电磁转矩仍小于负载转矩,直至电动机 $n=0$(闷车),电动机的电流急剧增大,使电动机严重过热,甚至烧毁。

16 – 3 – 3　三相异步电动机在满载和空载下起动时,起动电流和起动转矩是否一样?为什么?

解:三相异步电动机的起动电流和起动转矩只与电源电压和其本身的参数有关,而与负载无关,因此在满载和空载下起动时,起动电流和起动转矩都一样。

16 - 3 - 4　电源电压不变的情况下,如果将三角形联结的三相异步电动机误接成星形,或将星形联结误接成三角形,其后果如何?

解:电源电压不变的情况下,如果将三角形联结的三相异步电动机误接成星形,使三相绕组电压降低,起动转矩降低,可能使三相异步电动机发生堵转;如果将星形联结误接成三角形,电动机上所加的电压高于额定电压较多($\sqrt{3}$倍),由于电动机磁通一般设计在接近铁心的磁饱和点,将使励磁电流大大增加,电流大于额定电流,使绕组过热。同时,由于磁通的增大,铁损耗也增大,会引起定子铁心过热。

16 - 3 - 5　一台 380 V、Y 联结的笼型电动机,是否可以采用 Y - Δ 换接起动?为什么?

解:不能,只有 Δ 联结的笼型电动机才可以采用 Y - Δ 换接起动。

16 - 3 - 6　三相异步电动机在运行过程中断开一相,可否继续运行?会产生什么问题?若在起动时就已缺了一相,能否起动?为什么?

解:三相异步电动机在运行过程中断开一相,此时的三相电动机即为缺相运行状态。同单相电动机运行的原理一样,电动机还会继续旋转。电动机处于缺相运行状态时,如果电动机满负荷运行,这时其余两根线的电流将成倍增加,从而引起电动机过热,长时间运行使电动机烧毁。三相异步电动机缺相运行对机械特性也产生了严重影响,最大转矩 T_{max} 下降了大约 40%,起动转矩 T_{st} 等于零。如果电动机满负荷运行,此时电动机有可能停车,这时电流将进一步加大,若没有过流继电器和过热继电器的保护,将加快电动机的损毁。如果在起动时就少了一相,则电动机不能起动。

2. 习题解析

16.1.1　某交流磁路的励磁绕组外加 220 V 的交流电压时,电流为 0.5 A,有功功率为 40 W。若励磁绕组导线本身的电阻为 60 Ω,试问铁心中损耗的功率为多少?

解:总的功率损耗

$$\Delta P = \Delta P_{Cu} + \Delta P_{Fe} = I^2 R + \Delta P_{Fe} = 40 \text{ W}$$

铜损耗

$$\Delta P_{Cu} = I^2 R = 0.5^2 \times 60 \text{ W} = 15 \text{ W}$$

铁损耗

$$\Delta P_{Fe} = \Delta P - \Delta P_{Cu} = (40 - 15) \text{ W} = 25 \text{ W}$$

16.1.2　某铁心柱中交变磁通的频率为 50 Hz,今在铁心柱上绕一个匝数为 10 的线圈,用电压表测得线圈两端的电压为 6 V,试求铁心中磁通的最大值 Φ_m。

解:由 $U \approx 4.44 f N \Phi_m$ 可得

$$\Phi_m \approx \frac{U}{4.44 f N} = \frac{6}{4.44 \times 50 \times 10} \text{Wb} \approx 0.002\ 7 \text{ Wb}$$

16.1.3　一交流铁心线圈工作在电压 $U = 220$ V、频率 $f = 50$ Hz 的电源上。测得电流 $I = 3$ A,消耗功率 $P = 100$ W。为了求出此时的铁损,把线圈电压改接成直流 12 V 电源,测得电流值是 10 A。试计算线圈的铁损耗 ΔP_{Fe} 和功率因数 $\cos \varphi$。

解:该线圈的电阻可由所加直流电压和电流求出,即

$$R = \frac{12}{10} \Omega = 1.2 \Omega$$

线圈的铜损耗为

$$\Delta P_{Cu} = I^2 R = 3^2 \times 1.2 \text{ W} = 10.8 \text{ W}$$

线圈的铁损耗为

$$\Delta P_{Fe} = P - \Delta P_{Cu} = (100 - 10.8) \text{ W} = 89.2 \text{ W}$$

功率因数为

$$\cos \varphi = \frac{P}{UI} = \frac{100}{220 \times 3} = 0.15$$

16.2.1 某单相变压器,一次额定电压 $U_{1N} = 220$ V,二次额定电压 $U_{2N} = 36$ V,一次额定电流 $I_{1N} = 9.1$ A,试求二次额定电流 I_{2N}。

解: 变压器变比

$$k \approx \frac{U_{1N}}{U_{2N}} = \frac{220}{36} \approx 6.11$$

二次额定电流

$$I_{2N} \approx kI_{1N} = 6.11 \times 9.1 \text{ A} \approx 55.61 \text{ A}$$

16.2.2 一台容量为 $S_N = 20$ kV·A 的照明变压器,它的电压为 6 600 V/220 V,问它能正常供 220 V、40 W 的白炽灯多少盏? 能供 $\cos \varphi = 0.5$,220 V、40 W 的日光灯多少盏?

解: 白炽灯盏数

$$N_1 = \frac{S_N}{U_{2N}} \Big/ \frac{P_N}{U_N} = \frac{20 \times 10^3}{220} \Big/ \frac{40}{220} = 500$$

日光灯盏数

$$N_2 = \frac{S_N}{U_{2N}} \Big/ \frac{P_N}{U_N \cos \varphi} = \frac{20 \times 10^3}{220} \Big/ \frac{40}{220 \times 0.5} = 250$$

16.2.3 有一台电源变压器,一次绕组的匝数为 550 匝,接 220 V 电压。它有两个二次绕组,一个电压为 36 V,其负载电阻为 4 Ω;另一个电压为 12 V,负载电阻为 2 Ω。试求两个二次绕组的匝数以及变压器一次绕组的电流。

解: 因为

$$\frac{N_1}{N_2} = \frac{U_1}{U_2}, \quad \frac{N_1}{N_3} = \frac{U_1}{U_3}$$

所以两个二次绕组的匝数分别为

$$N_2 = \frac{U_2}{U_1} N_1 = \frac{36}{220} \times 550 = 90$$

$$N_3 = \frac{U_3}{U_1} N_1 = \frac{12}{220} \times 550 = 30$$

两个二次绕组电流分别为

$$I_2 = \frac{36}{4} \text{ A} = 9 \text{ A}$$

$$I_3 = \frac{12}{2} \text{ A} = 6 \text{ A}$$

由磁动势平衡方程式　　　　　　　$$N_1 I_1 \approx N_2 I_2 + N_3 I_3$$

得出一次绕组的电流为

$$I_1 \approx \frac{N_2 I_2 + N_3 I_3}{N_1} = \frac{90 \times 9 + 30 \times 6}{550} \text{ A} = 1.8 \text{ A}$$

16.2.4　某三相变压器,一次绕组每相匝数 $N_1 = 2\,080$,二次绕组每相匝数 $N_2 = 80$。如果一次侧所加线电压 $U_1 = 6\,000$ V,试求在 Y,y(Y/Y)和 Y,d(Y/△)两种连接方式时,二次侧的线电压和相电压。

解:变压器的变比

$$k = \frac{N_1}{N_2} = \frac{2\,080}{80} = 26$$

Y,y(Y/Y)连接方式时

$$U_{2L} = \frac{U_{1L}}{k} = \frac{6\,000}{26} \text{ V} = 230.8 \text{ V};\ U_{2P} = \frac{U_{2L}}{\sqrt{3}} = \frac{230.8}{\sqrt{3}} \text{ V} = 133.2 \text{ V}$$

Y,d(Y/△)方式时

$$U_{2L} = U_{2P} = \frac{U_{1L}}{\sqrt{3}k} = \frac{6\,000}{\sqrt{3} \times 26} \text{ V} = 133.2 \text{ V}$$

16.2.5　在题 16.2.5 图(a)中,负载电阻为 $R_L = 8\ \Omega$ 的扬声器,接在输出变压器 Tr 的二次侧。已知 $N_1 = 300$, $N_2 = 100$,信号源电压有效值 $U_s = 6$ V,内阻 $R_s = 100\ \Omega$,试求信号源的输出功率。

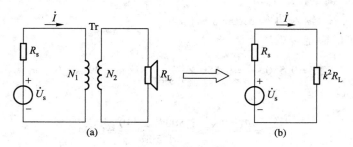

题 16.2.5 图

解:变压器的变比
$$k = \frac{N_1}{N_2} = \frac{300}{100} = 3$$

题 16.2.5 图(a)可等效成题 16.2.5 图(b)所示,信号源的输出功率即 $R'_L = k^2 R_L = 72\ \Omega$ 消耗的功率

$$P_L = \left(\frac{U_s}{R_s + k^2 R_L}\right)^2 \times k^2 R_L = \left(\frac{6}{100 + 72}\right)^2 \times 72 \text{ W} = 87.6 \text{ mW}$$

16.3.1　某三相异步电动机,定子电压的频率 $f_1 = 50$ Hz,极对数 $p = 1$,转差率 $s = 0.015$。求同步转速 n_1、转子转速 n 和转子电流频率 f_2。

解:同步转速

$$n_1 = \frac{60 f_1}{p} = 60 \times 50 \text{ r/min} = 3\,000 \text{ r/min}$$

转子转速

$$n = (1-s)n_1 = (1-0.015) \times 3\,000 \text{ r/min} = 2\,955 \text{ r/min}$$

转子电流频率

$$f_2 = sf_1 = 0.015 \times 50 \text{ Hz} = 0.75 \text{ Hz}$$

16.3.2 某三相异步电动机,$p=1$,$f_1=50$ Hz,$s=0.02$,$P_N=30$ kW,空载转矩 $T_0=0.51$ N·m。求:(1)同步转速;(2)转子转速;(3)输出转矩;(4)电磁转矩。

解:(1)同步转速

$$n_1 = \frac{60f_1}{p} = 60 \times 50 \text{ r/min} = 3\,000 \text{ r/min}$$

(2)转子转速

$$n = (1-s)n_1 = (1-0.02) \times 3\,000 \text{ r/min} = 2\,940 \text{ r/min}$$

(3)输出转矩

$$T_N = 9\,550\frac{P_N}{n} = 9\,550 \times \frac{30}{2\,940} \text{ N·m} = 97.44 \text{ N·m}$$

(4)电磁转矩

$$T = T_N + T_0 = (97.44 + 0.51)\text{N·m} = 97.95 \text{ N·m}$$

16.3.3 已知 Y160L-4 型三相异步电动机的有关技术数据如下:$P_N=15$ kW,$f=50$ Hz,$U_N=380$ V,$I_N=30.3$ A,$n_N=1\,440$ r/min,$\cos\varphi_N=0.85$。

(1)求电动机的额定转矩 T_N。

(2)求额定转差率、输入功率与效率。

解:(1)电动机的额定转矩

$$T_N = 9\,550\frac{P_N}{n_N} = 9\,550 \times \frac{15}{1\,440} \text{ N·m} = 99.48 \text{ N·m}$$

(2)额定转差率

$$s_N = \frac{n_1 - n_N}{n_1} = \frac{1\,500 - 1\,440}{1\,500} = 0.04$$

输入功率

$$P_{1N} = \sqrt{3}U_N I_N \cos\varphi_N = \sqrt{3} \times 380 \times 30.3 \times 0.85 \text{ W} = 16.95 \text{ kW}$$

效率

$$\eta_N = \frac{P_N}{P_{1N}} = \frac{15}{16.95} = 88.5\%$$

16.3.4 已知 Y100L-2 型三相异步电动机的技术数据如下表:

P_N	n_N	U_N	I_N	η_N	$\cos\varphi_N$	I_{st}/I_N	T_{st}/T_N	T_{max}/T_N
3.0 kW	2 880 r/min	380 V	6.4 A	82%	0.87	7.0	2.2	2.2

当电源电压为 220 V 时,问

(1)这台电动机的定子绕组应如何连接?这时电动机的额定功率和额定转速各为多少?

(2)这时起动电流和起动转矩各为多少?

（3）若定子绕组作 Y 联结,起动电流和起动转矩又各变为多少?

解:(1) 因为 3 kW 的电动机,在电源线电压为 380 V 时为 Y 联结,则定子绕组的额定相电压为 220 V,而当电源线电压为 220 V 时,电动机应为 △ 联结(定子绕组的额定相电压仍为 220 V)。所以,额定电流为

$$I'_N = \sqrt{3}I_N = \sqrt{3} \times 6.4 \text{ A} = 11.1 \text{ A}$$

注意:Y 联结其线电流等于相电流,而 △ 联结时线电流等于 $\sqrt{3}$ 相电流。

额定功率

$$P_N = \sqrt{3}U_N I'_N \cos \varphi_N \eta_N = \sqrt{3} \times 220 \times 11.1 \times 0.87 \times 0.82 \text{ W} = 3 \text{ kW}$$

额定转速　　　　　　　　　　　$n_N = 2\ 880 \text{ r/min}$

（2）起动电流 $I_{st} = 7I'_N = 7 \times 11.1 \text{ A} = 77.7 \text{ A}$

起动转矩

$$T_{st} = 2.2T_N = 2.2 \times 9\ 550 \frac{P_N}{n_N} = 2.2 \times 9\ 550 \times \frac{3}{2\ 880} \text{ N} \cdot \text{m} = 21.9 \text{ N} \cdot \text{m}$$

（3）若定子绕组为 Y 联结,起动电流和起动转矩各为

$$I'_{st} = \frac{1}{3}I_{st} = 25.9 \text{ A} \qquad T'_{st} = \frac{1}{3}T_{st} = 7.3 \text{ N} \cdot \text{m}$$

16.3.5　一台三相异步电动机 $P_N = 10 \text{ kW}, f = 50 \text{ Hz}, U_N = 380 \text{ V}, I_N = 20 \text{ A}, n_N = 1\ 450 \text{ r/min}, △$ 联结,求

（1）这台电动机的磁极对数 p 为多少? 同步转速 n_1 为多少?

（2）这台电动机能采用 Y－△ 起动法起动吗? 若 $I_{st}/I_N = 6.5$,采用 Y－△ 起动时,起动电流 I'_{st} 为多少?

（3）如果该电动机的 $\cos \varphi_N = 0.87$,额定输出时,输入的电功率 P_1 是多少? 效率 η_N 为多少?

解:(1) 极对数 $p = 2$,同步转速 $n_1 = 1\ 500 \text{ r/min}$

（2）这台电动机能采用 Y－△ 起动法起动。若 $I_{st}/I_N = 6.5$,采用 Y－△ 起动时,起动电流

$$I'_{st} = \frac{1}{3}I_{st} = \frac{1}{3} \times 6.5 \times 20 \text{ A} = 43.3 \text{ A}$$

（3）如果该电动机的 $\cos \varphi_N = 0.87$,额定输出时,输入的电功率

$$P_{1N} = \sqrt{3}U_N I_N \cos \varphi_N = \sqrt{3} \times 380 \times 20 \times 0.87 \text{ W} = 11.45 \text{ kW}$$

效率　　　　　　　　　　$\eta_N = \frac{P_N}{P_{1N}} = \frac{10}{11.45} = 87.3\%$

16.4.1　某工厂负载为 850 kW,功率因数为 0.6(电感性),由 160 kV · A 变压器供电。现需要另加 400 kW 功率,如果多加的负载是由同步电动机拖动,功率因数为 0.8(电容性),问是否需要加大变压器容量? 这时工厂的新功率因数是多少?

解:该厂原有的无功功率为

$$Q_1 = \frac{P_1}{\cos \varphi_1} \sin \varphi_1 = \left(\frac{850}{0.6} \times 0.8\right) \text{kvar} = 1\ 133.3 \text{ kvar(感性)}$$

多加负载的无功功率(即同步电动机提供的无功功率)为

$$Q_2 = \frac{P_2}{\cos \varphi_2} \sin \varphi_2 = \left(\frac{400}{0.8} \times 0.6 \right) \text{kvar} = 300 \text{ kvar}(\text{容性})$$

总的无功功率为　　　$Q = Q_1 - Q_2 = (1\,133.3 - 300) \text{kvar} = 833.3 \text{ kvar}(\text{感性})$

总的有功功率为　　　$P = P_1 + P_2 = (850 + 400) \text{kW} = 1\,250 \text{ kW}$

总的视在功率为　　　$S = \sqrt{P^2 + Q^2} = \sqrt{1\,250^2 + 833.3^2} \text{ kV} \cdot \text{A} = 1\,502.3 \text{ kV} \cdot \text{A}$

新的功率因数为　　　$\cos \varphi' = \frac{P}{S} = \frac{1\,250}{1\,502.3} = 0.832$

*16.4.2　一台 2 极三相同步电动机,频率为 50 Hz,$U_N = 380$ V,$P_N = 100$ kW,$\lambda = 0.8$,$\eta = 0.85$。求:(1) 转子转速;(2) 定子线电流;(3) 输出转矩。

解:(1) 转子转速

$$n = \frac{60f}{p} = \frac{60 \times 50}{1} \text{ r/min} = 3\,000 \text{ r/min}$$

(2) 定子线电流

$$P_1 = P_N / \eta = (100/0.85) \text{kW} = 117.65 \text{ kW}$$

$$I_{1L} = \frac{P_1}{\sqrt{3} U_N \lambda} = \frac{117.65 \times 10^3}{\sqrt{3} \times 380 \times 0.8} \text{ A} = 223.4 \text{ A}$$

(3) 输出转矩　　　$T_2 = \frac{60}{2\pi} \frac{P_N}{n} = \left(\frac{60}{2\pi} \times \frac{100 \times 10^3}{3\,000} \right) \text{N} \cdot \text{m} = 318.5 \text{ N} \cdot \text{m}$

*16.5.1　一直流他励电动机,电枢电阻 $R_a = 0.25$ Ω,励磁绕组电阻 $R_f = 153$ Ω,电枢电压和励磁电压 $U_a = U_f = 220$ V,电枢电流 $I_a = 60$ A,效率 $\eta = 0.85$,转速 $n = 1\,000$ r/min。求:(1) 励磁电流和励磁功率;(2) 电动势;(3) 输出功率;(4) 电磁转矩(忽略空载转矩)。

解:(1) 励磁电流和励磁功率

$$I_f = \frac{U_f}{R_f} = \frac{220}{153} \text{ A} = 1.44 \text{ A}$$

$$P_f = \frac{U_f^2}{R_f} = \frac{220^2}{153} \text{ W} = 316.3 \text{ W}$$

(2) 电动势

$$E = U_a - R_a I_a = (220 - 0.25 \times 60) \text{V} = 205 \text{ V}$$

(3) 输出功率

$$P_1 = P_a + P_f = U_a I_a + P_f = (220 \times 60 + 316.3) \text{W} = 13\,516.3 \text{ W}$$

$$P_2 = P_1 \eta = (13\,516.3 \times 0.85) \text{W} = 11.5 \text{ kW}$$

(4) 电磁转矩(忽略空载转矩)

$$T = T_2 = \frac{60}{2\pi} \frac{P_2}{n} = \left(\frac{60}{2\pi} \times \frac{11.5 \times 10^3}{1\,000} \right) \text{N} \cdot \text{m} = 110 \text{ N} \cdot \text{m}$$

*16.5.2　有一台直流并励电动机,$P_2 = 2.2$ kW,$U = 220$ V,$I = 13$ A,$n = 750$ r/min,$R_a = 0.2$ Ω,$R_f = 220$ Ω。空载转矩 T_0 可以忽略不计。求:(1) 输入功率 P_1;(2) 电枢电流 I_a;(3) 电动势 E;(4) 电磁转矩 T。

解:(1) 输入功率 P_1

$$P_1 = UI = (220 \times 13)\,\text{W} = 2\,860\,\text{W} = 2.86\,\text{kW}$$

（2）电枢电流 I_a

$$I_f = \frac{U}{R_f} = \frac{220}{220}\,\text{A} = 1\,\text{A}$$

$$I_a = I - I_f = (13 - 1)\,\text{A} = 12\,\text{A}$$

（3）电动势 E

$$E = U - R_a I_a = (220 - 0.2 \times 12)\,\text{V} = 217.6\,\text{V}$$

（4）电磁转矩 T

$$T = T_2 = \frac{60}{2\pi}\frac{P_2}{n} = \left(\frac{60}{2\pi} \times \frac{2.2 \times 10^3}{750}\right)\text{N} \cdot \text{m} = 28\,\text{N} \cdot \text{m}$$

*16.6.1　一台四相的步进电动机,转子齿数为 50,试求各种通电方式下的步距角。

解:采用四相单四拍或四相四拍通电方式时,步距角为

$$\theta = \frac{360°}{Z \cdot N} = \frac{360°}{50 \times 4} = 1.8°$$

采用四相八拍通电方式时,步距角为

$$\theta = \frac{360°}{Z \cdot N} = \frac{360°}{50 \times 8} = 0.9°$$

*16.6.2　一台五相步进电动机,采用五相十拍通电方式时,步距角为 0.36°。试求输入脉冲频率为 2 000 Hz 时,电动机的转速。

解:该步进电动机转子齿数为

$$Z = \frac{360°}{\theta \cdot N} = \frac{360°}{0.36° \times 10} = 100$$

其转速为

$$n = \frac{60f}{Z \cdot N} = \left(\frac{60 \times 2\,000}{100 \times 10}\right)\text{r/min} = 120\,\text{r/min}$$

第 17 章　可编程序控制器

一、基本要求

1. 掌握开关电器、主令电器、接触器、继电器、断路器、熔断器的作用和工作原理；
2. 掌握保护电器和控制电器的使用；
3. 了解可编程控制器的结构与工作原理；
4. 理解常用型号的 PLC 的功能与特点，以及指令系统；
5. 了解用指令对常用 PLC 控制系统进行编程；
6. 了解程序写入、修改、调试的方法；
7. 掌握三相笼型异步电动机的直接起动和正反转的控制线路，并了解行程控制和时间控制。

二、阅读指导

我国现行标准将工作电压交流、直流 1 200 V 以下的电气线路中的电气设备称为低压电器。低压电器的种类繁多，按其结构用途及所控制的对象不同，可以有不同的几种分类方式：① 按电器所控制的对象可分为低压配电电器和低压控制电器。② 按电器的动作性质可分为自动控制电器和手动控制电器。③ 按工作原理可分为电磁式电器和非电量控制电器。

    1. 常用低压电器的分类

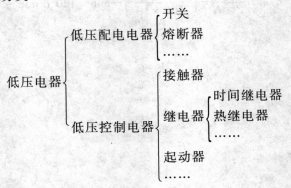

    2. 继电器、接触器的输入输出特性

继电器、接触器等的特性是当输入信号（线圈的电压、电流等）从零连续增加达到衔铁开始吸合时的动作值时，动合触点从断到通。一旦触点闭合，输入量继续增大，输出信号将不再起变化。当输入量从某一大于动作值下降到返回值，继电器或接触器开始释放，动合触点断开。这种特性称为继电特性或称为继电器的输入输出特性。

    3. 几种主要的电器控制电路

（1）自锁与互锁的控制

① 自锁　依靠接触器自身辅助触点而保持接触器线圈通电的现象称为自锁。如主教材中异步电动机的自锁控制电路中并联在按钮 SB_1 两端的接触器 KM 的辅助动合触点。当按钮 SB_1 复位后，虽然 SB_1 这一路已断开，但 KM 线圈仍通过自身的动合触点而保持通电。

② 互锁　如主教材中异步电动机的正反转控制电路中，将接触器 KM_1 的辅助动断触点串接于接触器 KM_2 的线圈电路中，将接触器 KM_2 的辅助动断触点串接于接触器 KM_1 的线圈电路中，从而形成相互制约的控制，将这种关系称为互锁。又因为这种互锁是利用接触器辅助触点实现的，故又称为电器互锁。主教材中增加了两个按钮的动合触点，这种关系称为机械互锁。

（2）点动与连续运转的控制

① 点动控制　如主教材中异步电动机的点动控制电路中按 SB_1→KM 线圈得电→KM 主触点闭合→电动机运转。松开 SB_1→KM 线圈失电→KM 主触点打开→电动机停止运转。

② 连续控制　如主教材中异步电动机的自锁控制电路中按 SB_1→KM 线圈得电
→KM 主触点闭合
↘KM 辅助触点闭合→电动机运转，实现自锁，松开 SB_1→电动机仍然运转，按 SB_2→KM 线圈失电→KM 主触点打开→电动机停止运转。

（3）多地连锁控制

多个启动按钮并联，多个停止按钮串联，可以实现多处对电动机的起动和停止的控制。

4．可编程控制器的结构

可编程控制器（PLC）是专门为在工业环境下应用而设计的数字运算操作的电子装置，通过编程来控制各种类型的机械或生产过程。它能完成逻辑运算、顺序控制、定时、计算和算术操作，它另具有数字量与模拟量的输入/输出功能，是一种工业控制用的专用计算机。它具有可靠、易操作、灵活等特点，是通用计算机和继电器系统所无法比拟的。可用来取代继电器控制装置，如机床电器控制、电动机控制中心等；还可用来进行顺序控制和程序控制，如电梯控制、港口码头的货物存放与提取、采矿的皮带运输等。可见，它既可用于单机控制，又可用于多机群控以及自动化生产线的控制。它由硬件和软件系统两大部分组成。

可编程控制由主机、输入输出接口及外部设备等组成，如图 17-1 所示。

（1）主机

由中央控制单元、存储器等部分组成。

微处理器是可编程控制的运算控制中心，主要是接收和存储输入的程序和数据；接收和存储现场输入的状态信息，进行逻辑运算、顺序运算、计时、计数和算术运算；诊断系统错误，执行程序输出运算结果等。

存储器是可编程序控制器存放系统程序、用户程序和运行数据的单元。它包括只读存储器 ROM 和随机读写存储器 RAM。只读存储器存储的内容在其制造过程中确定，不允许修改。它是用来存放厂家编制的系统管理程序，用户指令解释程序等组成的系统程序。RAM 是用户程序存储器，当供电中断或新的内容被写入时，它所存储的内容会丢失，因此在 PLC 中要装有备用电池，来保护用户程序。

（2）输入/输出接口（I/O 接口）

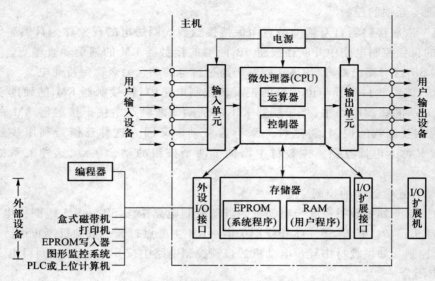

图 17-1　可编程控制器的组成框图

是可编程控制器与工业控制现场设备之间的连接部件。在输入输出单元中配有电平变换、光电隔离和阻容滤波等电路,具有较好的抗干扰性。I/O 接口包括开关量 I/O 接口和模拟量 I/O 接口等。

（3）外部设备

它包括编程器、彩色图形显示器、打印机等。

编程器是实现人机对话的重要设备,它不仅可以对用户的程序进行输入、编辑,而且用户可以通过它监测和跟踪程序的运行状况,实现对程序的总体调试。

另外,也可借助编程软件、仿真软件等通过个人计算机来进行编程和调试。

5.可编程控制器的工作原理

以循环扫描方式工作,每个扫描周期分为以下五步。

① 输入信号和读入　在每个扫描周期的开始,首先读入连接着该 PLC 的各输入信号的当前位,并把这些值依次写入输入映像区。

② 程序的执行　PLC 在每个扫描周期中,都从主程序的第一条指令开始执行,直至主程序结束为止,其中子程序是主程序中的"调用"指令来调用的。如果在主程序中开放了中断,则在执行主程序的任意时刻产生中断请求时,可随时得到响应。

③ 通信的处理　PLC 对通信端口的处理是在每个扫描周期中定时执行的,以便处理数据的传输等事务,如果系统没有接通信模块,则自动跳过这个步骤。

④ PLC 内部事务处理　PLC 定期检查系统中系统程序和用户程序区,以及检查 I/O 模板的状态,即内部的硬件系统。

⑤ 输出信号的刷新　PLC 在执行用户程序的过程中,只把计算所得的输出信号存入输出映像区,而不直接送到输出节点上,只有在每个扫描周期的最后一步,才统一将输出映像区中的输出信号同时送到输出节点上。

6.可编程控制器的梯形图语言

可编程控制器的编程语言一般有四种,即梯形图语言、功能图语言、助记符语言和高级语言。梯形图语言是编程中最常用的语言,它具有以下特点:

① 梯形图格式中的继电器不是物理继电器,每个继电器和输入接点均为存储器中的一位。

② 梯形图中流过的电流不是物理电流,而是"概念"电流。

③ 梯形图中的继电器接点可在编制用户程序时无限引用,既可动合又可动断。

④ 梯形图中输入接点和输出线圈不是物理接点和线圈,用户程序的解算是根据 PLC 内 I/O 映像区每位的状态,而不是解算现场开关的实际状态。

⑤ 输出线圈只对应输出映像区的相应位,不能用该编程元件直接驱动现场机构。该位的状态必须通过 I/O 模板上对应的输出单元,才能驱动现场执行机构。

7. 可编程控制器的指令系统

PLC 的指令是指挥 PLC 执行一定操作的命令,它包括梯形图语言、指令语言等。对于不同厂家和型号的 PLC 指令系统各不相同,现以日本三菱公司 FX1N PLC 的指令为例,进行说明。见表 17 – 1 和表 17 – 2。

表 17 – 1　FX1N 基本指令一览表

助记符、名称	梯　形　图	功　能
[LD] 取	 XYMSTC	运算开始 动合触点
[LDI] 取反	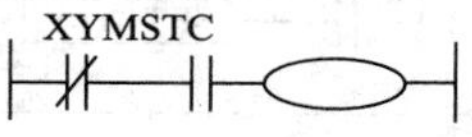 XYMSTC	运算开始 动断触点
[LDP] 取脉冲上升沿	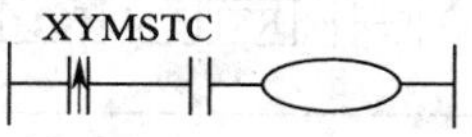 XYMSTC	上升沿检出 运算开始
[LDF] 取脉冲下降沿	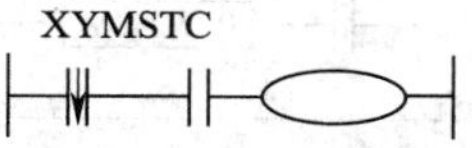 XYMSTC	下降沿检出 运算开始
[AND] 与	 XYMSTC	串联 动合触点
[ANI] 与反	 XYMSTC	串联 动断触点
[ANDP] 与脉冲上升沿	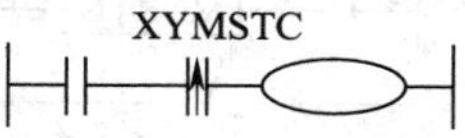 XYMSTC	上升沿检出 串联连接
[ANDF] 与脉冲下降沿	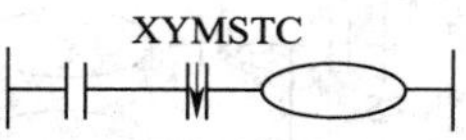 XYMSTC	下降沿检出 串联连接
[OR] 或	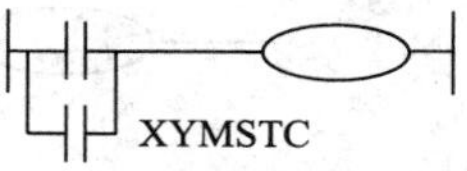 XYMSTC	并联 动合触点

续表

助记符、名称	梯 形 图	功　能
[ORI] 或反	XYMSTC	并联 动断触点
[ORP] 或脉冲上升沿	XYMSTC	脉冲上升沿检出 并联连接
[ORF] 或脉冲下降沿	XYMSTC	脉冲下降沿检出 并联连接
[ANB] 回路块与		并联回路块 的串联连接
[ORB] 回路块或		串联回路块 的并联连接
[OUT] 输出	YMSTC	线圈驱 动指令
[SET] 置位	SET YMS	线圈接通 保持指令
[RST] 复位	RST YMSTCD	线圈接通 清除指令
[PLS] 上升沿脉冲	PLS YM	上升沿检 出指令
[PLF] 下降沿脉冲	PLF YM	下降沿检 出指令
[MC] 主控	MC N YM	公共串联点的 连接线圈指令
[MCR] 主控复位	MCR N	公共串联点的 清除指令
[MPS] 进栈	MPS MRD MPP	运算存储
[MRD] 读栈		存储读出
[MPP] 出栈		存储读出与复位

续表

助记符、名称	梯 形 图	功 能
[INV] 求反	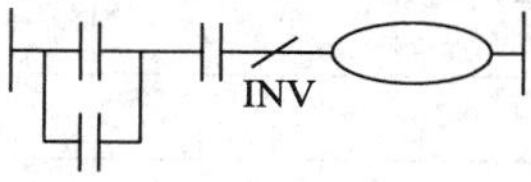 INV	运算结果 的求反
[STL] 步进梯形图	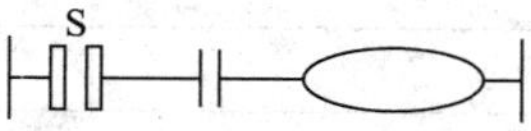 S	步进梯形图 开始
[RET] 退回	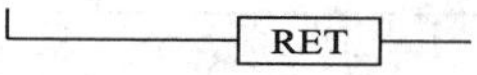 RET	步进梯形图 结束
[NOP] 空操作	消除流程程序	无动作
[END]	顺控程序结束回到 0	顺控程序结束

表 17-2　FX1N 部分应用指令一览表

FNC No.	指令助记符	功 能
00	CJ	条件跳转
01	CALL	子程序调用
02	SRET	子程序返回
03	IRET	中断返回
04	EI	中断许可
05	DI	中断禁止
06	FEND	主程序结束
07	WDT	监控定时器
08	FOR	循环范围开始
09	NEXT	循环范围结束
10	CMP	比较
11	ZCP	区域比较
12	MOV	传送
15	BMOV	块传送
18	BCD	BCD 转换
19	BIN	二进制转换
20	ADD	二进制加法
21	SUB	二进制减法
22	MUL	二进制乘法
23	DIV	二进制除法

续表

FNC No.	指令助记符	功　能
24	INC	二进制加 1
25	DEC	二进制减 1
26	WAND	逻辑字与
27	WOR	逻辑字或
28	WXOR	逻辑字异或
34	SFTR	位右移
35	SFTL	位左移
38	SFWR	移位写入
39	SFRD	移位读出

注:还有一些指令如高速处理\时钟运算等就不一一列举了。

8．PLC 编程思路和技巧

（1）编程思路

① 熟悉被控制系统的整个工艺过程。在编程序前,应掌握整个工艺过程的控制要求和功能,绘制控制流程图。

② 确定系统输入元件(如按钮、行程开关、变送器等)和输出元件(如继电器、电磁阀、接触器、指示灯等)的型号。

③ 根据控制系统要求,确定出 PLC 的输入/输出量的类型和点数,确定 PLC 的型号和配置。

④ 选取熟悉的 PLC 型号,具体给每个输入/输出点分配元件号,并留有一定余量,列出是动合触点,还是动断触点。

⑤ 设计出 PLC 的外部硬件接线图及其他与之相关的电气部分的原理图。

⑥ 画出程序结构方框图和功能表图。

⑦ 应用自己熟悉的语言,如梯形图、指令等语言进行编程。

⑧ 将设计好的程序写入 PLC,并逐步进行检查。用钮子开关按钮等在实验室进行模拟。各输出量的信号可通过 PLC 的输出驱动发光二极管来调试,不需要按实际负载调试。

⑨ 调试好的程序定型,在现场进行联调。

（2）编程技巧

① 可编控制器的输入接点替代了继电器的输入接点,继电器的动断接点可用可编程控制器的动合接点替代。

② 只用一个按钮的控制电路。普通的起动、保持、停止电路一般需用起动和停止两个按钮,但在 PLC 控制中可用一个按钮,通过 X000 控制 Y000 的通断,梯形图如图 17－2 所示。

按下按钮,X000 接通,M1 的窄脉冲使 Y000 接通并保持,再按一次 X000 按钮,M1 的宽脉冲使 Y001 接通,Y001 的动断触点断开。

③ 对特定位的置位和清零可以用运行动合或动断的专用继电器触点 M8001 和 M8000 直接对特定位置位和清零。

图 17-2　起动和停止共用一个按钮的 PLC 梯形图

④ 通/断状态要求相同的两个负载可以并联后,共用一个输出点,这样可以减少 PLC 输出点数。

三、例题解析

例 17-1　设计一个两地控制路灯开关的电路,要求在两地都可以开关路灯。

解:输入:甲地开关　　SA$_1$——X000

　　　　　乙地开关　　SA$_2$——X001

　　输出:路灯　　　HL——Y000

梯形图见图 17-3。

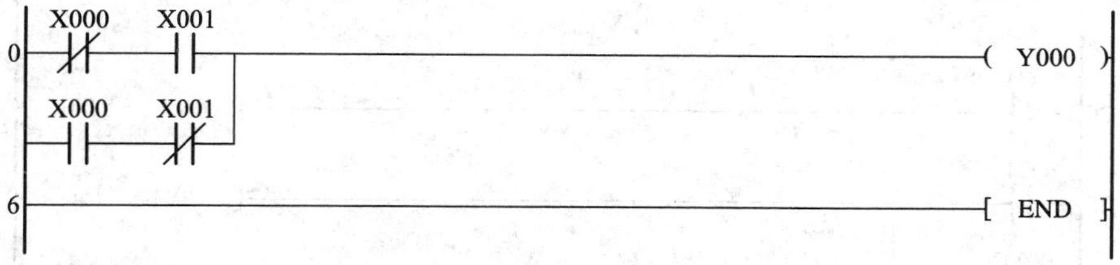

图 17-3　两地控制路灯 PLC 梯形图

设开关合上为逻辑 **1**,断开为逻辑 **0**。路灯亮为逻辑 **1**,灭为逻辑 **0**。真值表如下:

SA$_1$	SA$_2$	HL
0	**0**	**0**
0	**1**	**1**
1	**0**	**1**
1	**1**	**0**

例 17-2　有两个密码按钮,当点击按钮 X001 三次,点击按钮 X002 五次时,并且再点击确认按钮 X000 后,你将获得操作权限,并且操作权限标志 Y1 输出 1,采用相同步骤退出操作权限。反之,只要点击的次数与设置的密码次数不符,就不能打开操作权限标志,请编制实现上述功能的程序。

解：C0 与 C2 是用来设置权限密码的,操作人员可进行修改。由于计数器的当前值达到设定值时,计数器的输出为 **1**,当大于设定值时,输出仍保持不变。为此,又设置了另两个计数器 C1 与 C3 用以防止多击时权限误动的问题。C4 是用来退出操作权限而设的。梯形图如图 17 - 4 所示。

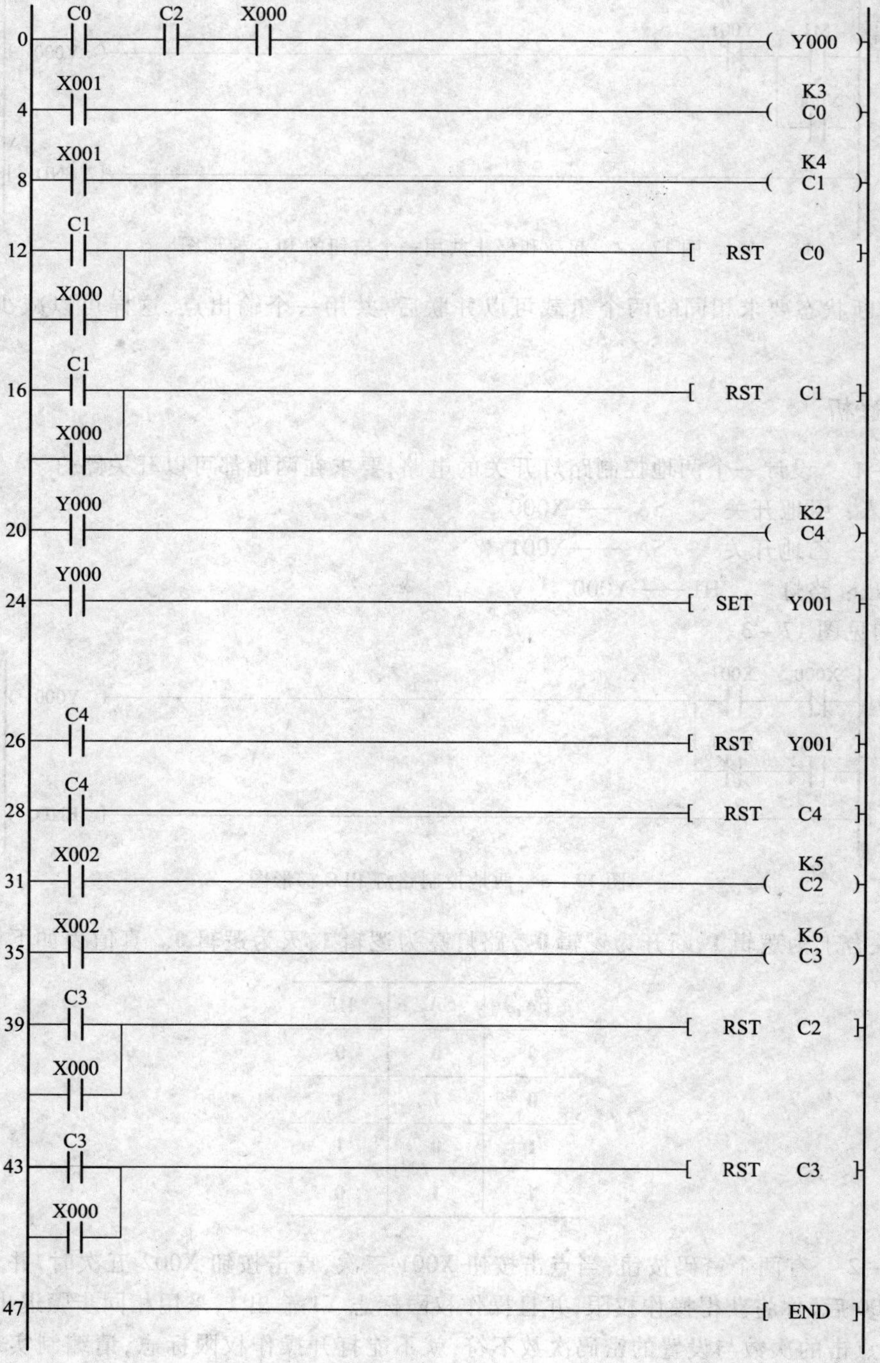

图 17 - 4　密码开锁的 PLC 梯形图

例 17 – 3 设计竞赛抢答器控制系统。控制要求:有三个抢答台,每个台上有一个抢答按钮。当任一个抢答按钮首先按下时,该台的显示灯亮并鸣笛示意。此时,其余抢答按钮无效。当主持人按下复位按钮后,可进行下一轮抢答。

解:I/O 分配

输入:1 号台抢答按钮 SB₁——X001   输出:1 号台显示灯 HL₁——Y001

      2 号台抢答按钮 SB₂——X002   2 号台显示灯 HL₂——Y002

      3 号台抢答按钮 SB₃——X003   3 号台显示灯 HL₃——Y003

      主席台复位按钮 SB₄——X004   鸣笛 HA——Y004

梯形图见图 17 – 5。

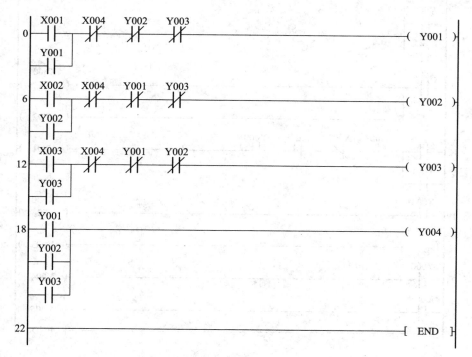

图 17 – 5 抢答器 PLC 梯形图

例 17 – 4 设计一个运料小车的控制系统。控制要求如下:(1) 空载小车正向起动后自动驶向 A 地(正向行驶),到达 A 地后,停车 1 min 等待装料,之后自动向 B 地运行。到达 B 地后,停车 1min 等待卸料,然后自动返回 A 地。如此往复。(2) 小车运行过程中,可以用手动按钮令其停车。再次起动后,小车重复过程(1)。(3) 小车在前进或后退过程中,分别由指示灯显示行进的方向。

解:I/O 分配

输入:起动按钮 SB₁——X000   A 地行程开关 ST₁——X002

      手动停车 SB₂——X001   B 地行程开关 ST₂——X003

输出:正向电磁铁:KM₁——Y000   卸料电磁铁 KM₄——Y003

      反向电磁铁:KM₂——Y001   正向指示灯 HL₁——Y004

装料电磁铁:KM₃——Y002　　　　　反向指示灯 HL₂——Y005

运料小车示意图见图 17－6,PLC 梯形图见图 17－7。

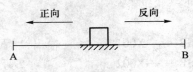

图 17－6　运料小车示意图

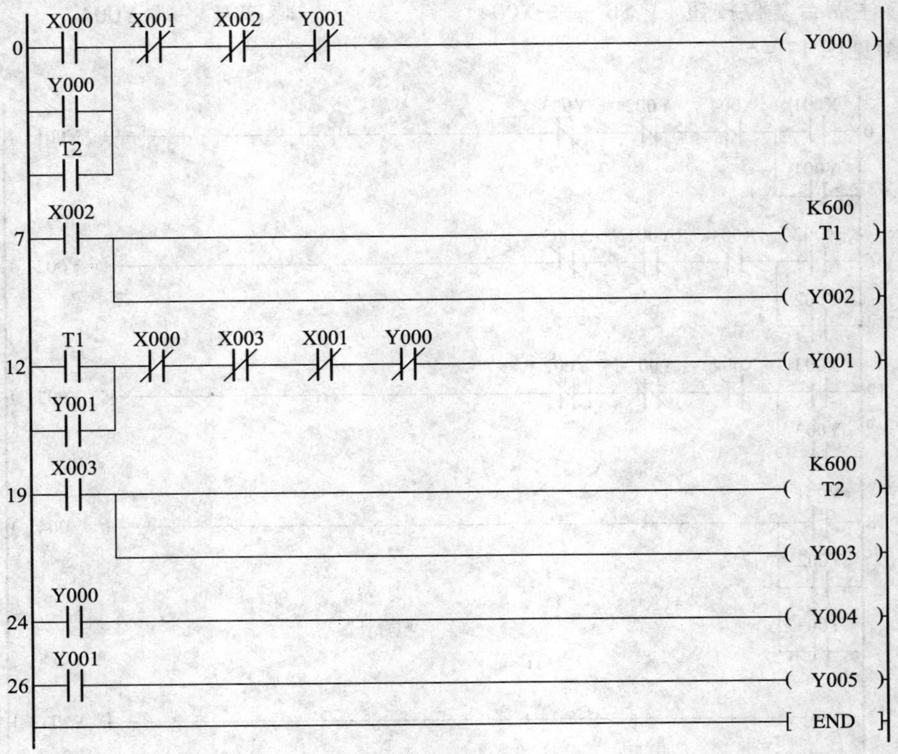

图 17－7　运料小车控制的 PLC 梯形图

四、部分习题解答

17.5.1　说明自锁控制电路与点动控制电路的区别,自锁控制电路与互锁控制电路的区别。

解:(1)点动控制是使运行设备,如电动机等,瞬时动作一下,放开按钮时马上停止运行;而自锁控制是只要按下按钮时,电动机就可运转,但松开按钮时电动机还可连续运转。在自锁控制电路中需要在电路中串联另一个停止按钮,如果要使电动机停转,只要按一下停止按钮即可。

(2)在控制电路中将起动按钮两端并联接触器的一个动合辅助触点便可实现电动机的连续运转。这样当接触器线圈通电后,辅助动合触点也闭合,这时放开起动按钮,线圈仍通过辅助触点继续保持通电,使电动机继续运行。动合辅助触点的这个作用称为自锁。要使电动机停止运转,可在控制电路中串联另一按钮的动断触点,当按下这一按钮时,线圈断电,电动机也跟着停转,故该按钮称为停止按钮。这种控制电路被称为自锁控制电路。若在控制电路中将两个接触器的动断辅助触点分别串联到另一接触器的线圈支路上,达到两个接触器不能同时工作的控制作用,称为互锁或联锁。这两个动断辅助触点因而称为互锁触点。这种控制电路被称为互锁控制电路。

17.5.2　某水泵由笼型电动机拖动,采用 Y-Δ 降压起动,要求三处都能控制起动、停止,试设计主电路与控制电路(要求采用继电器、接触器控制和 PLC 控制两种方法实现)。

解:(1)采用继电器、接触器控制的方法

在主教材 Y-Δ 起动电路中,再并联两个起动按钮触点,串联两个停止按钮触点即可。三处控制起动、停止的 Y-Δ 起动电路如题 17.5.2 图(a)所示。其中 SB₁、SB₃、SB₅ 分别为三处的起动按钮;SB₂、SB₄、SB₆ 分别为三处的停止按钮。

(2)采用 PLC 控制的方法

PLC 的外部接线如题 17.5.2 图(b)所示,使用基本指令的三处控制起动、停止的 Y-Δ 起动电路梯形图如题 17.5.2 图(c)所示,使用应用指令的三处控制起动、停止的 Y-Δ 起动电路梯形图如题 17.5.2 图(d)所示。

17.5.3　试用微分输出指令 PLS 实现单按钮控制三相异步电动机直接起停的电路。

解:输入、输出接线和梯形图分别如题 17.5.3 图(a)和题 17.5.3 图(b)所示。

按下按钮,X000 接通,M1 的窄脉冲使 Y000 接通并保持,再按一次 X000 按钮,M1 的窄脉冲使 M2 接通,M2 的动断触点使 Y000 断开。

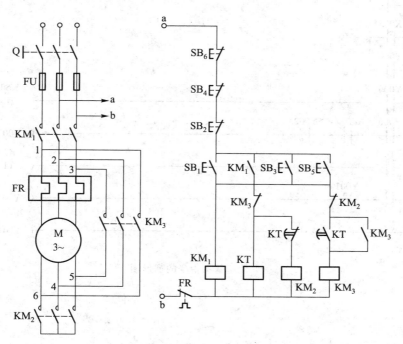

(a)三处控制起动、停止的 Y-Δ 起动电路图

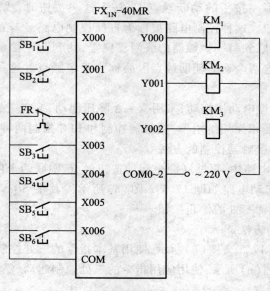

（b）PLC 外部接线图

```
      X000  X001  X002  X004  X006
0  ├──┤ ├──┤/├──┤ ├──┤/├──┤/├────────────────────( Y000 )
   │  X003
   │  ├──┤ ├─┤
   │  X005
   │  ├──┤ ├─┤
   │  Y000
   │  ├──┤ ├─┤
   
      Y000                                          K60
9  ├──┤ ├──────────────────────────────────────( T0 )

      Y000  T0   Y002
13 ├──┤ ├──┤/├──┤/├────────────────────────────( Y001 )

      T0                                           K5
17 ├──┤ ├──────────────────────────────────────( T1 )

      T1   Y001
21 ├──┤ ├──┤/├──────────────────────────────────( Y002 )

24 ├────────────────────────────────────────────[ END ]
```

（c）使用基本指令的梯形图

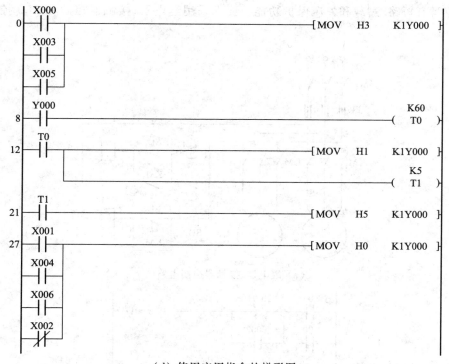

（d）使用应用指令的梯形图

题 17.5.2 图

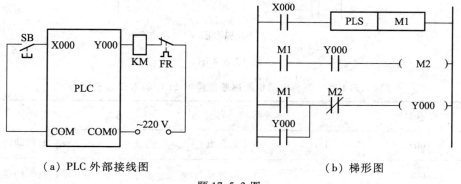

（a）PLC 外部接线图　　　　　　　　（b）梯形图

题 17.5.3 图

17.5.4　两条皮带运输机分别由两台笼型异步电动机拖动,用一套起停按钮控制它们的起停,为了避免物体堆积在运输机上,要求电动机按下述顺序起动和停止:起动时,M_1 起动后,M_2 才随之起动;停止时,M_2 停止后,M_1 才随之停止。要求采用继电器、接触器控制和 PLC 控制两种方法实现。

解:继电器、接触器控制电路如题 17.5.4 图(a)所示,两台电动机顺序联锁控制 PLC 的 I/O 点分配表见题 17.5.4 表,PLC 控制的梯形图如题 17.5.4 图(b)所示。

17.5.5　画出两台三相笼型异步电动机按时间顺序起停的控制电路,控制要求是:电动机 M_2 在 M_1 运行一定时间(60 s)后自动投入运行,并同时使 M_1 电动机停转,时间继电器 KT 线圈断电。电路应具有短路、过载和失压保护功能。要求采用继电器、接触器控制和 PLC 控制两种方法实现。

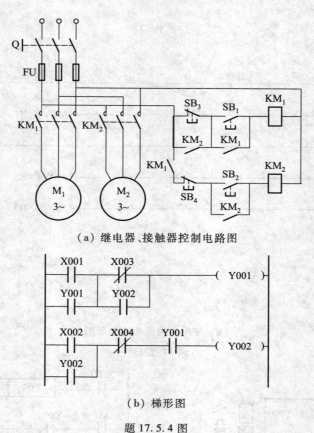

（a）继电器、接触器控制电路图

（b）梯形图

题 17.5.4 图

题 17.5.4 表　两台电动机顺序联锁控制 PLC 的 I/O 点分配表

PLC 点名称	连接的外部设备	功能说明
X001	SB$_1$(动合点)	电动机 M$_1$ 起动命令
X002	SB$_2$(动合点)	电动机 M$_2$ 起动命令
X003	SB$_3$(动合点)	电动机 M$_1$ 停止命令
X004	SB$_4$(动合点)	电动机 M$_2$ 停止命令
Y001	KM$_1$	电动机 M$_1$ 转动
Y002	KM$_2$	电动机 M$_2$ 转动

　　解:继电器、接触器控制电路如题 17.5.5 图(a)所示,两台电动机按时间顺序起停 PLC 的 I/O点分配表见题 17.5.5 表,PLC 控制的梯形图如题 17.5.5 图(b)所示。

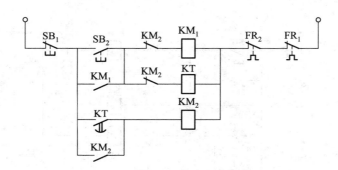

（a）电动机继电器、接触器控制电路图

（b）电动机控制 PLC 梯形图

题 17.5.5 图

题 17.5.5 表　两台电动机按时间顺序起停 PLC 的 I/O 点分配表

PLC 点名称	连接的外部设备	功能说明
X001	SB_1（动合点）	两台电动机停止命令
X002	SB_2（动合点）	电动机起动命令
X003	FR_1（动断点）	电动机 M_1 过热保护
X004	FR_2（动断点）	电动机 M_2 过热保护
Y001	KM_1	电动机 M_1 转动
Y002	KM_2	电动机 M_2 转动

17.5.6　一运料小车由一台笼型异步电动机拖动,要求:(1) 小车运料到位自动停车。(2) 延时一定时间(30 s)后自动返回。(3) 回到原位自动停车。试画出控制电路。要求采用继电器、接触器控制和 PLC 控制两种方法实现。

解: 继电器、接触器控制电路如题 17.5.6 图(a)所示,运料小车 PLC 控制的 I/O 点分配表见题 17.5.6 表,PLC 控制的梯形图如题 17.5.6 图(b)所示。

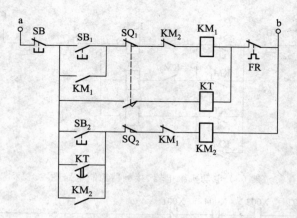

（a）运料小车继电器、接触器控制电路图

（b）运料小车控制 PLC 梯形图

题 17.5.6 图

题 17.5.6 表　运料小车 PLC 控制的 I/O 点分配表

PLC 点名称	连接的外部设备	功能说明
X001	SB$_1$（动合点）	小车前进手动命令
X002	SB$_2$（动合点）	小车后退手动命令
X003	SQ$_1$（动合点）	前进到位行程开关 SQ$_1$
X004	SQ$_2$（动合点）	后退到位行程开关 SQ$_2$
Y001	KM$_1$	电动机正向转动
Y002	KM$_2$	电动机反向转动
X005	SB（动合点）	停止按钮
X006	FR（动断点）	电动机过热保护

17.5.7 水塔水位控制工艺流程为:当水池内水位低时,阀门打开向水池补水,水位到达规定值则阀门关闭停止补水;当水塔内水位低时,电动机起动从水池内抽水向水塔补水,达到规定水位值时电动机停止。M 为抽水电动机,Y 为水阀,L 为报警灯。异常工作状态:当阀门打开 4 s 后若水池水位不能高于低水位标志,则信号闪烁报警;若水池内水位低于低水位标志,则电动机不能起动。S_4 为水池低水位标志,当水池水位低于低水位时为 ON,高于低水位时为 OFF;S_3 为水池高水位标志,当水池水位高于高水位时为 ON,低于高水位时为 OFF;S_2 为水塔低水位标志,当水塔水位低于低水位时为 ON,高于低水位时为 OFF;S_1 为水塔高水位标志,当水塔水位高于高水位时为 ON,低于高水位时为 OFF;示意图如题 17.5.7 图(a)所示,试设计一个梯形图实现该控制方案。

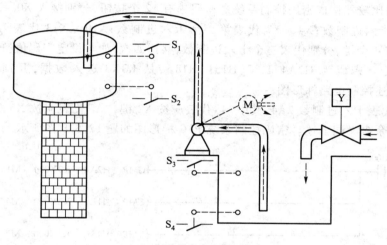

(a) 水塔水位控制示意图

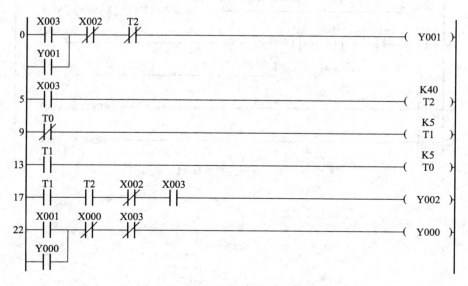

(b) 水塔水位控制 PLC 梯形图

题 17.5.7 图

解: 当水池水位低于水池低水位界(S_4 为 ON 表示),阀 Y 打开进水(Y 为 ON),定时器开始定时。4 s 后,如果 S_4 还不为 OFF,那么阀 Y 指示灯 L 闪烁,表示阀 Y 没有进水,出现故障。S_3 为 ON 后,阀 Y 关闭(Y 为 OFF)。当 S_4 为 OFF 时,且水塔水位低于水塔低水位界时,S_2 为 ON,电动机 M 运转抽水。当水塔水位高于水塔高水位界时电动机 M 停止。M 为抽水电动机,Y 为进水阀,L 为报警灯。

I/O 分配:

输入:S_1——X000;S_2——X001;S_3——X002;S_4——X003。

输出:M——Y000;Y——Y001;L——Y002。

实现水位控制的 PLC 梯形图如题 17.5.7 图(b)所示。

17.5.8 用比较器构成密码控制系统。密码锁有 12 个按钮,分别接入 X0～X13,其中 X0～X3 代表第一个十六进制数;X4～X7 代表第二个十六进制数;X10～X13 代表第三个十六进制数。要求同时按 4 个键,分别代表三个十六进制数,共按四次,如与设定密码值符合,3 s 后开锁,10 s 后重新锁定。密码为 H2A4、H1E、H151、H18A,从 K3X0 送入数据,开锁输出继电器为 Y000,试设计上述控制电路梯形图。

解: H2A4 代表十六进制数 2A4,其中"4"代表应按 X2 键,"A"代表应按 X5、X7 键,"2"代表应按 X11 键,其余含义同上述。密码控制系统 PLC 梯形图如题 17.5.8 图所示。

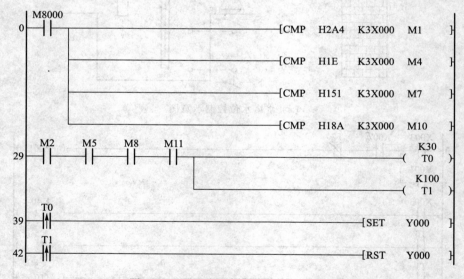

题 17.5.8 图　密码控制系统 PLC 梯形图

第18章 工业网络介绍

一、基本要求

1. 简单了解计算机网络体系结构；
2. 简单了解计算机局域网络的基本功能与分类；
3. 了解工业以太网的功能；
4. 了解现场总线产生、分类、特点与发展；
5. 简单了解工业网络信息安全。

二、阅读指导

1. 计算机网络体系

由于工业以太网在工厂管理层、车间监控层将成为主流技术，与互联网技术结合是未来电气制造业的技术基础，又由于工业自动化系统的网络通信技术来源于 IT 信息技术的办公自动化网络技术，但是又不同于办公环境使用的计算机网络技术，因此有必要在了解工业网络之前先对计算机网络体系结构有所了解。

计算机的网络结构可以从网络体系结构、网络组织和网络配置三个方面来描述，网络组织是从网络的物理结构和网络的实现两方面来描述计算机网络；网络配置是从网络应用方面来描述计算机网络的布局、硬件、软件和通信线路来描述计算机网络；网络体系结构是从功能来描述计算机网络结构。计算机的网络结构采用结构化层次模型的优点是：

① 功能分工的原则　即每一层的划分都应有它自己明确的和其他层不同的基本功能。

② 隔离稳定的原则　即层和层的结构要相对独立和相互隔离，从而使某一层内容或结构的变化对其他层的影响小，各层的功能、结构相对稳定。

③ 分支扩张的原则　即公共部分和可分支部分划分在不同层，这样有利于分支部分的灵活扩充和公共部分的相对稳定，减少结构上的重复。

④ 方便实现的原则　即方便标准化的技术实现。

计算机网络是计算机的互联，其基本功能是网络通信。网络通信根据网络系统不同的拓扑结构可归纳为两种基本方式：第一种为相邻结点之间通过直达通路的通信，称为点对点通信；第二种为不相邻结点之间通过中间结点链接起来形成间接可达通路的通信，称为端到端通信。前者点对点通信时，在两台计算机上必须要有相应的通信软件。这种通信软件除了和各自操作管理系统接口外，还应有两个接口界面：一个向上，也就是向用户应用的界面；一个向下，也就是向通信的界面。这样通信软件的设计就自然划分为两个相对独立的模块，形成用户服务层 US 和通信服务层 CS 两个基本层次体系。后者端到端通信链路是把若干点到点的通信线路通过中间结点链接起来而形成的。要实现端到端的通信，除了要依靠各自相邻结点间点到点通信连接的正确可靠外,还要解决两个问题:第一,在中间结点上要具有路由转接功能,即源结点的报文可通过中间结点的路由转发,形成一条到达目标结点的端到端的链路;第二,在端结点上要具有起动、建立和维护这条端到端链路的功能。起动和建立链路是指发送端结点和接收端结点在正式通信前双方进行的通信,以建立端到端链路的过程。维护链路是指在端到端链路通信过程中对差错或流量控制等问题的处理。因此在网络端到端通信的环境中,需要在通信服务层和应用服务层之间增加一个新的层次来专门处理网络端到端的正确可靠的通信问题,称为网络服务层。对于通信服务层,其基本功能是实现相邻计算机结点之间的点到点通信,一般要经过两个步骤:第一步,发送端把帧大小的数据块从内存发送到网卡上去;第二步,由网卡将数据以位串形式发送到物理通信线路上去。在接收端执行相反的过程。对应这两步不同的操作过程,通信服务层进一步划分为数据链路层和物理层。对于网络服务层,其功能也由两部分组成:一是建立、维护和管理端到端链路的功能;二是进行路由选择的功能。端到端通信链路的建立、维护和管理功能又可分为两个侧面,一是和它下面网络层有关的链路建立管理功能,另一是和它上面端用户起动链路并建立和使用链路通信的有关管理功能。对应这三部分功能,网络服务层划分为三个层次:会晤层、传输层和网络层,分别处理端到端链路中和高层用户有关的问题,端到端链路通信中网络层以下实际链路连接过程有关的问题,及路由选择的问题。对于用户服务层,其功能主要是处理网络用户接口的应用请求和服务。考虑到高层用户接口需求支持多用户、多种应用功能,及可能是异种机、异种OS应用环境的实际情况,分出一层作为支持不同网络具体应用的用户服务,取名为应用层。分出另一层用以实现为所有应用或多种应用都需要解决的某些一起的用户服务需求,取名为表示层。所以计算机网络体系结构分为相对独立的七层:应用层、表示层、会晤层、传输层、网络层、链路层、物理层。这样,一个复杂而庞大的问题就简化为了几个易研究、处理的相对独立的局部问题,便于解决,便于实现。读者可对照主教材第18章中计算机网络体系结构来了解这七层的具体功能作用。

2. 局域网技术与工业以太网

以太网就是采用共享总线型传输媒体方式的局域网。

以太网和 TCP/IP 协议正越来越多地被工业自动化技术所接受。

工业以太网是指安装在工业生产环境中的一种全数字化、双向、多站的通信系统。其主要技术优势包括快速以太网、交换式和全双工通信已将过去的以太网转变为强大的通信系统,并受到了工业用户和制造商的青睐,事实上目前已经出现了十几种不同的工业以太网协议。

应了解局域网的基础知识与分类,在此基础上对工业以太网有一定的了解。

3. 总线技术

现场总线技术是控制、计算机、通信技术的交叉与集成,几乎涵盖了所有连续、离散工业领域,如过程自动化、制造加工自动化、楼宇自动化、家庭自动化等。它的出现和快速发展体现了控制领域对降低成本、提高可靠性、增强可维护性和提高数据采集的智能化的要求。现场总线技术的发展体现为两个方面:一个是低速现场总线领域的不断发展和完善;另一个是高速现场总线技术的发展。而目前现场总线产品主要是低速总线产品,应用于运行速率较低的领域,对网络的性能要求不是很高。从实际应用状况看,大多数现场总线,都能较好地实现速率要求较低的过程控制。因此,在速率要求较低的控制领域,就会出现不同总线标准。

由于目前自动化技术从单机控制发展到工厂自动化 FA,发展到系统自动化。工厂自动化信息网络可分为以下三层结构:工厂管理级、车间监控级、现场设备级,而现场总线是工厂底层设备之间的通信网络。在工厂管理级、车间监控级信息集成领域中,工业以太网已有不少成功的案例,在设备层对实时性没有严格要求场合也有许多应用。由于现场总线目前种类繁多,标准不一,很多人都希望以太网技术能介入设备低层,广泛取代现有现场总线技术。可是就目前而言,以太网还不能够真正解决实时性和确定性问题,大部分现场层仍然会首选现场总线技术。由于技术的局限和各个厂家的利益之争,这样一个多种工业总线技术并存,以太网技术不断渗透的现状还会维持一段时间。读者在学习过程中,应当参照主教材第 18 章的内容了解现场总线的产生背景、定义、分类、发展。更要了解目前多种总线技术与以太网技术并存的原因。

三、部分习题解答

18.3.1　以太网与工业以太网有哪些异同?

解:以太网与工业以太网其不同之处主要体现在总体通信结构、第 7 层工业应用协议、对象模式和系统配置的工程模式方面。不同的概念可被归结两大类:封装系统和分布式自动化概念。封装的概念是将报文装入(或嵌入)TCP 或 UDP 容器。典型的例子就是由罗克韦尔和 ODVA 开发的 EtherNet/IP,由现场总线基金会开发的高速以太网(HSE),还有 Modbus - TCP。在这些概念中,现场总线报文基本不变而在通过以太网发送之前作为"用户数据"嵌入 TCP/UDP 帧。这种方法的优势在于将以太网的强大功能和可扩展的通信媒体与现场总线完美地结合起来,而不需要对整个通信结构和工程工具进行修改。另一个优势是,这种规范不需要进行很长时间的开发。因此首批产品已经开始供货并用于工业现场。另外,它还便于实现对相应现场总线协议的后向兼容。在这种概念中,以太网主要被当做一种新的传输技术,作为已有现场总线,诸如 DeviceNet、ControlNet、Modbus、Foundation Fieldbus H1 的互补或结合。分布式自动化系统的目标是满足全新的分布式智能自动化概念的通信需要。在这种方式中,整个应用分散在多个通过以太网连接的集散式控制器中。Profinet 仅通过以太网实现对时间要求不严格的控制功能,而用网关概念连接用于严格实时通信的 Profibus 系统。

18.5.1　目前工业以太网如何实现工业网络信息安全?

解:工业网络信息安全的潜在威胁主要来自黑客攻击、数据操纵、间谍、病毒、蠕虫和特洛伊木马等。黑客攻击是通过攻击自动化系统的要害或弱点,使得工业网络信息的保密性、完整性、可靠性、可控性、可用性等受到伤害,造成不可估量的损失。

早期,工业自动化系统曾采用办公环境使用的网络安全软件解决方案。软件主要包括杀毒程序,通常将它们安装在基于 Windows 的控制器、机器人或工业 PC 上。由于在工厂大多是各种各样设备混合使用,有可能它们之间会产生相反作用,从而影响被保护的系统。之后为了确保工业自动化系统的信息安全,工业网络目前都转向采用基于硬件的防火墙和 VPN(Virtual Private Network,虚拟专用网络)技术。硬件防火墙主要是在优化过的 Intel 架构的专业工业控制计算机硬件平台上,集成防火墙软件形成的产品。硬件防火墙具有高速、高安全性、高稳定性等优点。VPN 是一种在公用网络上建立专用网络的技术。VPN 的主要功能是通过隧道或虚拟电路实现网络互联、数据加密以及信息认证、身份认证，能够进行访问控制、网络监控和故障诊断。VPN可以帮助远程用户、工厂企业分支机构以及供应商等和工厂企业内部网络建立可信的安全连接，并保证数据的安全传输。对于工厂企业自动化系统而言，把 VPN 网关与防火墙两种安全产品配合起来使用来实现一个较完整的安全解决方案。为了提高基于工业以太网的工业通信网络的信息安全性，信息安全防御措施采用带有小型分布式安全系统的纵深防御体系架构。工厂企业防火墙用于保护整个企业防御 Internet 的安全威胁；管理层到控制系统的具有 DMZ（Demilitarized Zone，隔离区）隔离区的防火墙用于保护整个控制系统；分布式安全组件则用于保护诸如 PLC 等关键设备。